普通高等教育"十二五"规划教材

电工电子基础课程规划教材

电工学（上册）
——电工技术基础

孔庆鹏　主编

辛　青　查丽斌　李自勤　编著

电子工业出版社
Publishing House of Electronics Industry
北京·BEIJING

内 容 简 介

本书主要介绍电工技术的基础知识。全书共 8 章，主要内容包括：直流电路、一阶动态电路的暂态分析、正弦稳态电路的分析、供配电技术基础、磁路与变压器、电动机、继电接触器控制系统、可编程控制器及应用等。本书配备大量例题和习题，并提供配套多媒体电子课件、习题详解和 MOOC 网络课程。

本书可与《电工学（上册）习题及实验指导——电工技术基础》、《电工学（下册）——电子技术基础》和《电工学（下册）习题及实验指导——电子技术基础》等书配套使用。

本书可作为高等学校非电类专业的本科生教材，也可作为自学考试和成人教育的自学教材，还可供电工电子工程技术人员学习参考。

未经许可，不得以任何方式复制或抄袭本书之部分或全部内容。

版权所有，侵权必究。

图书在版编目 (CIP) 数据

电工学. 上册，电工技术基础 / 孔庆鹏主编. — 北京：电子工业出版社，2015.8
电工电子基础课程规划教材
ISBN 978-7-121-25841-1

I. ①电… II. ①孔… III. ①电工技术－高等学校－教材 IV. ①TM

中国版本图书馆 CIP 数据核字（2015）第 072571 号

策划编辑：王羽佳
责任编辑：王晓庆
印　　刷：北京虎彩文化传播有限公司
装　　订：北京虎彩文化传播有限公司
出版发行：电子工业出版社
　　　　　北京市海淀区万寿路 173 信箱　　邮编：100036
开　　本：787×1092　1/16　印张：13.25　字数：339 千字
版　　次：2015 年 8 月第 1 版
印　　次：2024 年 7 月第 13 次印刷
定　　价：29.90 元

前　言

　　"电工学"（电工技术基础与电子技术基础）课程是高等学校非电专业一门重要的专业基础课，通过本门课程的学习，学生可以获得电路、电子技术及电气控制等领域必要的基本理论、基本知识和基本技能。该课程内容涉及电工电子学科的各个领域，并有很强的实践性。为适应科学技术的迅猛发展，配合高等学校新的课程体系和教学内容改革，以及教学学时压缩的实际需要，作者在总结多年从事电工学教学工作经验的基础上，针对电工和电子技术课程教学的基本要求和学习特点，编写了本套教材。全套教材包括《电工学（上册）——电工技术基础》、《电工学（上册）习题及实验指导——电工技术基础》、《电工学（下册）——电子技术基础》和《电工学（下册）习题及实验指导——电子技术基础》共4本书。本套书的编写思路是：保证基础、注重应用、讲清概念、力求精练；以基础知识为重点，用心安排，使得知识易懂、易学，做到语言精练，便于自学。

　　在内容的安排上，本书具有以下特点。

　　● 保基础、重实践、少而精

　　突出基本概念、基本原理和基本分析方法，着重于定性分析，尽量减少过于复杂的分析和计算，电路部分习题与例题的选用尽量降低计算难度，减少需要列写复杂方程进行求解的题目，因为复杂的电路分析都可以借助于仿真软件进行，这样有助于学生对电路基本理论和基本分析方法等重点知识的掌握。对于电阻器、电容器和电感器等实际元件的容量、容差和标称系列等进行了介绍，以使学生了解在设计中如何选用实际器件的知识，突出电工学的工程应用。

　　● 强调"设计仿真"，鼓励自主探索学习

　　本书基本上每章都有设计仿真的题目，要求完成设计，采用仿真软件进行仿真，附录 A介绍了 Multisim 软件，在不增加总学时的情况下，建议在教学中利用 2～4 学时进行软件的介绍，主要让学生自学，完成设计题目的设计和仿真，将结果以邮件的形式发送给老师。在计算机和网络技术如此普及的今天，这一点应该是完全可以做到的。设计题目的内容要求不拘泥于课本的内容，鼓励学生查找资料，自主探索学习，解决设计问题。

　　● 正确处理基础知识与知识更新的关系

　　电工学课程的基本内容是工科非电类专业所需要的电工电子技术基础内容，随着电工电子技术的发展和非电类专业的需求不同，基础内容在不同时期有不同的要求和侧重点。本书前 3 章是电路基础理论，第 4 章介绍供配电系统与安全用电，第 5 章介绍基本电磁理论与变压器，第 6 章电动机部分重点介绍企业最常用的三相异步电动机，第 7 章介绍目前使用比较多的继电接触器控制系统，第 8 章基于市场流行的 FX 系列，介绍成为工业控制领域的主流控制设备的 PLC。

　　《电工学（上册）习题及实验指导——电工技术基础》是本书的配套教材，该指导书既可以作为学生的实验指导书，也可以作为学生的作业本和习题指导手册来使用。指导书共 9 章，第 1～8 章与本书对应，每章包括本章内容的知识要点总结、本章重点与难点、重点分析方法与步骤、填空题和选择题、习题等 5 部分内容。习题部分供学生做作业时使用，可以省去抄题目和画图的时间，提高课后学习的效率，也可以减轻教师的负担。第 9 章提供了 9 个电工技术的实验内容，每个实验均给出实验内容和实验电路的设计方法，不针对具体的实验板设计，通用性较强。

该套教材适应总学时在 60～110 学时、实验学时在 20～50 学时的教学要求，适宜分两学期开课的情况，由于涉及内容较多，有些内容可以在教师指点下让学生利用 MOOC 网络视频进行自学，以提高教学质量和效率。

本套教材包含大量例题，每章后附有习题，这些例题和习题与教材内容紧密配合，深度适当。书末给出部分习题参考答案，以供读者参考。本书向使用本套书作为教材的教师提供多媒体电子课件和习题答案，请登录华信教育资源网（http://www.hxedu.com.cn）注册下载。本教材提供 MOOC 网络课程，进入华信慕课频道可观看本书 MOOC 课程。

本书由孔庆鹏策划、组织和统稿，第 1、2 章及附录 A 由李自勤编写，第 3、4 章由辛青编写，第 5、6 章由查丽斌编写，第 7、8 章由孔庆鹏编写。王宛苹参与了第 1、2、3 章部分内容的编写，王勇佳、吕幼华、汪洁、胡体玲和李付鹏等老师都参与了本教材的编写、本书习题的解答及设计题目的模拟仿真工作，在结构和内容方面提出了很多重要的意见，张凤霞和钱文阳参与了本书的部分校对工作，钱梦楠与钱梦菲参与了本书部分书稿和图的录入工作。在本书编写的过程中，许多兄弟院校的教师提出了诸多中肯的意见和建议，在此一并表示衷心的感谢！

本书在编写过程中，参考了一些已经出版的图书和文献，在此表示衷心的感谢！

由于编者水平有限且编写时间仓促，书中难免存在错误和不妥之处，诚恳地希望读者提出宝贵意见和建议，以便今后不断改进。

作　者
2015 年 8 月

目　　录

第1章 直 流 电 路

本章在介绍电路的基本物理量——电压、电流和功率的基础上，结合直流电路，重点讨论电路的基本定理和基本分析方法，为后续课程的学习打下基础。

1.1 电路及电路模型

1.1.1 电路的作用及组成

电路是一种由导线连接的包含各种电路元件的闭合回路。规模较大或结构较复杂的电路也称为电网络（简称为电网或网络）。图 1.1.1 所示为两个典型电路的示意图。

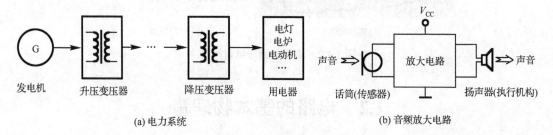

发电机　　升压变压器　　降压变压器　　用电器　　话筒(传感器)　　扬声器(执行机构)

(a) 电力系统　　　　　　　　　　　　　　　　(b) 音频放大电路

图 1.1.1　电路示意图

电路的作用可总结为两个方面：（1）实现电能的传输与转换，如图 1.1.1(a)所示的电力系统，它将发电机产生的电能传输至用电器，并转换为光能、热能、机械能等；（2）传递和处理信号，如图 1.1.1(b)所示的音频放大电路，它通过话筒接收载有声音信息的电磁波信号后，经过选频、放大和处理，最后由扬声器复原出原信号。

通常电路包含三个组成部件：电源或信号源，负载，连接电源（信号源）和负载的中间环节。

图 1.1.1(a)中的发电机是产生电能的设备，在电路中充当电源的作用；电灯、电炉等用电器则是消耗电能的设备，是电路中的负载，它们把电能转换为光能、热能等；中间环节则是升压/降压变压器和输电线等设备。

图 1.1.1(b)中的话筒将声音信号转换为微弱电信号，在电路中起信号源的作用；扬声器将电信号转换为声音信号，是电路的负载；中间环节是放大电路，它将微弱电信号放大为推动扬声器发声的大功率电信号。

1.1.2 电路元件和电路模型

组成实际电路的元器件通常呈现多种电磁性质。例如，线圈在通有电流时不光表现出其最主要的电磁性质——电感性，还会表现出消耗电能的特性——电阻性，同时，线圈的匝与匝之间还存在着分布电容。此外，线圈还有体积、线径等物理特性。所以要对实际电路进行精确的分析研究，是一件非常困难的事情。

为便于对电路进行分析计算，在一定条件下，对实际元器件加以近似、理想化，即只保留元器件最主要的电磁特性，而忽略其次要因素。将这种理想化后的元器件称为理想元件，简称为元件。任何实际电路元器件均可以用这些理想化元件模型或它们的组合来表示。如小灯泡，只用一个电阻元件 R_L 作为它的模型；而以上提到的线圈，在其消耗的电能可以忽略时，用一个电感元件 L 作为其模型，如果不能忽略其电能消耗作用，则用电感元件 L 串联电阻元件 R 作为其模型（对于低频线路通常可以忽略线圈的分布电容）。当电路工作时的波长远远大于电路的尺寸时，可以将该电路看做集中（总）电路，它是实际电路的模型。电路理论分析的是电路模型，而不是实际电路。实际电路与电路模型如图 1.1.2 所示。

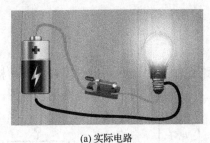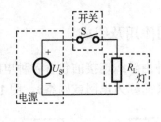

(a) 实际电路　　　　　　　　　　　(b) 电路模型

图 1.1.2　实际电路与电路模型

1.2　电路的基本物理量

在分析各种电路之前，先介绍电路中的基本物理量，包括电流、电压和功率。所谓的电路分析，大多数时候就是分析电路中的这几个物理量。

1.2.1　电流及其参考方向

电荷有规则地定向运动可形成电流，其大小用电流强度（大多数时候也简称为电流）表示，即单位时间内通过导体横截面的电量，用符号 $i(t)$ 表示，其数学表达式为

$$i(t) = \frac{dq}{dt} \tag{1.2.1}$$

电流方向规定为正电荷运动的方向。如果电流大小及方向都不随时间变化，则称恒定电流，简称直流（简写为 DC），用大写的斜体字母 I 表示。如果电流是时间 t 的函数，称为时变电流，简写为 i，如果电流的大小和方向都随时间做周期性变化，则称为交流电流（简写为 AC）。

在国际单位制（SI）中，电荷的单位是库仑（C），时间的单位是秒（s），电流的单位是安培（A），则有 $1(A) = \frac{1(C)}{1(s)}$。

通常还可在 A 前面添加表示比例因子的前缀 k、m 等来表示电流的单位，如 kA（千安）、mA（毫安）等。常用的物理单位前缀如表 1.2.1 所示。

表 1.2.1　常见的物理单位前缀

前　缀	G	M	k	m	μ	n	p	f
中文名字	吉	兆	千	毫	微	纳	皮	飞
比例因子	10^9	10^6	10^3	10^{-3}	10^{-6}	10^{-9}	10^{-12}	10^{-15}

　　在对电路进行分析时，很多时候并不能预先知道电流的实际方向，此时可先任意设定一个方向，称为电流的参考方向（或正方向），在电路中用实线箭头来表示，如图 1.2.1 所示。该图中的方框表示一个二端元件。电流的方向除了用实线箭头表示外，也可用双下标表示，如 i_{ab} 表示电流方向为由 a 到 b，显然有 $i_{ab} = -i_{ba}$。

　　图 1.2.1(a)中，电流的参考方向与实际方向一致，$i > 0$，电流为正值；图 1.2.1(b)中，电流的参考方向与实际方向相反，$i < 0$，电流为负值。所以只有在选定了参考方向后，电流才有正、负之分。电路图中标明的电流方向均为参考方向，一般不标实际方向。

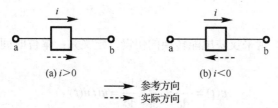

(a) $i > 0$　　　　　　　　(b) $i < 0$

————→　参考方向
- - - →　实际方向

图 1.2.1　电流的实际方向和参考方向与数值的关系

1.2.2　电压及其参考方向

　　电压也称电位差。电路中 a、b 两点间的电压用 u_{ab} 表示，在数值上等于电场力把单位正电荷从 a 点移到 b 点所做的功。其数学表达式为

$$u_{ab}(t) = V_a - V_b = \frac{\mathrm{d}W}{\mathrm{d}q} \tag{1.2.2}$$

式中，V_a 表示 a 点电位，V_b 表示 b 点电位，W 表示能量。在国际单位制（SI）中，能量的单位是焦耳（J），电荷的单位是库仑（C），电压的单位是伏特（V），则有 $1(V) = \frac{1(J)}{1(C)}$，此外，电压的常用单位还有千伏（kV）和毫伏（mV）等。

　　电路中电压的实际方向为由高电位指向低电位，即电位降的方向。电压的方向用+、-极性表示，也可用箭头或双下标来表示，如图 1.2.2 所示。u_{ab} 表示 a 为正极性，b 为负极性，而 u_{ba} 正好相反，并且有 $u_{ab} = -u_{ba}$。同电流一样，在进行电路分析前，无法预知实际方向的电压，可先任意假定一个电压的参考方向（或正方向）。当电压的实际方向与参考方向一致时，电压值为正，反之为负。

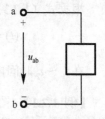

图 1.2.2　电压的方向

　　如果电压的大小和极性都不随时间变化，则称恒定电压或直流电压，用大写的斜体字母 U 表示。如果电压是时间 t 的函数，则称为时变电压，用小写的斜体字母 u 表示。

　　在电路中，如果某个元件电压和电流的参考方向相同，则称该元件为关联参考方向（简称关联方向），如图 1.2.3(a)所示；反之，则称非关联参考方向（简称非关联方向），如图 1.2.3(b)所示。在对电路进行分析时，应尽可能选用关联参考方向。

确定是关联方向还是非关联方向，必须要明确研究的对象，如图 1.2.3(c)所示电路，同样的一对 u 和 i，对于元件 1 来讲是关联方向，而对于元件 2 来讲则是非关联方向。

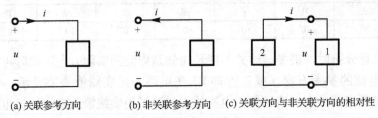

(a) 关联参考方向   (b) 非关联参考方向   (c) 关联方向与非关联方向的相对性

图 1.2.3 关联和非关联参考方向

在进行电路分析前，需先标出各个量的参考方向。引入关联参考方向后，只需在电路图中标出电流参考方向或电压参考极性中的任何一项就可以了。

1.2.3 电功率

电功率（简称功率）用来反映电能转换的快慢，定义为：单位时间内吸收（或产生）的电能量，即

$$p(t) = \frac{\mathrm{d}w}{\mathrm{d}t} = \frac{\mathrm{d}q}{\mathrm{d}t} \cdot \frac{\mathrm{d}w}{\mathrm{d}q} = u(t)i(t) \tag{1.2.3}$$

在直流电路中

$$P = UI \tag{1.2.4}$$

当电压、电流为关联参考方向时，计算功率时采用式（1.2.3），若为非关联参考方向时，则 $p(t) = -u(t)i(t)$。计算结果中，若 $p(t)>0$，表明该元件吸收电功率，起负载作用；若 $p(t)<0$，表明该元件提供功率或产生功率，起电源作用。对一个电路而言，通常有吸收功率=-产生功率，即满足能量守恒定律。

在国际单位制（SI）中，能量的单位是焦耳（J），时间的单位是秒（s），功率的单位是瓦特（W），则有 $1(\mathrm{W}) = \frac{1(\mathrm{J})}{1(\mathrm{s})}$，功率的常用单位还有毫瓦（mW）、千瓦（kW）和兆瓦（MW）等。

根据式（1.2.3）可求得能量

$$w(t) = \int_{-\infty}^{t} P(\lambda)\mathrm{d}\lambda \tag{1.2.5}$$

在 $t_1 \sim t_2$ 时间内元件的能量变化为 $\int_{t_1}^{t_2} P(\lambda)\mathrm{d}\lambda$。

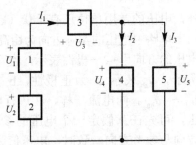

图 1.2.4 例 1.2.1 电路图

【例 1.2.1】 图 1.2.4 所示电路由 5 个元件组成，已知 $U_1 = 2\mathrm{V}$，$U_2 = 3\mathrm{V}$，$U_3 = 1\mathrm{V}$，$U_4 = U_5 = 4\mathrm{V}$，$I_1 = 3\mathrm{A}$，$I_2 = 1\mathrm{A}$，$I_3 = 2\mathrm{A}$；求每个元件的功率，并指出哪些是电源，哪些是负载。

解：元件 1 为非关联方向 $P_1 = -U_1I_1 = -2 \times 3 = -6(\mathrm{W})$ （产生）起电源作用；

元件 2 为非关联方向 $P_2 = -U_2I_1 = -3 \times 3 = -9(\mathrm{W})$ （产生）起电源作用；

元件 3 为关联方向 $P_3 = U_3I_1 = 1 \times 3 = 3(\mathrm{W})$ （吸收）起负载作用；

元件 4 为关联方向 $P_4 = U_4 I_2 = 4 \times 1 = 4(\text{W})$ （吸收）起负载作用；

元件 5 为关联方向 $P_5 = U_5 I_3 = 4 \times 2 = 8(\text{W})$ （吸收）起负载作用；

显然有 $-(P_1 + P_2) = P_3 + P_4 + P_5$，即电路中电源提供的功率等于负载吸收的功率。

1.3 基尔霍夫定律

前面探讨了电路中的电压、电流和功率的概念。在电路中，每个元件都会有对应的电压和电流，因此，电路中会存在多个电压和电流。这些电压与电压之间、电流与电流之间存在什么样的关系呢？这就是本节的基尔霍夫定律所解决的问题。

1.3.1 几个术语

在讲解基尔霍夫定律前，先介绍电路中常用到的几个术语。

（1）支路：每个二端元件可视为一个支路，流过元件的电流称为支路电流，而元件两端的电压称为支路电压。

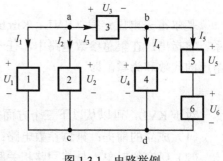

图 1.3.1 电路举例

在实际分析电路时，常把流过同一个电流的分支称为一个支路。图 1.3.1 所示电路有 5 条支路，图中标出了每条支路的支路电流和每个元件两端的支路电压。

（2）节点：三条或三条以上支路的连接点称为节点。

图 1.3.1 所示电路有三个节点。注意：图中标注的 c 和 d 为一个节点。

（3）回路：由支路围成的闭合路径。图 1.3.1 所示电路有 6 个回路。

（4）网孔：内部不含任何其他支路的回路称为网孔。显然网孔只对平面电路有效。如图 1.3.1 所示电路中有三个网孔：a1c2a，a2cdba 和 bd65b。

1.3.2 基尔霍夫电流定律（KCL）

基尔霍夫电流定律（KCL：Kirchhoff's Current Law）描述节点处各支路电流之间的关系。它指出：在集总参数电路中，任一时刻，对任一节点，其流入（或流出）电流的代数和为零。即

$$\sum I = 0 \tag{1.3.1}$$

对于 KCL，可以从以下三个方面来把握。

（1）成立的前提：集总参数电路；

（2）研究的对象：与某节点相关联的各支路电流；

（3）得出的结论：这些支路电流的代数和为零。

KCL 也可以描述为在任一节点流入节点的电流之和等于流出节点的电流之和，即反映了电路的电荷守恒。

$$\sum I_{\text{in}} = \sum I_{\text{out}} \tag{1.3.2}$$

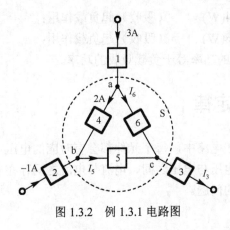

图 1.3.2 例 1.3.1 电路图

KCL 除了对节点适用外，还可推广至广义节点——闭合的曲面，即流入某闭合曲面的支路电流的代数和为零。

【例 1.3.1】 求图 1.3.2 所示电路的电流 I_3。

解： 设流入节点的电流为正，由 KCL 得到

节点 a　$3-2-I_6=0$，求得 $I_6=1(\text{A})$；

节点 b　$(-1)+2-I_5=0$，求得 $I_5=1(\text{A})$；

节点 c　$I_5+I_6-I_3=0$，即 $1+1-I_3=0$，求得 $I_3=2(\text{A})$。

本例也可以采用广义节点 S 来计算，设流入 S 的电流为正，得到 $3+(-1)-I_3=0$，求得 $I_3=2(\text{A})$。

1.3.3　基尔霍夫电压定律（KVL）

基尔霍夫电压定律（KVL：Kirchhoff's Voltage Law）描述回路中各支路电压之间的关系。它指出：在集总参数电路中，任一时刻，对任一回路，沿某指定方向绕行一周，其支路电压的代数和为零。即

$$\sum U = 0 \tag{1.3.3}$$

对于 KVL，可以从以下三个方面来把握。

（1）成立的前提：集总参数电路；

（2）研究的对象：与某回路相关联的各支路电压；

（3）得出的结论：这些支路电压的代数和为零。

KVL 也可以描述为在任一回路上电位的抬升和电位的降低相等，即反映了电路的能量守恒。

$$\sum U_{\text{up}} = \sum U_{\text{down}} \tag{1.3.4}$$

在应用 KVL 时，与绕行方向相一致的支路电压取正，反之取负。KVL 除了对回路适用外，还可推广至广义回路——非闭合回路。

【例 1.3.2】 求图 1.3.3 所示电路的电压 U_{cd}。

解： 对回路①取图中虚线所示的绕行方向，由 KVL 得 $(-1)+3-U_3=0$，求得 $U_3=2(\text{V})$；

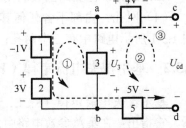

图 1.3.3　例 1.3.2 电路图

对广义回路②取虚线所示绕行方向，由 KVL 得 $-4+U_3+5-U_{\text{cd}}=0$，即 $-4+2+5-U_{\text{cd}}=0$，求得 $U_{\text{cd}}=3(\text{V})$。

本例也可以取大的广义回路③，由 KVL 得 $-4+(-1)+3+5-U_{\text{cd}}=0$，求得 $U_{\text{cd}}=3(\text{V})$。

由本例可以看出，求电路中两点间的电压，就是求以这两点为端点的任一路径上的支路电压之和。

1.4　电　阻　元　件

1.3 节讲解了电路中支路电压与支路电压之间、支路电流与支路电流之间的关系，一个

自然会产生的问题就是：一个元件两端的支路电压和流过该元件的支路电流之间有什么关系？元件两端的电压和流过它的电流之间的关系就是元件的伏安特性（VAR：Volt-Ampere Relation），也称为电压电流特性（VCR：Voltage-Current Relationship），如果把这个关系绘制于 u–i 平面，得到的这条曲线称为元件的伏安特性曲线（简称特性曲线）。认识一个元件，就是从认识它的伏安特性开始的，众所周知的欧姆定律就是对电阻元件伏安特性的描述。

1.4.1　欧姆定律

电阻元件是从实际的电阻器抽象出来的模型，电阻器是对电流有阻碍作用的器件。将这种对电流的阻碍特性称为电阻特性，用 R 表示。同时，也用 R 表示电阻元件。

线性电阻两端的电压和流过的电流在关联参考方向下，如图 1.4.1(a)所示，满足欧姆定律，即有

$$u = Ri \tag{1.4.1}$$

式中，R 为常数，称为电阻值（简称电阻），单位为欧姆（Ω）。常用的电阻单位还有千欧（$k\Omega$）和兆欧（$M\Omega$）等。

若 u 与 i 为非关联参考方向，则欧姆定律应改为 $u = -Ri$。

将欧姆定律绘制于 u–i 平面，则得到了一条经过坐标原点的直线，如图 1.4.1(b)所示，这条直线就是线性电阻的伏安特性曲线，斜率的倒数即为该电阻的阻值。

电阻元件还可用另一个参数——电导表示，电导 $G = 1/R$，单位为西门子（S）。电导表征了元件对电流的导通能力。用电导表征时，欧姆定律为

$$i = Gu \tag{1.4.2}$$

线性电阻有两个特殊情况——开路和短路。当 $R \to \infty$ 时，电阻元件呈现开路状态，此时无论电压为何值，其上的电流恒等于零，如图 1.4.1(c)所示。当 $R \to 0$ 时，电阻元件呈现短路状态，此时无论电流为何值，其上电压恒等于零，如图 1.4.1(d)所示。

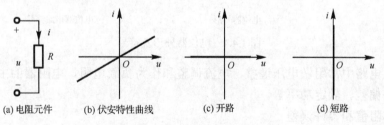

(a) 电阻元件　　(b) 伏安特性曲线　　(c) 开路　　(d) 短路

图 1.4.1　电阻元件及其伏安特性

如果电阻元件的特性曲线不是过原点的一条直线，则称为非线性电阻，如二极管。图 1.4.2(a)所示为二极管的电路符号，伏安特性曲线如图 1.4.2(b)所示。

通常没有特别说明时，本书所说的电阻均指线性电阻。

由前面的功率计算公式，很容易得出关联参考方向下电阻元件的功率

$$p = ui = Ri^2 = \frac{u^2}{R} = Gu^2 \tag{1.4.3}$$

通常 R 和 G 均为正实常数，所以功率 $p \geqslant 0$，说明电阻元件消耗能量、吸收功率，是一个耗能元件。

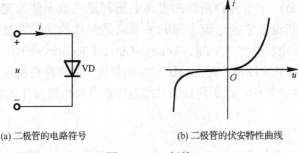

(a) 二极管的电路符号　　　　　(b) 二极管的伏安特性曲线

图 1.4.2　二极管

电阻器分为固定式和可调式两种，大多数电阻器是固定的，如图 1.4.3 所示，其电阻值是一个常数，固定式电阻的电路符号如图 1.4.1(a)所示。可调式电阻器常称为电位器，如图 1.4.4 所示。电位器是一个三端元件，可以通过滑动可变端来改变阻值。

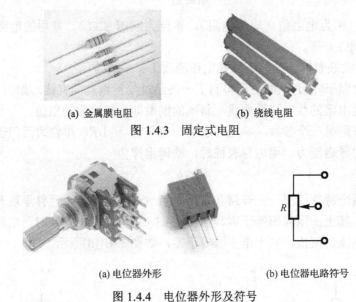

(a) 金属膜电阻　　　　　(b) 绕线电阻

图 1.4.3　固定式电阻

(a) 电位器外形　　　　　(b) 电位器电路符号

图 1.4.4　电位器外形及符号

电阻器在电路中常用做电压调整、电流调整和作为负载电阻，电阻器的主要参数包括：电阻值、允许偏差、额定功率等。

（1）标称阻值和容许误差

标称阻值是指电阻器上标出的名义阻值。而实际阻值往往与标称阻值有一定的偏差，这个偏差与标称阻值的百分比叫做容许误差，简称容差，容差越小，电阻器精度越高。电阻的标称阻值分为 E6、E12、E24、E48、E96、E192 这 6 大系列，分别适用于允许偏差为 ±20%、±10%、±5%、±2%、±1%和±0.5%的电阻器。其中 E24 系列为常用数系，E48、E96、E192 系列为高精密电阻数系。

E6 系列的标称值，对应允许偏差为±20%，每挡相差 $\sqrt[6]{10} \approx 1.5$ 倍，有 6 种取值：1.0、1.5、2.2、3.3、4.7、6.8。它表示元器件的有效数字必须从这个系列中选取，具体值可以放大或缩小 10 的整数倍。例如，有效数字 2.2，放大可以得到 22Ω、220Ω……的电阻标称值，缩小可以得到 220mΩ、22mΩ……的标称值。

E12 系列的标称值，每挡相差 $\sqrt[12]{10} \approx 1.21$ 倍，有 12 种取值；E24 系列的标称值，每挡相差 $\sqrt[24]{10} \approx 1.10$ 倍，有 24 种取值；E48 系列的标称值，每挡相差 $\sqrt[48]{10} \approx 1.05$ 倍，有 48 种取值。具体取值如表 1.4.1 所示。

表 1.4.1　电阻标称值

系 列 号	标 称 值											
E6	10	15	22	33	47	68						
E12	10	12	15	18	22	27	33	39	47	56	68	82
E24	10	11	12	13	15	16	18	20	22	24	27	30
	33	36	39	43	47	51	56	62	68	75	82	91
E48	100	105	110	115	121	127	133	140	147	154	162	169
	178	187	196	205	215	226	237	249	261	274	287	301
	316	332	348	365	383	402	422	442	464	487	511	536
	562	590	619	649	681	715	750	787	825	866	909	953

（2）额定功率

额定功率是指一个电阻可以耗散的最大功率。小型电阻器的外形尺寸及体积反映了其额定功率的大小，通常额定功率有 1/20W、1/16W、1/8W、1/4W、1/2W、1W、2W、5W、10W 等。常用的 AXIAL 封装色环电阻和贴片电阻的功率规格如表 1.4.2 和表 1.4.3 所示。最常见的色环电阻有金属膜和碳膜两种，通常金属膜为 5 个环（E96），底色为蓝色（金属膜）或灰色（金属氧化膜）；碳膜为 4 个环（E24），底色为土黄色或其他颜色。

表 1.4.2　色环电阻尺寸与额定功率

名　　称	型　号	最大直径/mm	最大长度/mm	额定功率/W
超小型碳膜电阻	RT13	1.8	4.1	0.125
质量认证碳膜电阻	RT14	2.5	6.4	0.25
小型碳膜电阻	RTX	2.5	6.4	0.125
碳膜电阻	RT	5.5	18.5	0.25
碳膜电阻	RT	5.5	28.0	0.5
碳膜电阻	RT	7.2	30.5	1
碳膜电阻	RT	9.5	48.5	2
金属膜电阻	RJ	2.2	7.0	0.125
金属膜电阻	RJ	2.8	8.0	0.25
金属膜电阻	RJ	4.2	10.8	0.5
金属膜电阻	RJ	6.6	13.0	1
金属膜电阻	RJ	8.6	18.5	2

表 1.4.3　贴片电阻封装与额定功率

英制/mil	公制/mm	长/mm	宽/mm	额定功率/W
201	603	0.60±0.05	0.30±0.05	1/20
402	1005	1.00±0.10	0.50±0.10	1/16
603	1608	1.60±0.15	0.80±0.15	1/10
805	2012	2.00±0.20	1.25±0.15	1/8
1206	3216	3.20±0.20	1.60±0.15	1/4
1210	3225	3.20±0.20	2.50±0.20	1/3
1812	4832	4.50±0.20	3.20±0.20	1/2
2010	5025	5.00±0.20	2.50±0.20	3/4
2512	6432	6.40±0.20	3.20±0.20	1

1.4.2　电阻的串并联等效

1. 等效的概念

如果某网络只有一个端口与电路的其他部分相连接，则称此网络为单口网络，而把电路的其他部分称为此单口网络的外电路。图 1.4.5(a)所示的电路，沿着虚线断开，则构成了两个单端口网络：N_1 网络和 N_2 网络，如图 1.4.5(b)所示。对于 N_1 来说，N_2 就是其外电路；对于 N_2 来说，则 N_1 是其外电路。单口网络也称为二端网络。

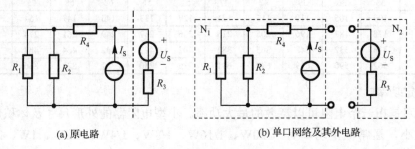

(a) 原电路　　　　　　　　　　　　　(b) 单口网络及其外电路

图 1.4.5　单口网络

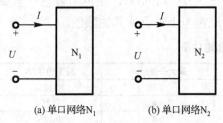

(a) 单口网络N_1　　(b) 单口网络N_2

图 1.4.6　单口网络的等效

单口网络端口的电压 U 和电流 I 的关系称为单口网络的伏安特性，如果两个单口网络 N_1 和 N_2 具有相同的伏安特性，则称这两个网络对其外电路等效，可以进行等效代换。注意：等效是指对外电路等效，即不论是接网络 N_1 还是接网络 N_2，外电路的工作状态完全相同。对单口网络自身通常并不等效。

2. 电阻的串联等效及分压公式

如果电路中两个或两个以上电阻首尾相连，并流过同一个电流，则称这些电阻是串联的，如图 1.4.7(a)所示。

由 KVL 可得图 1.4.7(a)的伏安特性　　　　　$U = U_1 + U_2 = R_1I + R_2I = (R_1 + R_2)I$　　　　　（1.4.4）

在图 1.4.7(b)中，有　　　　　　　　　　　　$U = RI$　　　　　　　　　　　　（1.4.5）

显然，当满足 $R = R_1 + R_2$ 时，则式（1.4.4）和式（1.4.5）描述的是同一个伏安特性，即图 1.4.7(a)的二端网络和图 1.4.7(b)的二端网络等效。

两个串联电阻上的电压分别为

$$\begin{cases} U_1 = \dfrac{R_1}{R_1 + R_2}U = \dfrac{R_1}{R}U \\[2mm] U_2 = \dfrac{R_2}{R_1 + R_2}U = \dfrac{R_2}{R}U \end{cases}$$　　　　　（1.4.6）

式（1.4.6）就是电阻串联的分压公式，即串联电阻中任一电阻两端的电压与其电阻值成正比。

对于 n 个电阻串联的情形，其伏安特性为

$$U = U_1 + U_2 + \cdots + U_n = R_1 I + R_2 I + \cdots + R_n I = (R_1 + R_2 + \cdots + R_n) I = RI \qquad (1.4.7)$$

其等效电阻为

$$R = R_1 + R_2 + \cdots + R_n = \sum_{i=1}^{n} R_i \qquad (1.4.8)$$

第 k 个电阻两端的电压 U_k 为

$$U_k = \frac{R_k}{\sum\limits_{i=1}^{n} R_i} U = \frac{R_k}{R} U \qquad (1.4.9)$$

电阻串联是电路中的常见形式。例如，为了防止负载流过过大电流，常将负载与一个限流电阻相串联。此外，在用电流表测量电路中的电流时，需将电流表串联在所要测量的支路中，如图 1.4.8 所示。

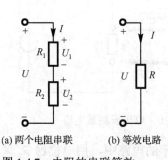

(a) 两个电阻串联　　(b) 等效电路

图 1.4.7　电阻的串联等效

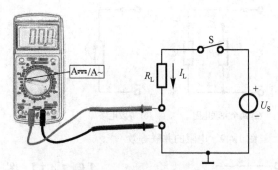

图 1.4.8　电流表测量电流

3. 电阻的并联等效及分流公式

如果电路中两个或两个以上电阻连接在两个公共节点之间，并承受同一个电压，则称这些电阻是并联的，如图 1.4.9(a)所示。

由 KCL 可得图 1.4.9(a)的伏安特性

$$I = I_1 + I_2 = \frac{U}{R_1} + \frac{U}{R_2} = \left(\frac{1}{R_1} + \frac{1}{R_2} \right) U \qquad (1.4.10)$$

在图 1.4.9(b)中，有

$$I = \frac{1}{R} U \qquad (1.4.11)$$

显然，当满足 $\dfrac{1}{R} = \dfrac{1}{R_1} + \dfrac{1}{R_2}$ 时，式（1.4.10）和式（1.4.11）描述的是同一个伏安特性，即图 1.4.9(a)的二端网络和图 1.4.9(b)的二端网络等效。

两个并联电阻支路的电流分别为

$$\begin{cases} I_1 = \dfrac{R_2}{R_1 + R_2} I \\[2mm] I_2 = \dfrac{R_1}{R_1 + R_2} I \end{cases} \qquad (1.4.12)$$

式（1.4.12）就是电阻并联的分流公式，即并联电阻中任一电阻支路的电流与其电阻值成反比。

对于 n 个电阻并联的情形，采用电导描述其伏安特性为

$$I = I_1 + I_2 + \cdots + I_n = G_1U + G_2U + \cdots + G_nU = (G_1 + G_2 + \cdots + G_n)U = GU \tag{1.4.13}$$

其等效电导为

$$G = \sum_{i=1}^{n} G_i \tag{1.4.14}$$

第 k 个电导支路的电流 I_k 为

$$I_k = \frac{G_k}{\sum\limits_{i=1}^{n} G_i} I = \frac{G_k}{G} I \tag{1.4.15}$$

并联电路也有广泛的应用。例如，家庭里的家用电器和照明电灯等都是并联接入市电网络的，以保证其工作在额定电压下。另外，在用电压表测量电路中两点之间的电压时，需将电压表并联在所要测量的两点间，如图 1.4.10 所示。

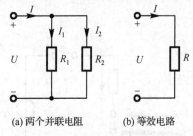

(a) 两个并联电阻　(b) 等效电路

图 1.4.9　电阻的并联等效

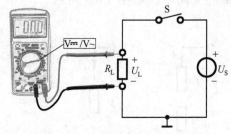

图 1.4.10　电压表测量电压

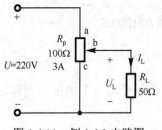

图 1.4.11　例 1.4.1 电路图

【例 1.4.1】　图 1.4.11 所示的电路中，用电位器 R_p 调节负载电阻 R_L 两端的电压。已知电位器 R_p 的规格为 100Ω/3A，求当滑动端 b 位于 25%、50%、75%点时，负载和电位器各段所通过的电流及负载电压。

解： 负载 R_L 与电阻 R_{bc} 并联，再与电阻 R_{ab} 串联，所以总的等效电阻为

$$R = R_{ab} + R_{bc} /\!/ R_L$$

（1）当 $R_{ab} = 100 \times 25\% = 25(\Omega)$ 时，$R = 25 + 75 /\!/ 50 = 55(\Omega)$

此时的总电流为

$$I_{ab} = \frac{U}{R} = \frac{220}{55} = 4(A)$$

并联支路的电流可由分流公式求出

$$I_{bc} = \frac{R_L}{R_{bc} + R_L} I_{ab} = \frac{50}{75 + 50} \times 4 = 1.6(A)$$

$$I_L = \frac{R_{bc}}{R_{bc} + R_L} I_{ab} = \frac{75}{75 + 50} \times 4 = 2.4(A)$$

负载上的电压

$$U_L = I_L R_L = 2.4 \times 50 = 120(V)$$

注意，此时 $I_{ab} = 4(A) > 3(A)$，即电位器的电流超过了它的限定电流，此时存在电位器被烧毁的危险。

（2）当 $R_{ab} = 50(\Omega)$ 时，并联支路的总电阻为 $R_{并} = R_{bc} /\!/ R_L = 50 /\!/ 50 = 25(\Omega)$。

由分压公式可以求得并联支路的电压为

$$U_{\mathrm{L}} = \frac{R_\text{并}}{R_{\mathrm{ab}} + R_\text{并}} U = \frac{25}{50 + 25} \times 220 = 73.5(\mathrm{V})$$

两个并联支路的电流为 $\qquad I_{\mathrm{bc}} = I_{\mathrm{L}} = \dfrac{U_{\mathrm{L}}}{50} = 1.47(\mathrm{A})$

在 b 点应用 KCL 可求得总电流为 $\qquad I_{\mathrm{ab}} = I_{\mathrm{bc}} + I_{\mathrm{L}} = 2.94(\mathrm{A})$

（3）$R_{\mathrm{ab}} = 75(\Omega)$ 时，$R = 75 + 25//50 = 91.67(\Omega)$。

总电流 $I_{\mathrm{ab}} = 2.40(\mathrm{A})$，两个并联支路的电流 $I_{\mathrm{bc}} = 1.6(\mathrm{A})$，$I_{\mathrm{L}} = 0.8(\mathrm{A})$，负载电压 $U_{\mathrm{L}} = 40(\mathrm{V})$。

1.5 电压源与电流源

1.4 节介绍了电阻元件，电阻元件在电路中只起消耗电能的作用。一个完整的电路只有电阻是不行的，必须要有能够提供电能的元件——电源。日常生活中的手机电池、汽车上的电瓶等都给了我们电源的概念。

1.5.1 电压源模型与电流源模型

1. 实际电压源

一个实际电压源，可以用图 1.5.1(a)所示的模型电路等效，其中 U_{S} 等效实际电压源端口提供的电压，R_{S} 表征电源自身对电能的损耗，并称 R_{S} 为电源内阻。

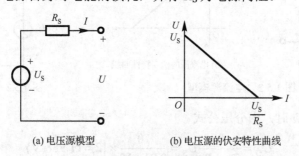

(a) 电压源模型 　　　　(b) 电压源的伏安特性曲线

图 1.5.1 电压源模型

由图 1.5.1(a)列写 KVL 有

$$U = U_{\mathrm{S}} - R_{\mathrm{S}} I \qquad\qquad (1.5.1)$$

这是一个直线方程，在 U–I 平面上可通过两点画出。$I = 0$，则 $U = U_{\mathrm{S}}$，是纵轴上的一点，这相当于端口开路，没有电流流出，也称为电压源空载状态，此时的端口电压称为开路电压 $U_{\mathrm{OC}} = U_{\mathrm{S}}$。$U = 0$，则 $I = U_{\mathrm{S}}/R_{\mathrm{S}}$，是横轴上的一点，这相当于端口短路，此时的电流最大，称为短路电流 I_{SC}。因为电压源的内阻 R_{S} 通常很小，所以其短路电流会非常大，使用中应绝对禁止将电压源短路，否则会烧毁电压源。在实际使用时，电压源必须加短路保护。

由上述两点画出的伏安特性曲线如图 1.5.1(b)所示。由图可以看出，电压源的输出电压 U 会随着输出电流 I 的增大而降低。内阻越大，降低得越快，电源输出稳定性就越差，称其带负载能力差；内阻越小，降低得越缓慢，电源输出稳定性就越好，其带负载能力越强。所谓带负载能力，是指当负载变化时，电源输出量随负载变化的程度。输出变化越小，说明电源可容许的负载波动范围越大，电源带负载能力越强。

2. 实际电流源

对式（1.5.1）两边除以 R_S，并令 $I_S = U_S / R_S$，得

$$I = I_S - \frac{U}{R_S} \tag{1.5.2}$$

根据式（1.5.2）可以画出对应的电路如图 1.5.2(a)所示，称为实际电流源模型电路，I_S 表征电流源空载（负载短路）时的输出电流，其中的 R_S 称为电流源的内阻，一般比较大。

根据式（1.5.2）画出电流源的伏安特性曲线如图 1.5.2(b)所示。可以看出，当 $I = 0$ 时，有 $U = I_S R_S$，表示电流源输出端开路，电流全部流过内阻；当 $U = 0$ 时，$I = I_S$，表示电流源输出端短路，内阻无电流通过。可以看出，电流源的输出电流 I 会随着电流源两端电压 U 的增大而减小。

【例 1.5.1】 一电压源外接负载 R_L，如图 1.5.3 所示：（1）分别计算负载电阻 $R_L = 10\text{k}\Omega$ 和 $R_L = 1\text{k}\Omega$ 时电路的输出电压 U_O；（2）若电源内阻 $R_S = 50\Omega$，重求（1）。

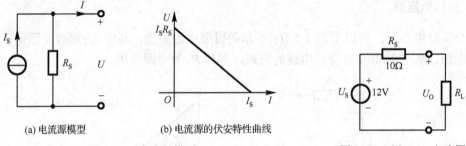

(a) 电流源模型　　　　　(b) 电流源的伏安特性曲线

图 1.5.2　电流源模型　　　　　　　　　图 1.5.3　例 1.5.1 电路图

解：（1）$R_S = 10\Omega$ 时，由分压公式

$R_L = 10\text{k}\Omega$ 时　　　　$U_O = \dfrac{R_L}{R_S + R_L}U_S = \dfrac{10}{0.01 + 10} \times 12 = 11.988\text{(V)}$

$R_L = 1\text{k}\Omega$ 时　　　　$U_O = \dfrac{1}{0.01 + 1} \times 12 = 11.881\text{(V)}$

电压源模型的输出电压会随着负载的变化而变化。

（2）当 $R_S = 50\Omega$ 时，由分压公式

$R_L = 10\text{k}\Omega$ 时　　　　$U_O = \dfrac{R_L}{R_S + R_L}U_S = \dfrac{10}{0.05 + 10} \times 12 = 11.940\text{(V)}$

$R_L = 1\text{k}\Omega$ 时　　　　$U_O = \dfrac{1}{0.05 + 1} \times 12 = 11.429\text{(V)}$

内阻影响电源带负载的能力，内阻增大，电压源输出随负载变化的程度加剧，即其带负载能力变差。

1.5.2　理想电源

1．理想电压源

当电压源模型中的 R_S 非常小，可以视为短路时，得到图 1.5.4(a)所示的电源，称为理想电压源（简称为电压源）。理想电压源的输出电压恒定，为 U_S，其值由理想电压源自身确定；流过它的电流可以是任意值，大小由与之相连接的外电路决定。理想电压源的伏安特性曲线如图 1.5.4(b)所示。

2．理想电流源

当电流源模型中的 R_S 非常大，可以视为开路时，得到图 1.5.5(a)所示的电源，称为理想电流源（简称为电流源）。理想电流源的输出电流恒定，为 I_S，其值由理想电流源自身确定；两端的电压值可以是任意值，大小由与之相连接的外电路决定。理想电流源的伏安特性曲线如图 1.5.5(b)所示。

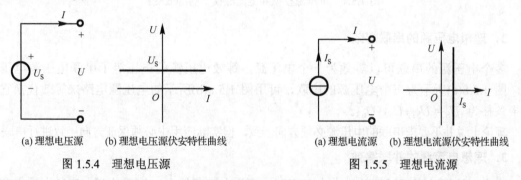

(a) 理想电压源　　(b) 理想电压源伏安特性曲线　　　　(a) 理想电流源　　(b) 理想电流源伏安特性曲线

图 1.5.4　理想电压源　　　　　　　　　　图 1.5.5　理想电流源

【例 1.5.2】 计算图 1.5.6 所示电路中的电压 U、电流 I 及理想电压源、理想电流源的功率。

解：由于是单孔回路，得 $I = 0.5\mathrm{A}$，电流源两端的电压由与其相接的外电路决定，由 KVL 可得

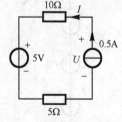

$$U = 10I + 5 + 5I = 12.5(\mathrm{V})$$

$$P_{0.5\mathrm{A}} = -UI = -6.25(\mathrm{W})\ （产生）$$

$$P_{5\mathrm{V}} = 5I = 2.5(\mathrm{W})\ （吸收）$$

该电路中，电流源提供 6.25W 的功率，充当电源作用；而电压源吸收 2.5W 的功率，充当负载作用。所以，电源在电路中不一定都是提供功率，充当电源。

图 1.5.6　例 1.5.2 电路图

无论是实际电源的电压源模型、电流源模型，还是理想电压源、理想电流源，其输出特性均由电源自身决定，因此称这类电源为独立电源（简称独立源）。

1.5.3　电源的等效变换

1．电压源模型与电流源模型的等效

如果图 1.5.1(a)所示的电压源模型和图 1.5.2(a)所示的电流源模型是对同一个实际电源的

描述，那么此时两个模型显然应该等效，并且内阻相同，也就是图 1.5.1(b)和图 1.5.2(b)所示的伏安特性曲线应该相同，由此推出电压源模型与电流源模型的等效变换关系为

$$U_\mathrm{S} = I_\mathrm{S}R_\mathrm{S} \tag{1.5.3}$$

电压源模型可看成是理想电压源和电阻的串联，电流源模型可看成是理想电流源和电阻的并联，因此得到图 1.5.7 所示的等效变换，即：如果满足 $U_\mathrm{S} = I_\mathrm{S} \cdot R$，则电压源 U_S 和电阻 R 的串联电路与电流源 I_S 和电阻 R 的并联电路互为等效电路。

注意：进行等效代换时，要保持电压源的正极性和电流源电流的流出方向一致。

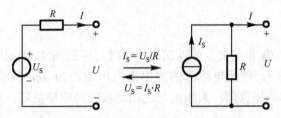

图 1.5.7　电压源模型和电流源模型的等效变换

2. 理想电压源的串联等效

多个电压源的串联可以等效为一个电压源，等效电压源的电压等于串联电压源电压之和。图 1.5.8(a)所示为三个电压源的串联，可用图 1.5.8(b)所示的电压源电路来等效代换它，代换条件为 $U_\mathrm{S} = U_\mathrm{S1}+U_\mathrm{S2}+U_\mathrm{S3}$。

理论上说并不要求串联的电压源必须方向一致，但实际应用中必须保证方向一致进行串联。

3. 理想电流源的并联等效

多个电流源并联可以等效为一个电流源，等效电流源的电流等于并联电流源电流之和。图 1.5.9(a)所示为三个电流源的并联，可用图 1.5.9(b)所示的电流源电路来等效代换它，代换条件为 $I_\mathrm{S} = I_\mathrm{S1}+I_\mathrm{S2}+I_\mathrm{S3}$。

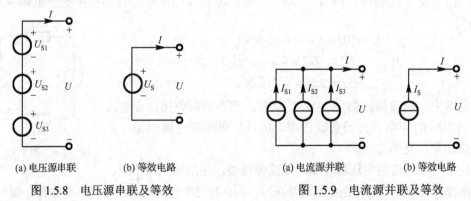

(a) 电压源串联　　(b) 等效电路　　　　　　(a) 电流源并联　　(b) 等效电路

图 1.5.8　电压源串联及等效　　　　　图 1.5.9　电流源并联及等效

与电压源串联类似，理论上说并不要求并联的电流源必须方向一致，但实际应用中必须保证方向一致进行并联。

4. 电压源与元件的并联

电压源与元件并联等效为电压源自身，如图 1.5.10 所示。

注意：并联的元件如果也是电压源，则要求两个电压源的极性和大小相同，否则禁止将两个电压源并联在一起。

5．电流源与元件的串联

电流源与元件的串联等效为电流源自身，如图 1.5.11 所示。

注意：串联的元件如果也是电流源，则要求两个电流源的方向和大小相同，否则禁止将两个电流源串联在一起。

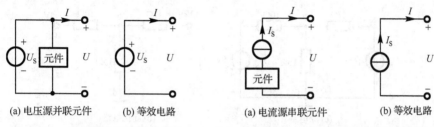

(a) 电压源并联元件　　(b) 等效电路　　　　(a) 电流源串联元件　　(b) 等效电路

图 1.5.10　电压源并联元件及等效　　　图 1.5.11　电流源串联元件及等效

【**例 1.5.3**】 将图 1.5.12(a)所示电路简化为最简单形式。

解： 最简单形式通常是指仅由一个电压源串联一个电阻或由一个电流源并联一个电阻所组成的电路，也可指一个单独的电压源、电流源或电阻。

应用等效变换规则，依次得到图 1.5.12(b)、图 1.5.12(c)、图 1.5.12(d)、图 1.5.12(e)；图 1.5.12(e)已是最简单形式。也可以再等效变换一次，最后得到图 1.5.12(f)。

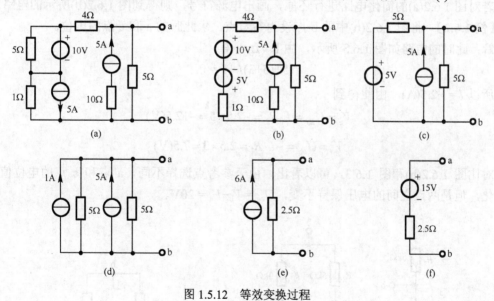

图 1.5.12　等效变换过程

1.6　电位的计算

前面在讲电压概念时已经提到了电位。电子电路中多用电位讨论问题，常选取电路的某一点作为参考点，并将参考点电位规定为零，则其他点与参考点之间的电压就称为该点的电位。

　　谈到电位，电路中必须有且仅有一个参考点与之对应。两点之间的电压等于两点之间的电位差。参考点改变，各点电位随之改变，但两点之间的电压与电位参考点的选取无关。

　　通常在电力电路中，选择大地作为参考点，在电路图中用符号"⏚"表示接大地，而在电子电路中，通常选定与金属外壳相连的点作为参考点，在电路图中用符号"⊥"表示接机壳或接底板。

　　利用电位可以将电路简化。在电子电路中习惯省略电压源符号，而只标注出电位的大小和极性，如图 1.6.1 所示。

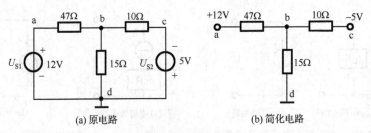

(a) 原电路　　　　　　　　　　　(b) 简化电路

图 1.6.1　电路的简化画法

【例 1.6.1】　求图 1.6.2(a)所示电路中的 b 点电位。

解：

$$I_{ca} = \frac{U_{ca}}{R_1+R_2} = \frac{V_c-V_a}{R_1+R_2} = \frac{5-(-15)}{3+5} = 2.5(\text{mA})$$

$$V_b = V_c - U_{cb} = V_c - R_1 \cdot I_{ca} = 5 - 3 \times 2.5 = -2.5(\text{V})$$

若对图 1.6.2(a)的简化电路进行还原，画出电源符号，则得到图 1.6.2(b)所示的电路。

【例 1.6.2】　将图 1.6.2(b)中的 b 点设为参考点，求此时的 a 和 c 点的电位。

解：此时的电路如图 1.6.3 所示，由 KVL 可得

$$15+(5+3)I+5=0$$

所以 $I=-2.5(\text{A})$，由此得到

$$V_a = U_{ab} = I \cdot R_2 = -2.5 \times 5 = -12.5(\text{V})$$

$$V_c = U_{cb} = -I \cdot R_1 = 2.5 \times 3 = 7.5(\text{V})$$

　　对比图 1.6.2(b)和图 1.6.3，可以看出，由于参考点选择不同，a 点和 c 点的电位值发生了变化，但是两点之间的电压保持不变，$U_{ca} = V_c - V_a = 20\text{V}$。

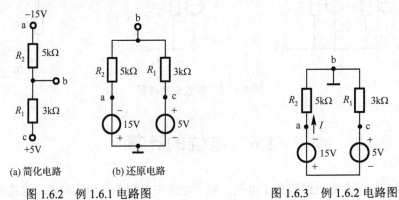

(a) 简化电路　　　　(b) 还原电路

图 1.6.2　例 1.6.1 电路图　　　　　图 1.6.3　例 1.6.2 电路图

1.7 支路电流分析法

所谓支路电流法，就是以支路电流为求解变量的分析方法，是一种对 KCL、KVL 直接应用的分析方法。假设电路具有 n 个节点、b 条支路，则支路电流法的分析过程如下。

（1）标出每个支路电流及参考方向；

（2）确定所有独立节点，利用 KCL 列出 $(n-1)$ 个独立的节点电流方程（n 个节点的电路只有 $n-1$ 个独立节点）；

（3）选定所有独立回路并指定每个回路的绕行方向，根据 KVL 列出 $b-(n-1)$ 个回路电压方程；

（4）联立求解 b 个方程式，解出各支路电流；

（5）根据要求，由支路电流求得其他响应。

下面以图 1.7.1 所示电路为例进行分析。

由图可见，该电路有三条支路，两个节点。

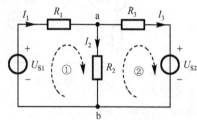

图 1.7.1 支路电流分析

（1）在独立节点 a 列 KCL 方程，设流入电流为正，得到

$$I_1 - I_2 - I_3 = 0$$

（2）选择两个网孔，按图示绕行方向，列出 KVL 方程

网孔① $\qquad -U_{S1} + I_1 R_1 + I_2 R_2 = 0$

网孔② $\qquad -I_2 R_2 + I_3 R_3 + U_{S2} = 0$

【例 1.7.1】 图 1.7.1 所示电路中，已知 $U_{S1} = 5\text{V}$，$U_{S2} = 12\text{V}$，$R_1 = 50\Omega$，$R_2 = 20\Omega$，$R_3 = 10\Omega$，求各支路电流和各电源功率。

解：将数值代入上述方程，得到

$$\begin{cases} I_1 - I_2 - I_3 = 0 \\ -5 + 50I_1 + 20I_2 = 0 \\ -20I_2 + 10I_3 + 12 = 0 \end{cases}$$

解得 $\qquad I_1 = -0.053(\text{A})$，$I_2 = 0.382(\text{A})$，$I_3 = -0.435(\text{A})$

5V 电压源的功率为 $\qquad P_{US1} = -U_{S1} I_1 = -5 \times (-0.053) = 0.265(\text{W})$

12V 电压源的功率为 $\qquad P_{US2} = U_{S2} I_3 = 12 \times (-0.435) = -5.22(\text{W})$

从结果可以看出，本例中 12V 电源起电源作用，5V 电源起负载作用。

【例 1.7.2】 求图 1.7.2(a)所示电路的各支路电流。

解：由图 1.7.5(a)可知，该电路有 5 条支路，三个节点。但其中有一条支路含电流源，因此该支路电流已知，故只有 4 个未知量。

设置支路电流如图 1.7.2(b)所示，首先列出独立节点 a 和 b 的 KCL 方程，设流出为正

节点 a $\qquad I_1 + I_2 + I_3 = 0$

节点 b $\qquad -I_2 - I_3 + I_4 - 3 = 0$

在选取回路列 KVL 方程时，应避开含有电流源支路的回路，所以本例选择图 1.7.2(b)所示两个回路

回路① $-6+15I_2-24I_3=0$

回路② $-10I_1-18+24I_3+(30+12)I_4=0$

联立解得 $I_1=1.704(\text{A})$，$I_2=-0.894(\text{A})$，$I_3=-0.809(\text{A})$，$I_4=1.296(\text{A})$

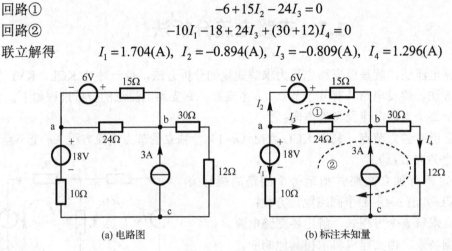

(a) 电路图   (b) 标注未知量

图 1.7.2   例 1.7.2 电路图

1.8   叠 加 定 理

当线性电路中含有两个或两个以上独立电源时，通常可以考虑应用叠加定理来降低电路分析的难度。所谓叠加定理，又称叠加原理，是指：在线性电路中，由多个独立电源共同作用在某一支路中产生的电压（或电流），等于电路中每个独立电源单独作用时在该支路产生的电压（或电流）的代数和。

所谓线性电路，就是由线性元件构成的电路，如线性电阻和独立源构成的电路就属于线性电路。因此，叠加定理适用的范围远小于基尔霍夫定律。

在应用叠加定理的过程中：

（1）当某一独立源单独作用时，其余的独立源做置零处理，即独立电压源视为短路，独立电流源视为开路；

（2）当某一独立源单独作用时，待求支路电压（或电流）的参考方向如果与原电路中的参考方向一致，则叠加时取正；反之，取负。

图 1.8.1(a)所示电路含有两个独立电源 U_S 和 I_S，当两个电源共同作用时，利用 1.7 节的支路电流法可求出电路中的支路电流 I。

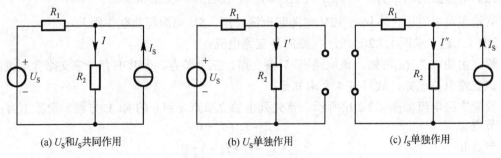

(a) U_S和I_S共同作用   (b) U_S单独作用   (c) I_S单独作用

图 1.8.1   叠加定理的验证

$$I = \frac{U_S}{R_1 + R_2} + \frac{R_1}{R_1 + R_2} I_S \qquad (1.8.1)$$

当 U_S 单独工作时，电流源视为开路，如图 1.8.1(b)所示

$$I' = \frac{U_S}{R_1 + R_2} \qquad (1.8.2)$$

当 I_S 单独工作时，电压源视为短路，如图 1.8.1(c)所示

$$I'' = \frac{R_1}{R_1 + R_2} I_S \qquad (1.8.3)$$

比较式（1.8.1）、式（1.8.2）和式（1.8.3）可得，$I = I' + I''$。即图 1.8.1(a)所示电路中支路电流 I 等于图 1.8.1(b)所示电路中电流 I' 和图 1.8.1(c)所示电路中电流 I'' 的代数和。这一结论也适用于其他支路电流和电压的计算。

注意：叠加定理只限于线性电路的电流和电压的计算，不适用于功率的计算。

【例 1.8.1】 用叠加定理计算图 1.8.2(a)所示电路中的电流 I、电压 U 及 18Ω 电阻消耗的功率。

解：（1）3A 电流源单独工作时，如图 1.8.2(b)所示，利用分流公式求得

$$I' = \frac{9}{9 + 18} \times 3 = 1(A)$$

$$U' = 18 \cdot I' = 18(V)$$

（2）18V 电压源单独工作时，如图 1.8.2(c)所示，利用分压公式求得

$$U'' = \frac{9}{18 + 9} \times 18 = 6(V)$$

$$I'' = -\frac{18}{9 + 18} = -0.67(A)$$

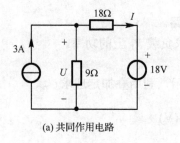 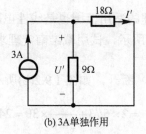 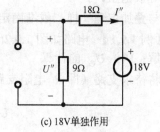

(a) 共同作用电路　　　　　　(b) 3A 单独作用　　　　　　(c) 18V 单独作用

图 1.8.2　例 1.8.1 电路图

原电路图 1.8.2(a)的电流和电压分别为

$$I = I' + I'' = 0.33(A)$$

$$U = U' + U'' = 24(V)$$

18Ω 电阻消耗的功率为 $\qquad P = I^2 \cdot R = 0.33^2 \times 18 = 2(W)$

显然 $\qquad\qquad\qquad\qquad P \neq 18 \cdot I'^2 + 18 \cdot I''^2$

1.9　等效电源定理

有时，对于一个复杂电路，我们只对其中的某一特定支路的工作状态感兴趣，此时，适于采用等效电源定理来进行分析。

等效电源定理指出：一个有源线性单端口网络，对其外电路来说，总可以用一个等效电源模型来替代它。如果等效电源模型为电压源模型，则是**戴维南定理**；如果为电流源模型，则为**诺顿定理**。

1.9.1　戴维南定理

戴维南定理：任意一个线性有源单口网络，就其对外电路的作用而言，总可以用一个理想电压源和一个电阻串联的支路来等效。理想电压源的电压等于有源线性单口网络的开路电压 U_{OC}，串联电阻 R_O 等于该网络除源后的等效电阻，如图 1.9.1 所示。

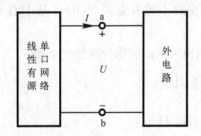
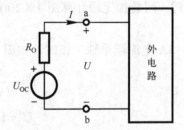

(a) 有源单口网络与外电路连接　　　　　　(b) 戴维南等效电路与外电路连接

图 1.9.1　戴维南定理示意图

所谓除源，就是将独立电源置零，即电压源视为短路，电流源视为开路。以后常把电压源串联电阻支路称为戴维南等效电路，而把从端口看入除源之后的等效电阻称为该端口的**戴维南等效电阻**。

与叠加定理一样，戴维南定理的适用范围也是线性电路。

【例 1.9.1】　电路如图 1.9.2(a)所示，试用戴维南定理求负载 R_L 上的功率。

解：（1）U_{OC} 的计算

将待求支路（即 R_L 电阻支路）断开，如图 1.9.2(b)所示，利用叠加定理求 U_{OC}。

$$U_{OC} = 2 \times 6//3 + \frac{6}{3+6} \times 30 = 24(V)$$

（2）R_O 的计算

将图 1.9.2(b)所示有源单口网络除源，如图 1.9.2(c)所示。从端口看入的等效电阻为

$$R_O = 6//3 = 2(\Omega)$$

（3）画出戴维南等效电路，计算 R_L 的功率

将图 1.9.2(b)所示的有源线性单口网络用其戴维南等效电路替代，得到图 1.9.2(d)所示的电路。由此电路可以得到

$$U_L = \frac{R_L}{R_O + R_L} \times U_{OC} = \frac{6}{2+6} \times 24 = 18(\text{V})$$

$$P_L = \frac{U_L^2}{R_L} = \frac{18^2}{6} = 54(\text{W})$$

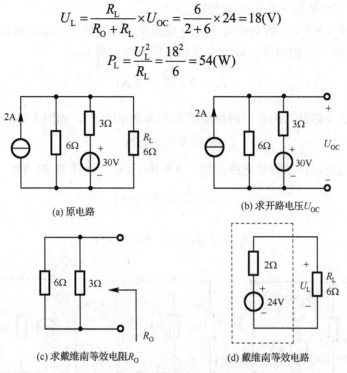

(a) 原电路   (b) 求开路电压U_{OC}

(c) 求戴维南等效电阻R_O (d) 戴维南等效电路

图 1.9.2   例 1.9.1 电路图

1.9.2   诺顿定理

诺顿定理：任意一个有源线性单口网络，就其对外电路的作用而言，总可以用一个理想电流源和一个电阻 R_O 并联的网络来等效，其中电流源的电流等于有源线性单口网络的短路电流 I_{SC}，并联电阻 R_O 等于将单口网络除源后的等效电阻，如图 1.9.3 所示。通常把电流源与电阻并联的网络称为诺顿等效电路。

如果对同一个单口网络使用戴维南定理和诺顿定理，显然得到的戴维南等效电路和诺顿等效电路应相互等效，由 1.5.3 节的电压源模型和电流源模型等效相关知识可以知道，此时有 $U_{OC} = I_{SC} \cdot R_O$，由此可以推出

$$R_O = \frac{U_{OC}}{I_{SC}} \tag{1.9.1}$$

可知，对于单口网络，其等效电阻可以通过开路电压除以短路电流求得。

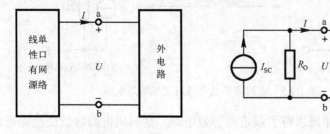

(a) 有源单口网络与外电路连接   (b) 诺顿等效电路与外电路连接

图 1.9.3   诺顿定理示意图

【例 1.9.2】 利用诺顿定理重求例 1.9.1。

解：（1）将图 1.9.2(a)中的负载支路（R_L 电阻支路）短路，求短路电流 I_{SC}，如图 1.9.4(a)所示，特别注意此时 I_{SC} 的参考方向。由叠加定理可以求得 I_{SC}

$$I_{SC} = 2 + \frac{30}{3} = 12(A)$$

（2）求从负载支路看入的单口网络除源后的等效电阻 R_O，如图 1.9.4(b)所示，可得

$$R_O = 3 // 6 = 2(\Omega)$$

（3）画出原电路的诺顿等效电路，如图 1.9.4(c)所示，计算 R_L 的功率

$$I_L = \frac{2}{2+6} \times 12 = 3(A)$$

$$P_L = I_L^2 \cdot R_L = 3^2 \times 6 = 54(W)$$

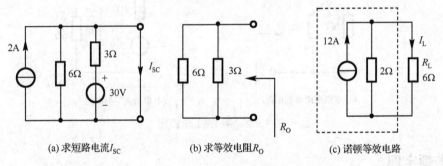

(a) 求短路电流I_{SC}　　　　(b) 求等效电阻R_O　　　　(c) 诺顿等效电路

图 1.9.4　例 1.9.2 电路图

比较例 1.9.1 和例 1.9.2，显然求得的戴维南等效电路和诺顿等效电路有图 1.9.5 所示的关系。

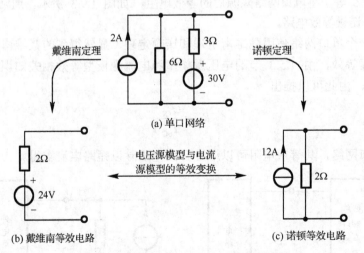

图 1.9.5　戴维南等效电路与诺顿等效电路

对于一个单口网络，如果求得了戴维南等效电路，则利用电源等效变换即可求得其诺顿等效电路，反之亦然。

1.10 含受控源的电阻电路

1.10.1 受控源

前面讲过理想电压源、理想电流源，实际电压源模型和电流源模型都属于独立电源，它们的输出特性由电源自身决定。电子电路中还有另外一种类型的电源，它输出的电压（或电流）受到同一电路中某一支路的电压（或电流）控制，这种电源称为受控源。为与独立源区别，受控源用菱形符号表示。借助于受控源能得到有源电子元器件（如晶体三极管、运算放大器等）的电路模型。根据受控源的控制量是支路电压还是支路电流，以及受控源输出是电压还是电流，可以将受控源分成 4 种类型，分别为：电压控制电压源（VCVS：Voltage-Controlled Voltage Source）、电压控制电流源（VCCS：Voltage-Controlled Current Source）、电流控制电压源（CCVS：Current-Controlled Voltage Source）和电流控制电流源（CCCS：Current-Controlled Current Source），其理想受控源的模型如图 1.10.1 所示。

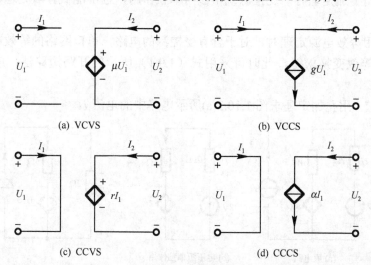

图 1.10.1　理想受控源

由图 1.10.1 可得 4 种受控源的 VAR 为

$$U_2 = \mu U_1 \qquad (\text{VCVS}) \tag{1.10.1}$$

$$I_2 = g U_1 \qquad (\text{VCCS}) \tag{1.10.2}$$

$$U_2 = r I_1 \qquad (\text{CCVS}) \tag{1.10.3}$$

$$I_2 = \alpha I_1 \qquad (\text{CCCS}) \tag{1.10.4}$$

式中，μ 和 α 无量纲，g 使用电导单位 S，r 使用电阻单位 Ω。如果控制系数 μ、g、r、α 是常数，则受控源是线性受控源。

【例 1.10.1】 求图 1.10.2 所示电路中的电压 U_O。

解： 本例中的受控源为电流控制电压源（CCVS）。

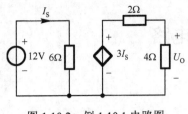

图 1.10.2　例 1.10.1 电路图

由左侧回路，应用欧姆定律，可得控制量 I_S 为

$$I_S = \frac{12}{6} = 2(A)$$

由右侧回路，应用分压公式，可得输出电压为

$$U_O = \frac{4}{2+4} \times 3I_S = 4(V)$$

1.10.2　含受控源电阻电路的分析

当电路中含受控源时，仍可采用前面介绍的支路电流法、叠加定理、戴维南定理等进行分析，但要注意：

（1）从某种意义上来说，受控源可以视为一个四端元件，即它的控制量支路和受控源支路是一个整体，因此，对含受控源电路进行等效变换时，当受控源支路还保留时，控制量支路也必须保留；

（2）在应用叠加定理时，受控源既不参与单独作用，也不能做置零处理，它始终保持在电路中；

（3）在应用等效电源定理时，对于含有受控源的电路，单口网络的等效电阻通常不能通过电阻串并联等效变换求得，此时可采用式（1.9.1）所示的开路短路法，或者采用外施电源法求解。

【例 1.10.2】 用叠加定理求图 1.10.3(a)所示电路中的电流 I。

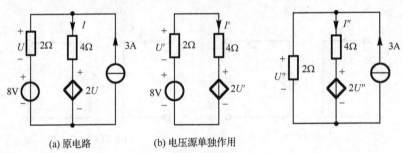

(a) 原电路　　　　　(b) 电压源单独作用

图 1.10.3　例 1.10.2 电路图

解：（1）电压源单独作用，电流源置零视为开路，受控源保留，如图 1.10.3(b)所示。

由 KVL 可得　　　　　　　　　$(2+4)I'+2U' = 8$

写出控制量 U' 的表达式　　　　　$U' = -2I'$

解得　　　　　　　　　　　　$I' = 4(A)$

（2）电流源单独作用，电压源置零视为短路，受控源保留，如图 1.10.3(c)所示。

左侧回路 KVL 得　　　　　　　$4I''+2U''-U'' = 0$

写出控制量 U'' 的表达式　　　　$U'' = 2(3-I'')$

解得　　　　　　　　　　　　$I'' = -3(A)$

由叠加定理，有　　　　　　　$I = I'+I'' = 4-3 = 1(A)$

【例 1.10.3】 求图 1.10.4(a)所示电路的戴维南等效电路。

解：（1）求开路电压 U_{OC}

由图 1.10.4(a)可得
$$I_1 = \frac{6}{6+4} = 0.6(\text{A})$$

由此求得开路电压
$$U_{ab} = 4I_1 - 6I_1 + 6 = 4.8(\text{V})$$

（2）外施电源法求等效电阻 R_O

该电路除源后因保留有受控源，故不能直接通过电阻串并联等效求得 R_O。此时应采用外施电源法求取。外施电源法是指对单口网络除源后，在端口处添加电源，通过求取所添加电源的电压与电流所满足的关系式来求取等效电阻。外施电源法可分为外施电压源和外施电流源，以前者更为常见，在此采用外施电压源。如图 1.10.4(b)所示，对除源后含有受控源的单口网络端口施加电压源 U_O'，假设端口电流为 I_O'，此时显然有 $R_O = \dfrac{U_O'}{I_O'}$。

由图 1.10.4(b)，应用分流公式，有
$$I_1' = -\frac{4}{6+4} \times I_O' = -0.4I_O'$$

求得端口电压 U_O'
$$U_O' = 2 \times I_O' + 4I_1' - 6I_1' = 2.8I_O'$$

由此得到等效电阻 R_O
$$R_O = \frac{U_O'}{I_O'} = 2.8(\Omega)$$

最后，画出该电路的戴维南等效电路，如图 1.10.4(c)所示。

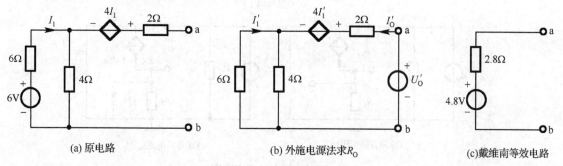

(a) 原电路　　　　　　　(b) 外施电源法求 R_O　　　　　　　(c)戴维南等效电路

图 1.10.4　例 1.10.3 电路图

【**例 1.10.4**】　图 1.10.5(a)所示含受控源电路中 $\beta = 40$，求从负载电阻 R_L 端口看入的等效电阻 R_O。

解： 用外施电源法求等效电阻 R_O，将负载电阻 R_L 断开，在其端口外接电压源 U_O'，如图 1.10.5(b)所示。有

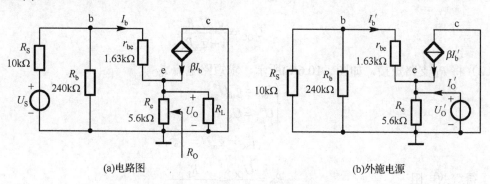

(a)电路图　　　　　　　　　　　　　　　(b)外施电源

图 1.10.5　例 1.10.4 的电路图

$$\begin{cases} U'_\mathrm{O} = [(1+\beta)I'_\mathrm{b} + I'_\mathrm{O}]R_\mathrm{e} \\ I'_\mathrm{b} = -\dfrac{U'_\mathrm{O}}{R_\mathrm{S}//R_\mathrm{b} + r_\mathrm{be}} \end{cases}$$

求解得出

$$I'_\mathrm{O} = \frac{U'_\mathrm{O}}{R_\mathrm{e}} + \frac{(1+\beta)U'_\mathrm{O}}{R_\mathrm{S}//R_\mathrm{b} + r_\mathrm{be}}$$

$$R_\mathrm{O} = \frac{U'_\mathrm{O}}{I'_\mathrm{O}} = R_\mathrm{e}// \frac{R_\mathrm{S}//R_\mathrm{b} + r_\mathrm{be}}{1+\beta} = 5.6//\frac{1.63 + (10//240)}{1+40} = 0.26(\mathrm{k\Omega})$$

【例 1.10.5】 电路如图 1.10.6(a)所示，求从负载电阻 R_L 端口看入的等效电阻 R_O 的表达式。

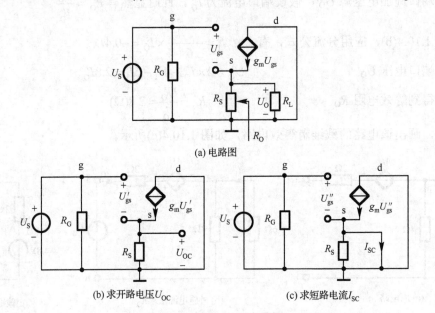

(a) 电路图

(b) 求开路电压U_OC (c) 求短路电流I_SC

图 1.10.6 例 1.10.5 电路图

解：断开 R_L 支路后得到的网络含有受控源，采用开路短路法求取等效电阻 R_O。

（1）由图 1.10.6(b)可求得开路电压 U_OC

$$\begin{cases} U_\mathrm{OC} = g_\mathrm{m}U'_\mathrm{gs}\cdot R_\mathrm{S} \\ U'_\mathrm{gs} = U_\mathrm{S} - U_\mathrm{OC} \end{cases}$$

解得

$$U_\mathrm{OC} = \frac{g_\mathrm{m}U_\mathrm{S}R_\mathrm{S}}{1 + g_\mathrm{m}R_\mathrm{S}}$$

（2）将 R_L 支路短接，如图 1.10.6(c)所示，求短路电流 I_SC

$$\begin{cases} I_\mathrm{SC} = g_\mathrm{m}U''_\mathrm{gs} \\ U''_\mathrm{gs} = U_\mathrm{S} \end{cases}$$

解得

$$I_\mathrm{SC} = g_\mathrm{m}U_\mathrm{S}$$

最后求得等效电阻

$$R_\mathrm{O} = \frac{U_\mathrm{OC}}{I_\mathrm{SC}} = \frac{R_\mathrm{S}}{1 + g_\mathrm{m}R_\mathrm{S}}$$

通过以上分析可知，求解单口网络的等效电阻时，常可以采用以下三种方法。

（1）电阻串并联法

对不含受控源的电路，将单口网络所有独立源置为零，利用电阻的串并联等效变换，求出从端口看进去的等效电阻 R_O。

（2）外施电源法

将所有独立源置为零，受控源保留，得无源二端网络，在端口外加电压源 U_O'，设端口电流为 I_O'，求出端口电压 U_O' 和端口电流 I_O' 的关系，对外加的电源来说，当 U_O' 与 I_O' 为非关联参考方向时，可得等效电阻 $R_O = \dfrac{U_O'}{I_O'}$。

（3）开路短路法

对含受控源的电路，先求开路电压 U_{OC} 和短路电流 I_{SC}，再根据 $R_O = \dfrac{U_{OC}}{I_{SC}}$ 求等效电阻 R_O。

习　题　1

1.1　电路元件如图 1.1 所示，其电压 $U = 12$V，电流 $I_{ba} = -2$A。问：电压 U_{ab} 的值为多少？电流 I 的值为多少？电压、电流的实际方向呢？求此元件的功率，并指出此元件是起电源作用，还是起负载作用。

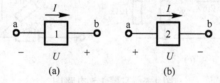

图 1.1　习题 1.1 电路图

1.2　计算图 1.2 中各元件的未知量，其中 P 表示元件吸收的功率。

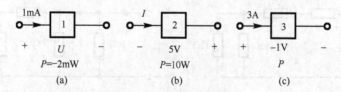

图 1.2　习题 1.2 电路图

1.3　图 1.3 所示的电路中，计算图中的未知电流。

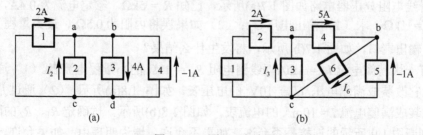

图 1.3　习题 1.3 电路图

1.4　图 1.4 所示电路中，计算图中的未知电压。

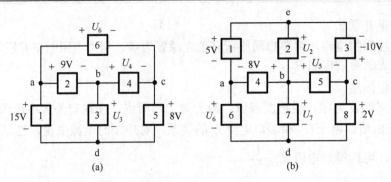

图 1.4　习题 1.4 电路图

1.5　电路如图 1.5 所示，求 ab 端等效电阻。

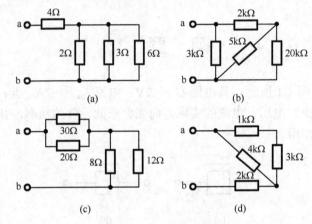

图 1.5　习题 1.5 电路图

1.6　电路如图 1.6 所示。（1）求图 1.6(a)中的电压 U_S；（2）求图 1.6(b)中的 U 和 I。

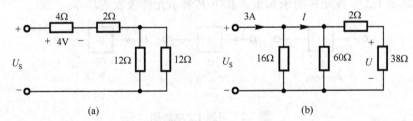

图 1.6　习题 1.6 电路图

　　1.7　滑线电阻分压器电路如图 1.7(a)所示，已知 $R = 5\text{k}\Omega$，额定电流为 0.4A，外加电压 500V，$R_1 = 1\text{k}\Omega$，求（1）输出电压 U_o；（2）如果误将内阻为 0.5Ω、最大量程为 2A 的电流表连接在输出端口，如图 1.7(b)所示，将发生什么结果？

　　1.8　有一块满偏电流 $I_g = 1\text{mA}$，线圈电阻 $R_g = 1\text{k}\Omega$ 的小量程电流表。（1）通过串联分压电阻，把它改装成满偏电压 $U = 10\text{V}$ 的电压表，如图 1.8(a)所示；（2）通过并联分流电阻，把它改装成满偏电流 $I = 10\text{mA}$ 的电流表，如图 1.8(b)所示。试确定 R_1、R_2 的阻值。

　　1.9　判断图 1.9 所示的连接是否允许，如果不允许，请说明理由；如果允许，将电路简化（画出最简等效电路）。

　　1.10　将图 1.10 所示的电路化为最简形式。

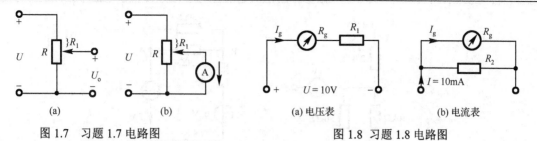

图 1.7 习题 1.7 电路图　　　　　图 1.8 习题 1.8 电路图

1.11 用电源等效变换求图 1.11 中的电压 U。

1.12 用电源等效变换求图 1.12 中的电流 I 及电阻 R 吸收的功率。

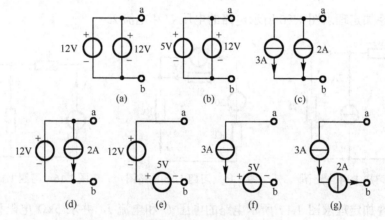

图 1.9 习题 1.9 电路图

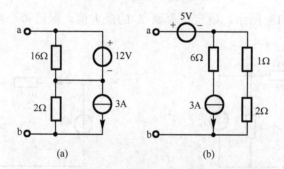

图 1.10 习题 1.10 电路图

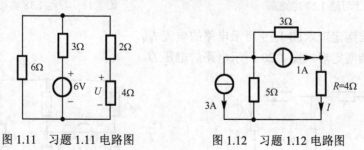

图 1.11 习题 1.11 电路图　　　图 1.12 习题 1.12 电路图

1.13 求图 1.13 所示电路的 A 点和 B 点的电位。

1.14 利用支路电流法求图 1.14 中各支路电流。

1.15 利用支路电流法求图 1.15 所示电路的电流 I_1 及 I_2。

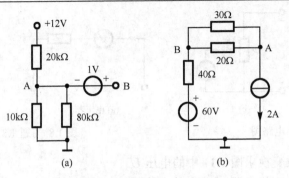

图 1.13　习题 1.13 电路图

1.16　用叠加定理求图 1.16 所示电路的电压 U 和电流 I。

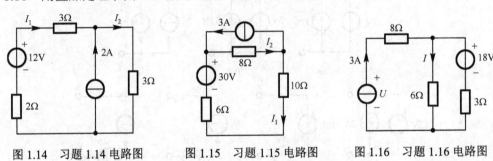

图 1.14　习题 1.14 电路图　　　图 1.15　习题 1.15 电路图　　　图 1.16　习题 1.16 电路图

1.17　用叠加定理求图 1.17 所示电路的电压 U 和电流 I，并求 5kΩ 电阻和 8kΩ 电阻的功率。

1.18　电路如图 1.18 所示，确定电流源 I_x 的最大值，保证每个电阻上的功率不超过额定值而导致过热。

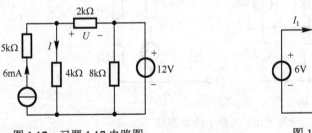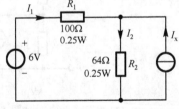

图 1.17　习题 1.17 电路图　　　　　图 1.18　习题 1.18 电路图

1.19　用戴维南定理求图 1.19 所示电路的电流 I_L。

1.20　用戴维南定理求图 1.20 所示电路的电压 U。

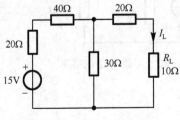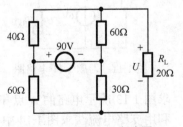

图 1.19　习题 1.19 电路图　　　　　图 1.20　习题 1.20 电路图

1.21　用诺顿定理求图 1.21 所示电路的电流 I_L。

1.22　试求图 1.22 所示电路的电流 I_1、I_2 及受控源功率。

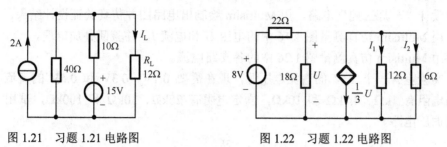

图 1.21　习题 1.21 电路图　　　　　　　图 1.22　习题 1.22 电路图

1.23　用叠加定理求图 1.23 所示电路的电流 I 和电压 U。

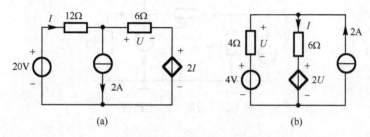

(a)　　　　　　　　　　　　(b)

图 1.23　习题 1.23 电路图

1.24　在图 1.24 所示电路中，试用戴维南定理分别求出 $R_L = 15\Omega$ 和 $R_L = 30\Omega$ 时的电流 I_L 和功率 P_L。

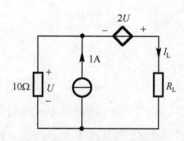

图 1.24　习题 1.24 电路图

1.25　试用外施电源法求图 1.25 所示电路输入端口的等效电阻 R_i，$\beta = 50$。

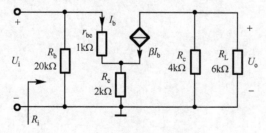

图 1.25　习题 1.25 电路图

1.26　设计仿真题

（1）试利用电源、开关（单刀单掷、单刀双掷、双刀双掷等）和白炽灯等元件为"一"

字形过道设计"一灯双控"电路，用 Multisim 绘制出电路图并仿真验证设计结果。

（2）试利用电源、开关（单刀单掷、单刀双掷、双刀双掷等）和白炽灯等元件为"T"字形过道设计"一灯三控"电路，用 Multisim 绘制出电路图并仿真验证设计结果。

（3）用 Multisim 仿真测量图 1.16 中的电压 U 和电流 I，并验证叠加定理。

（4）用 Multisim 仿真测量图 1.26 中的各支路电流。

（5）实验室有一个 12V 的直流电压源，现在需要 0.1V、0.3V 和 0.5V 的直流电压，已知的可调电阻有 1kΩ、4.7kΩ 和 10kΩ，固定电阻有 20kΩ、30kΩ 和 100kΩ，试用 Multisim 设计仿真调压电路。

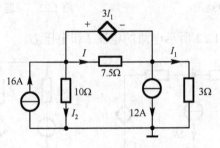

图 1.26　习题 1.26 电路图

第 2 章　一阶动态电路的暂态分析

第 1 章我们探讨的是电阻电路的分析方法，彼时，电路从一个状态变化到另一个状态（如开关由断开变为闭合、电阻值改变等）是瞬间完成的，所以电路几乎总是处于稳定状态。但是当电路中含有电感或电容这类储能元件时，其从一个状态变化为另一个状态将不再是瞬时完成，而需经过一个短时间的过渡过程，这个过渡过程就是动态电路的暂态过程。

本章首先介绍两个常见的储能元件：电容元件和电感元件，然后分析引起暂态过程的原因，重点探讨暂态过程中电压和电流随时间变化的规律。

2.1　电容元件与电感元件

2.1.1　电容元件及其性质

电容元件是从实际的电容器中抽象而来的。电容器是一种可以存储电场能量的元件。电容量（常简称为电容）是描述电容元件的参数，用 C 表示，单位为法拉，简称法（F）。当电容较小时，常以微法（μF）、纳法（nF）和皮法（pF）等作为单位。常见的电容有瓷片电容、电解电容、贴片电容等，如图 2.1.1 所示。

(a) 瓷片电容　　　　　　　　(b) 电解电容　　　　　　　　(c) 贴片电容

图 2.1.1　常见电容

电容器的主要用途有耦合、滤波、振荡、调谐、储能及无功功率补偿等。电容器的主要参数有：标称容量、容许误差和工作电压。

（1）标称容量和容许误差

电容器外壳表面标出的电容量值称为电容器的标称容量。标称容量与实际容量之间的偏差与标称容量之比的百分数称为电容器的容差。与电阻阻值相同，电容器标称容值也采用 E 系列来表述，常见的有 E6、E12、E24 三大系列，分别适用于允许偏差为±20%、±10%和±5%。

（2）工作电压

电容器在使用时，容许加在其两端的最大电压值称为工作电压，也称耐压。常用的固定电容器额定工作电压有 10V、16V、25V、50V、100V、160V、250V、400V、2500V 等。一旦工作电压超过额定电压值过高时，就可能造成介质击穿，使介质由原来不导电变为导电，丧失电容作用。

瓷片电容是一种常见的无极性电容，其容值常采用数码表示法标注，即用三位数字来表示电容值，其中，前两位数字为标称容量的有效数字，第三位数字表示有效数字后面零的个数，单位是 pF。例如，102 代表 $10 \times 10^2 = 1000$pF，473 代表 47nF。在这种表示法中有一个特殊情况，就是当第三位数字用"9"表示时，是用有效数字乘上 10^{-1} 来表示容量大小，如 229 代表 2.2pF。

瓷片电容最常见的两种工作电压为 50V 和 63V（电容标称值下面有一条横线），如图 2.1.1(a)所示。贴片电容由于需要高温烧结，不能表面丝网印刷，所以通常其上没有任何标注，如图 2.1.1(c)所示。电解电容（普通电解电容和贴片电解电容）是一种有极性的电容，其极性、容值和工作电压通常直接标注出来。如图 2.1.1(b)和图 2.1.1(c)所示。其中贴片铝电解电容有标识的一端为负极，而贴片钽电解电容有标识的一端为正极。

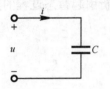

图 2.1.2　电容元件符号

电容的电路符号如图 2.1.2 所示。对于线性时不变电容，在关联参考方向下的伏安特性为

$$i = \frac{\mathrm{d}q}{\mathrm{d}t} = \frac{\mathrm{d}Cu}{\mathrm{d}t} = C\frac{\mathrm{d}u}{\mathrm{d}t} \tag{2.1.1}$$

若在非关联参考方向下，则式（2.1.1）右边需添加"–"号，即

$$i = -C\frac{\mathrm{d}u}{\mathrm{d}t} \tag{2.1.2}$$

由式（2.1.1）和式（2.1.2）可知，电容元件的伏安关系是一个微分关系，流过电容元件的电流正比于电容两端电压的变化率，所以电容是动态元件。当电容两端的电压保持不变时，则通过它的电流为零，即对直流电压而言，电容相当于开路，因此电容具有隔断直流的作用。

将式（2.1.1）两边积分，便可得到伏安关系的积分表达式

$$u(t) = \frac{1}{C}\int_{-\infty}^{t} i(\lambda)\mathrm{d}\lambda \tag{2.1.3}$$

或　　　　$u(t) = \frac{1}{C}\int_{-\infty}^{t_0} i(\lambda)\,\mathrm{d}\lambda + \frac{1}{C}\int_{t_0}^{t} i(\lambda)\,\mathrm{d}\lambda = u(t_0) + \frac{1}{C}\int_{t_0}^{t} i(\lambda)\,\mathrm{d}\lambda, \qquad t > t_0 \tag{2.1.4}$

在关联参考方向下，线性电容吸收的功率为

$$p(t) = u(t)i(t) = Cu\frac{\mathrm{d}u}{\mathrm{d}t}$$

对上式进行积分，可得到电容吸收的电能

$$w_\mathrm{C}(t) = \int_{-\infty}^{t} p(\lambda)\mathrm{d}\lambda = \int_{-\infty}^{t} Cu\frac{\mathrm{d}u}{\mathrm{d}\lambda}\mathrm{d}\lambda = C\int_{-\infty}^{t} u\mathrm{d}u = \frac{1}{2}Cu^2(t) \tag{2.1.5}$$

式（2.1.5）表明，电容存储的能量只与当前时间电容两端的电压值有关，而与如何建立这个电压值的过程无关。电容的电压反映了其存储能量的大小，将电压称为电容的状态变量。

2.1.2　电感元件及其性质

电感元件是从实际的电感线圈或电感器元件中抽象而来的。电感线圈是一种可以存储磁场能量的元件。电感量（常简称为电感）是用于描述电感元件的参数，用 L 表示，单位是亨利，简称亨（H）。当电感较小时，常用毫亨（mH）和微亨（μH）等作为单位。常见电感器有磁芯环形电感、工字电感和色环电感等，如图 2.1.3 所示。

　　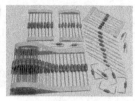

(a) 磁芯环形电感　　　　　　(b) 工字电感　　　　　　(c) 色环电感

图 2.1.3　常见电感

电感器是构成振荡、调谐、滤波、储能及电磁偏转等电路的主要器件。电感器的主要参数有：电感量、容许误差、品质因数和标称电流。

（1）电感量和容许误差

电感线圈的容差为±(0.2%～20%)，通常用于谐振回路的电感线圈精度比较高，而用于耦合回路、滤波回路、换能回路的电感线圈精度比较低。精密电感线圈的容差为±(0.2%～0.5%)，耦合回路电感线圈的容差为±(10%～15%)，高频阻流圈、镇流器线圈等的容差为±(10%～20%)。

（2）品质因数

品质因数是衡量电感线圈质量的重要参数，用字母 Q 表示。Q 值的大小表明了线圈损耗的大小，Q 值越大，线圈的损耗越小，效率越高。

（3）标称电流

标称电流是指电感线圈在正常工作时，允许通过的最大电流，也叫额定电流。若工作电流超过额定电流，线圈就会因发热而被烧毁。

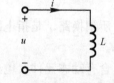

图 2.1.4　电感元件符号

电感的电路符号如图 2.1.4 所示。对于线性电感，在关联参考方向下的伏安特性为

$$u = L \frac{\mathrm{d}i}{\mathrm{d}t} \tag{2.1.6}$$

式（2.1.6）表明：电感元件的伏安特性也是一个微分关系，电感两端的电压正比于流过电感电流的变化率，因此电感元件也是一个动态元件。当电感电流不变，即为直流时，电压为零，即电感对直流相当于短路。从式（2.1.6）可以很容易得出电感元件伏安关系的积分表达式

$$i(t) = \frac{1}{L}\int_{-\infty}^{t} u(\lambda)\,\mathrm{d}\lambda = \frac{1}{L}\int_{-\infty}^{t_0} u(\lambda)\,\mathrm{d}\lambda + \frac{1}{L}\int_{t_0}^{t} u(\lambda)\,\mathrm{d}\lambda = i(t_0) + \frac{1}{L}\int_{t_0}^{t} u(\lambda)\mathrm{d}\lambda \tag{2.1.7}$$

当电感上电压、电流为关联参考方向时，电感吸收功率为 $p(t) = u(t)i(t)$。当 $p > 0$ 时，电

感从外电路中吸收能量建立磁场。当 $p<0$ 时，电感释放存储的能量。其从 $-\infty$ 到任意 t 时刻存储的能量为

$$w_L(t) = \int_{-\infty}^{t} p(\lambda)\mathrm{d}\lambda = \int_{-\infty}^{t} iL\frac{\mathrm{d}i}{\mathrm{d}\lambda}\mathrm{d}\lambda = \frac{1}{2}Li^2(t) \tag{2.1.8}$$

式（2.1.8）表明，电感存储的能量只与当前时间流过电感的电流值有关，而与如何建立这个电流值的过程无关。电感的电流反映了其存储能量的大小，将电流称为电感的状态变量。

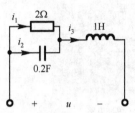

图 2.1.5　例 2.1.1 电路图

【例 2.1.1】　如图 2.1.5 所示电路，已知 $i_1 = (3-0.5\mathrm{e}^{-2t})\,(\mathrm{A})$，$t>0$。求 $t>0$ 时的电压 $u(t)$。

解：设 R、L、C 上的电压与相应电流为关联参考方向，由欧姆定律得

$$u_C(t) = u_R(t) = 2i_1 = 6-\mathrm{e}^{-2t}\,(\mathrm{V})$$

由电容的 VAR 得

$$i_2 = C\frac{\mathrm{d}u_C(t)}{\mathrm{d}t} = 0.2\times2\mathrm{e}^{-2t} = 0.4\mathrm{e}^{-2t}\,(\mathrm{A})$$

由 KCL 得

$$i_3 = i_1 + i_2 = 3-0.1\mathrm{e}^{-2t}\,(\mathrm{A})$$

由电感的 VAR 得

$$u_L(t) = L\frac{\mathrm{d}i_3(t)}{\mathrm{d}t} = 0.2\mathrm{e}^{-2t}\,(\mathrm{V})$$

由 KVL 得

$$u(t) = u_C(t) + u_L(t) = 6-0.8\mathrm{e}^{-2t}\,(\mathrm{V})$$

2.2　换路定则与初始条件

2.2.1　换路定则

所谓换路，是指电路结构或状态发生变化，如支路的接入与断开、电路参数或电源的改变等。

含有动态元件（电感或电容）的动态电路发生换路时，其电流或电压需经过一个变化过程才能达到新的稳定，也即需要一个过渡过程。这是因为动态电路的换路会引起电路中储能元件能量的改变，而储能元件对能量的吸收或释放都需要一定的时间。对此过渡过程的分析就称为动态电路的暂态分析（有时也称为瞬态分析）。

若假设换路在 $t=0$ 时刻发生，则将 $t=0_-$ 称为换路前瞬间，将 $t=0_+$ 称为换路后瞬间，电路变量在 $t=0_+$ 的值称为变量的初始值。由于动态元件的储能不会发生跃变，即 $w_C(0_+) = w_C(0_-)$，$w_L(0_+) = w_L(0_-)$，因此由式（2.1.5）和式（2.1.8）可以得到

$$u_C(0_+) = u_C(0_-) \tag{2.2.1}$$

$$i_L(0_+) = i_L(0_-) \tag{2.2.2}$$

上述两式描述的就是换路定则，即在发生换路瞬间动态元件的状态变量不发生跃变。注意：换路定则从时间上来说只适用于换路瞬间，从对象上来说只适用于动态元件的状态变量，即电容的电压和电感的电流。

　　根据换路定则，可求出电路中其他支路电压和支路电流的初始值。将电路变量的初始值称为电路的初始条件。

2.2.2　初始条件的求取

　　电路中电压、电流初始值计算过程如下。

　　（1）求出换路前瞬间的 $u_C(0_-)$ 和 $i_L(0_-)$。在直流激励下，如果换路前电路已处于稳定状态，则将电容视为开路，电感视为短路，然后求 $t=0_-$ 时的电容电压和电感电流。

　　（2）由换路定则求出电容电压的初始值 $u_C(0_+)$ 和电感电流的初始值 $i_L(0_+)$。

　　（3）完成换路，用电压为 $u_C(0_+)$ 的电压源替代电容，用电流为 $i_L(0_+)$ 的电流源替代电感，得到 $t=0_+$ 时刻的等效电路。

　　（4）利用前面在电阻电路中介绍的各种方法分析 $t=0_+$ 时刻的等效电路，求出其他支路电流、支路电压的初始值。

　　（5）若 $u_C(0_+)=0$，则用短路线替代电容；若 $i_L(0_+)=0$，则用开路替代电感。

　　【例 2.2.1】　电路如图 2.2.1(a)所示，开关动作前电路已处于稳定状态，$t=0$ 时开关闭合，求 u_C、u_L、i_L、i_C 及 u 的初始值。

　　解： 在直流激励下，换路前电容相当于开路，电感相当于短路。根据 $t=0_-$ 时刻的电路状态，求得

$$i_L(0_-)=\frac{8-2}{2+6+4}=0.5(\text{A})$$

$$u_C(0_-)=4i_L(0_-)+2=4(\text{V})$$

根据换路定则可知

$$i_L(0_+)=i_L(0_-)=0.5(\text{A})$$

$$u_C(0_+)=u_C(0_-)=4(\text{V})$$

　　用电压为 $u_C(0_+)$ 的电压源替换电容，用电流为 $i_L(0_+)$ 的电流源替换电感，得到换路后瞬间 $t=0_+$ 时刻的等效电路如图 2.2.1(b)所示。

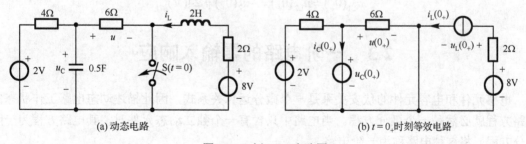

(a) 动态电路　　　　　　　　　　　　　　　　　(b) $t=0_+$ 时刻等效电路

图 2.2.1　例 2.2.1 电路图

右侧网孔列 KVL 方程　　　　　　　$-8+2i_L(0_+)+u_L(0_+)=0$

得　　　　　　　　　　　　　　　　$u_L(0_+)=7(\text{V})$

列 KCL 方程　　　　　　　$i_C(0_+)=-\dfrac{u_C(0_+)-2}{4}-\dfrac{u_C(0_+)}{6}=-1.167(\text{A})$

$$u(0_+)=u_C(0_+)=4(\text{V})$$

换路前，显然有 $u_L(0_-) = 0V$，$i_C(0_-) = 0A$，$u(0_-) = -6i_L(0_-) = -3V$。由此可知，在换路瞬间除了电容电压和电感电流不发生跃变外，其余的电流、电压都可能发生跃变。

【例 2.2.2】 如图 2.2.2(a)所示电路，开关S在 $t = 0$ 时闭合，开关闭合前电路已处于稳态。求各元件电压和电流的初始值。

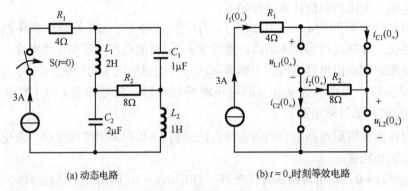

(a) 动态电路　　　　　　　　　　(b) $t = 0_+$ 时刻等效电路

图 2.2.2　例 2.2.2 电路图

解： 在直流激励下，换路前电容相当于开路，电感相当于短路。根据 $t = 0_-$ 时刻的电路状态，求得

$$u_{C1}(0_-) = u_{C2}(0_-) = 0(V)$$

$$i_{L1}(0_-) = i_{L2}(0_-) = 0(A)$$

由换路定则可知 $u_{C1}(0_+) = u_{C2}(0_+) = 0(V)$，$i_{L1}(0_+) = i_{L2}(0_+) = 0(A)$。

用短路线替换电容，用开路替换电感，得到换路后 $t = 0_+$ 时刻的等效电路如图 2.2.2(b)所示。求得

$$i_1(0_+) = i_{C1}(0_+) = i_{C2}(0_+) = 3(A)，\quad i_2(0_+) = -3(A)$$

$$u_1(0_+) = 4i_1(0_+) = 12(V)，\quad u_2(0_+) = 8i_2(0_+) = -24(V)$$

$$u_{L1}(0_+) = u_{L2}(0_+) = -u_2(0_+) = 24(V)$$

2.3　一阶电路的零输入响应

电感元件和电容元件的伏安关系是一个微分运算关系式，因此描述动态电路工作状态的电路方程就必然是一个微分方程。当电路中只含有一个独立动态元件时，其电路方程为一阶微分方程，将这种电路称为一阶电路。

动态电路的响应（即电路的输出），可以是没有激励（输入）时，仅由电路中储能元件的初始状态作用产生的，这种响应称为零输入响应；也可以是储能元件初始状态为零，仅由激励作用产生的，这种响应称为零状态响应；如果在储能元件的初始状态和激励的共同作用下产生，则称为完全响应。本节首先来看一阶电路的零输入响应。

2.3.1　RC电路的零输入响应——电容放电过程

电路如图 2.3.1(a)所示，换路前开关 S 位于"1"上，直流电源对电容充电，且已达到稳

态。在 $t=0$ 时开关由"1"扳向"2"，如图 2.3.1(b)所示。此时电路无输入，电容经过电阻 R 进行放电，形成 RC 电路零输入响应。

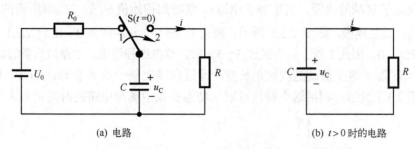

(a) 电路　　　　　　　　　　　　　　　　　　(b) $t>0$ 时的电路

图 2.3.1　RC 电路零输入响应

在换路前电路处于稳态，由换路定则可以求得电容电压的初始值 $u_C(0_+)=u_C(0_-)=U_0$。$t>0$ 时电容经过电阻开始放电，由图 2.3.1(b)可列出 KVL 方程

$$RC\frac{du_C}{dt}+u_C=0 \tag{2.3.1}$$

该方程为一阶齐次常微分方程，由数学知识可以求得其解为 $u_C=Ae^{-\frac{1}{RC}t}$，待定系数 A 可由初始条件确定 $u_C(0_+)=A=U_0$，最后得到一阶 RC 电路的零输入响应为

$$u_C(t)=U_0e^{-\frac{t}{RC}}=u_C(0_+)e^{-\frac{t}{\tau}} \tag{2.3.2}$$

式中，$\tau=RC$ 称为时间常数。

电路的另一响应为
$$i=-C\frac{du_C}{dt}=\frac{U_0}{R}e^{-\frac{t}{\tau}}=I_0e^{-\frac{t}{\tau}}$$

零输入响应是一个随时间指数衰减的过程，其波形图如图 2.3.2 所示。

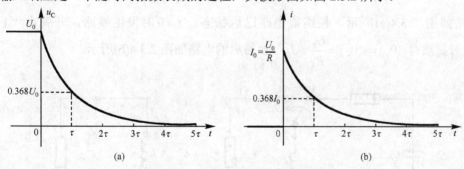

(a)　　　　　　　　　　　　　　　　　　　　(b)

图 2.3.2　RC 电路的零输入响应曲线

由图 2.3.2 可以看出电压是一个连续函数，电流在换路（$t=0$）时发生跃变，在换路后（$t>0$），电压、电流随时间按同一指数规律衰减，其衰减快慢与时间常数 τ 有关。表 2.3.1 所示为不同 t 值对应的 $u_C(t)$ 数值。

表 2.3.1　不同 t 值对应的 $u_C(t)$

t	0	τ	2τ	3τ	4τ	5τ	6τ
$u_C(t)$	U_0	$0.368\,U_0$	$0.135\,U_0$	$0.050\,U_0$	$0.018\,U_0$	$0.007\,U_0$	$0.002\,U_0$

关于时间常数 τ：

（1）τ 具有时间的量纲，单位为秒（s），其值取决于电路结构和元件参数，与激励无关；

（2）τ 决定了衰减的快慢，其值等于电压 u_C 衰减到初始值 U_0 的 36.8%所需的时间。τ 越小，衰减越快，反之越慢，如图 2.3.3 所示。理论上 $t \to \infty$，$u_C(\infty) = 0$。由表 2.3.1 可以看出，$u_C(5\tau) = 0.007U_0 \approx 0$，因此工程上认为经过$(3\sim5)\tau$ 后，暂态过程结束，电路达到新的稳态；

（3）时间常数 τ 等于曲线的次切距长度，即过曲线上任一点 t_1 作曲线切线，则交横轴于 $t_1+\tau$ 点，如图 2.3.3 所示。利用这个特性可以从动态曲线中测得电路的时间常数。

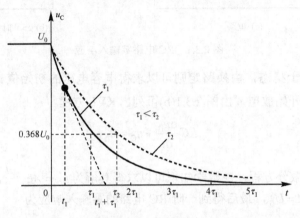

图 2.3.3　时间常数 τ

从以上分析可知，RC 电路的零输入响应实际上是电容的放电过程，其物理意义是电容不断放出能量为电阻所消耗，最终使得原来存储在电容中的电场能量全部被电阻所吸收而转换成热能。

2.3.2　RL 电路的零输入响应

电路如图 2.3.4(a)所示，换路前电路已达稳态，$t=0$ 时发生换路，开关由"1"扳向"2"，此时显然有 $i(0_+) = i(0_-) = \dfrac{U_0}{R_0} = I_0$。换路后的电路如图 2.3.4(b)所示。

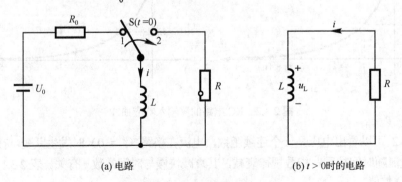

(a) 电路　　　　　　　　　　　(b) $t > 0$时的电路

图 2.3.4　RL 电路零输入响应

由 KVL 及电感的 VAR 可得，$t > 0$ 时电路微分方程

$$Ri + L\frac{\mathrm{d}i}{\mathrm{d}t} = 0 \tag{2.3.3}$$

该方程是一阶齐次常微分方程，对比前面的式（2.3.1），很容易写出其解

$$i = I_0 \mathrm{e}^{-\frac{R}{L}t} = i(0_+)\mathrm{e}^{-\frac{t}{\tau}} \tag{2.3.4}$$

式中，时间常数 $\tau = \dfrac{L}{R}$，具有时间量纲，单位为秒（s）。

由电感的 VAR 得

$$u_\mathrm{L} = L\frac{\mathrm{d}i}{\mathrm{d}t} = -RI_0\mathrm{e}^{-\frac{t}{\tau}} \tag{2.3.5}$$

i、u_L 的波形如图 2.3.5 所示。

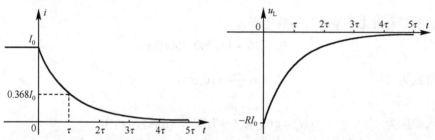

图 2.3.5　RL 电路零输入响应曲线

由零输入响应的波形及数学表达式可以看出，RL 电路与 RC 电路的零输入响应具有相同的性质，都是从初始值衰减到零的过程。需要注意的是，在 RC 电路中，时间常数表达式为 $\tau = RC$，而在 RL 电路中，$\tau = \dfrac{L}{R}$。式中的 R 是换路完成后从动态元件两端看进去的戴维南等效电阻。

对于零输入响应，只需求出初始值和时间常数，就可根据式（2.3.2）或式（2.3.4）写出动态元件状态变量的响应，然后根据动态元件的 VAR 或第 1 章知识，求出其他支路电压、电流表达式。在线性电路中，其他支路电压、电流与动态元件响应的时间常数相同。

【例 2.3.1】　图 2.3.6 所示电路原已稳定，$t=0$ 时，开关 S 断开，试求零输入响应 $u_\mathrm{C}(t)$、$i_\mathrm{C}(t)$ 及 $u(t)$。

解： $t<0$ 时，电路达到稳态，电容相当于开路，由换路定则求得

$$u_\mathrm{C}(0_+) = u_\mathrm{C}(0_-) = \frac{1}{1+0.2} \times 120 = 100(\mathrm{V})$$

断开电容，求得电容两端的等效电阻为

$$R_\mathrm{O} = 1//(0.2+0.8) = 0.5(\mathrm{k\Omega})$$

时间常数 τ 为　　　　　$\tau = R_\mathrm{O}C = 2(\mathrm{ms})$

由此可得，$t>0$ 时电容电压为

$$u_\mathrm{C}(t) = u_\mathrm{C}(0_+)\mathrm{e}^{-\frac{t}{\tau}} = 100\mathrm{e}^{-500t}(\mathrm{V})$$

由电容的 VAR，可求得电容电流

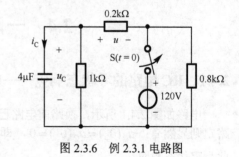

图 2.3.6　例 2.3.1 电路图

$$i_\mathrm{C}(t) = C\frac{\mathrm{d}u_\mathrm{C}}{\mathrm{d}t} = 4\times10^{-6}\times\frac{\mathrm{d}}{\mathrm{d}t}(100\mathrm{e}^{-500t})$$

$$= -0.2\mathrm{e}^{-500t}(\mathrm{A}), \quad t>0$$

由分压公式，可求得 $u(t)$ 的响应

$$u(t) = \frac{0.2}{0.2+0.8}u_C(t) = 20e^{-500t}(V)，\quad t > 0$$

【例 2.3.2】 如图 2.3.7 所示电路，换路前电路已处于稳态，$t = 0$ 时开关闭合。求 $t > 0$ 时图中所示支路电流的变化规律并画出波形图。

解：开关闭合前电路已处于稳态，电感相当于短路，由换路定则可得

$$i_1(0_+) = i_1(0_-) = \frac{30}{30+10} \times 10 = 7.5(mA)$$

从电感两端看进去的戴维南等效电阻为

$$R_O = 10 + 30 // 60 = 30(\Omega)$$

时间常数为

$$\tau = \frac{L}{R_O} = 10(ms)$$

零输入响应为

$$i_1(t) = i_1(0_+)e^{-\frac{t}{\tau}} = 7.5e^{-100t}(mA)，\quad t > 0$$

$$i_2(t) = \frac{1}{30}[10i_1(t) + u_L(t)] = \frac{1}{30}[10 \times 7.5e^{-100t} + 0.3 \times \frac{d}{dt}(7.5e^{-100t})]$$

$$= -5e^{-100t}(mA)，\quad t > 0$$

$$i_3(t) = 10 - i_1(t) - i_2(t) = 10 - 2.5e^{-100t}(mA)，\quad t > 0$$

各支路电流波形如图 2.3.8 所示。

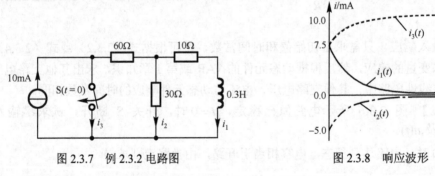

图 2.3.7　例 2.3.2 电路图　　　　　　图 2.3.8　响应波形

2.4　一阶电路零状态响应

2.4.1　RC 电路的零状态响应——电容充电过程

电路如图 2.4.1 所示，换路前电路已达稳态，$t = 0$ 时开关由位置"1"扳向位置"2"。由换路定则显然有：$u_C(0_+) = u_C(0_-) = 0$，即电容 C 初始状态为零。电路响应由电源激励形成，因此为零状态响应。

$t > 0$ 时，由 KVL 及电容的 VAR 可得

$$RC\frac{du_C}{dt} + u_C = U_s \tag{2.4.1}$$

该方程为一阶非齐次常微分方程，其解由齐次方程的通解 u_C' 和非齐次方程的特解 u_C'' 组成，即：

$$u_C = u_C' + u_C'' \tag{2.4.2}$$

显然有 $u_C' = A e^{-\frac{t}{\tau}}$，$\tau = RC$。

特解 u_C'' 是满足式（2.4.1）的稳态解，即 $t = \infty$ 时的 $u_C(\infty)$。由图 2.4.1 可知：

$$u_C'' = u_C(\infty) = U_S$$

将上述结果代入式（2.4.2），再结合初始条件 $u_C(0_+) = A + U_S = 0$，得到：

$$u_C(t) = U_S - U_S e^{-\frac{t}{\tau}} = U_S(1 - e^{-\frac{t}{\tau}}) = u_C(\infty)(1 - e^{-\frac{t}{\tau}}) \tag{2.4.3}$$

由电容的 VAR，求得电路中另一个响应

$$i_C(t) = C\frac{\mathrm{d}u_C}{\mathrm{d}t} = \frac{U_S}{R}e^{-\frac{t}{\tau}} = I_0 e^{-\frac{t}{\tau}} \tag{2.4.4}$$

$u_C(t)$、$i_C(t)$ 随时间 t 变化的曲线如图 2.4.2 所示。由图可知：

（1）电容电压是一个连续函数，电流在换路（$t = 0$）时发生跃变。在 $t > 0$ 时，电压、电流随时间按同一指数规律变化。

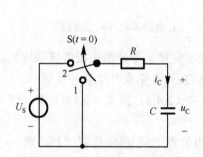

图 2.4.1　RC 电路零状态响应

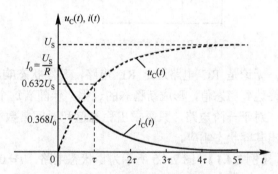

图 2.4.2　RC 电路的零状态响应曲线

（2）电容电压由两部分组成。一部分为特解 u_C''，其值等于换路后电路稳态时的电容电压值 U_S，称为稳态响应分量（也称强制分量）。另一部分是对应齐次方程的通解 u_C'，其值为 $-U_S e^{-\frac{t}{\tau}}$，它是一个随时间按指数规律衰减的分量。当衰减至零时，过渡过程结束，所以称为暂态响应分量（也称自由分量）。

RC 电路的零状态响应就是直流电源对电容进行充电的过程。电容在直流电源的作用下，其电压由初始的 0 值开始按指数规律逐渐上升，最后达到稳态值 U_S。在此过程中，直流电源供给的能量一部分被电阻所消耗，一部分被电容转换为电场能存储起来。

2.4.2　RL 电路零状态响应

如图 2.4.3 所示，换路前电路已达稳态，$t = 0$ 时开关由位置"1"扳向位置"2"。由换路定则可得：$i_L(0_+) = i_L(0_-) = 0$，即电感的初始状态为零。

$t > 0$ 时，由 KVL 及电感元件 VAR 可得

$$\frac{L}{R}\frac{\mathrm{d}i_L}{\mathrm{d}t} + i_L = \frac{U_S}{R} \tag{2.4.5}$$

该一阶非齐次常微分方程的解为

$$i_L(t) = \frac{U_S}{R}(1 - e^{-\frac{t}{\tau}}) = i_L(\infty)(1 - e^{-\frac{t}{\tau}}) \tag{2.4.6}$$

式中，$\tau = \dfrac{L}{R}$，为时间常数。

电路的另一个响应为

$$u_L = L\frac{di_L}{dt} = U_S e^{-\frac{t}{\tau}} \tag{2.4.7}$$

$u_L(t)$、$i_L(t)$ 随时间 t 变化的曲线如图 2.4.4 所示。

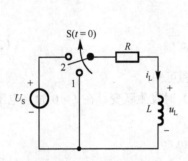
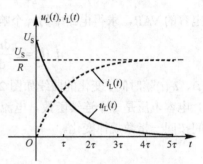

图 2.4.3　RL 电路零状态响应　　　　　　　图 2.4.4　RL 电路零状态响应曲线

无论是 RC 电路还是 RL 电路，其零状态响应都是状态变量从零开始按指数规律增加，最终达到稳态值，形成新稳态的过程。伴随着这个过程，动态元件完成对能量的存储。

对于一阶电路，只需求出稳态值和时间常数 τ，代入式（2.4.3）或式（2.4.6）中，便可求出其零状态响应。

【例 2.4.1】 图 2.4.5 所示为零状态电路，$t = 0$ 时开关由位置"1"扳向位置"2"，求 $t > 0$ 时的 u_C 及 i。

解：换路前电容无储能，由换路定则得

$$u_C(0_+) = u_C(0_-) = 0$$

换路后开关闭合，电路达到新的稳态时，电容开路。求得稳态值为

$$u_C(\infty) = 1 \times 10 // 15 = 6(V)$$

时间常数为

$$\tau = 0.005 \times 10 // 15 = 30(ms)$$

零状态响应为

$$u_C(t) = u_C(\infty)(1 - e^{-\frac{t}{\tau}}) = 6(1 - e^{-\frac{t}{30 \times 10^{-3}}})(V)，\quad t > 0$$

电路的另一个响应

$$i(t) = \frac{u_C(t)}{15} = 0.4(1 - e^{-\frac{t}{30 \times 10^{-3}}})(A)，\quad t > 0$$

【例 2.4.2】 如图 2.4.6 所示电路，$t = 0$ 时开关由位置"1"扳向位置"2"，求 $t > 0$ 时的 i_L 及 i。

解：换路前电感无储能，由换路定则得 $i_L(0_+) = i_L(0_-) = 0$。

换路完成，达到新的稳态，其稳态值为

$$i_L(\infty) = \frac{15}{20 + 10//10} \times \frac{10}{10 + 10} = 0.3(A)$$

时间常数

$$\tau = \frac{L}{R_O} = \frac{10}{10 + 20//10} = 0.6(s)$$

零状态响应为

$$i_L(t) = i_L(\infty)(1 - e^{-\frac{t}{\tau}}) = 0.3(1 - e^{-\frac{5t}{3}})(A)$$

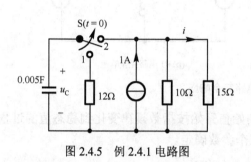

图 2.4.5 例 2.4.1 电路图

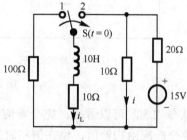

图 2.4.6 例 2.4.2 电路图

应用 KVL 求出电路的另一响应为

$$i(t) = \frac{1}{10}[u_L(t) + 10i_L(t)] = \frac{1}{10}\left[L\frac{di_L(t)}{dt} + 10i_L(t)\right] = \frac{1}{10}[5e^{-\frac{5t}{3}} + 3 - 3e^{-\frac{5t}{3}}]$$

$$= 0.3 + 0.2e^{-\frac{5t}{3}} (mA)$$

2.5 一阶电路完全响应

2.5.1 一阶电路的完全响应

图 2.5.1 所示为一阶电路完全响应的电路图。

对于图 2.5.1(a)所示的 RC 电路，由换路定则得：$u_C(0_+) = u_C(0_-) = U_0$。在 $t > 0$ 时，由 KVL 及元件 VAR 得

$$RC\frac{du_C}{dt} + u_C = U_S \qquad (2.5.1)$$

采用 2.4 节的方法，可以很容易解出这个方程

$$u_C(t) = u_C(\infty) + [u_C(0_+) - u_C(\infty)]e^{-\frac{t}{\tau}} = \underbrace{U_S}_{稳态响应} + \underbrace{(U_0 - U_S)e^{-\frac{t}{\tau}}}_{暂态响应} \qquad (2.5.2)$$

式（2.5.1）表明，RC 电路的完全响应依然由稳态分量和暂态分量两部分组成，如图 2.5.2(a) 所示。

式（2.5.2）可改写成

$$u_C(t) = u_C(0_+)e^{-\frac{t}{\tau}} + u_C(\infty)(1 - e^{-\frac{t}{\tau}}) = \underbrace{U_0 e^{-\frac{t}{\tau}}}_{\text{零输入响应}} + \underbrace{U_S(1 - e^{-\frac{t}{\tau}})}_{\text{零状态响应}} \tag{2.5.3}$$

式（2.5.3）表明完全响应为零输入响应与零状态响应的叠加，这是叠加定理在动态电路中的体现，如图 2.5.2(b)所示。

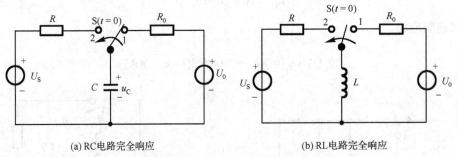

(a) RC电路完全响应　　　　　　　　　　　　(b) RL电路完全响应

图 2.5.1　一阶电路完全响应

从图 2.5.2 可以看出，完全响应是一个由初始值开始按指数规律变化到稳态值的过程。所以完全响应由初始值、稳态值和时间常数这三个参数确定。

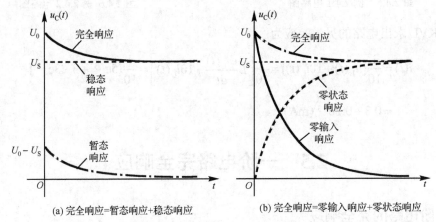

(a) 完全响应=暂态响应+稳态响应　　　　　(b) 完全响应=零输入响应+零状态响应

图 2.5.2　一阶电路完全响应曲线

同样的方法可以分析出图 2.5.1(b)的一阶 RL 电路的完全响应为

$$i_L(t) = i_L(\infty) + [i_L(0_+) - i_L(\infty)]e^{-\frac{t}{\tau}} = \frac{U_S}{R} + \left[\frac{U_0}{R_0} - \frac{U_S}{R}\right]e^{-\frac{t}{\tau}} \tag{2.5.4}$$

2.5.2　三要素法求一阶电路响应

从以上的分析可以看出，一阶动态电路，如果得到了动态元件的初始值 $f(0_+)$、稳态值 $f(\infty)$ 和时间常数 τ 这三个量，则可写出其动态响应为

$$f(t) = f(\infty) + [f(0_+) - f(\infty)]e^{-\frac{t}{\tau}} \tag{2.5.5}$$

所以将初始值、稳态值和时间常数称为动态电路的三要素。

当稳态值 $f(\infty) = 0$ 时，即电路没有输入时，式（2.5.5）自动退化为零输入响应的表达式；当初始值 $f(0_+) = 0$ 时，即电路的初始状态为零时，式（2.5.5）自动退化为零状态响应的表达式。因此，对于一阶动态电路，无论其是零输入、零状态响应，还是完全响应，均可由式（2.5.5）表示的三要素法来求取。

可以证明，在一阶动态电路中，其他支路的电压或电流的暂态响应也可以用式（2.5.5）表示的三要素法来求取，利用三要素法求解电路响应的步骤如下。

（1）求初始值 $f(0_+)$

首先求换路前 $t = 0_-$ 时的 $u_C(0_-)$ 或 $i_L(0_-)$，然后由换路定则求出 $u_C(0_+)$ 或 $i_L(0_+)$，再用电压源 $u_C(0_+)$ 或电流源 $i_L(0_+)$ 替代电容或电感，所得电路为直流电阻电路，画出换路后 $t = 0_+$ 时刻的等效电路，由此等效电路可以求得任意支路电压、电流的初始值。

（2）求稳态值 $f(\infty)$

换路后，在直流激励下，当 $t \to \infty$ 时，电容相当于开路，电感相当于短路，所得电路为直流电阻电路，由此电路可求得任意支路电压、电流的稳态值。

（3）求时间常数 τ

在换路后的电路中先求电容或电感以外的戴维南等效电阻 R_O，再计算出时间常数 $\tau = R_O C$ 或 $\tau = \dfrac{L}{R_O}$。

（4）求一阶电路响应

在 $0 < t < \infty$，根据计算得到的三个要素，依据三要素法公式即可写出任意支路电压、电流的表达式。

三要素法的适用范围：①直流电源激励下；②一阶线性动态电路；③ f 可以是电路中任何电压和电流。

【例 2.5.1】　图 2.5.3 所示电路在 $t = 0$ 时开关 S 由 1 扳到 2，求 $t > 0$ 时的 u_C 及 u。

解： 电容电压的初始值为

$$u_C(0_+) = u_C(0_-) = 5(\text{V})$$

稳态值为

$$u_C(\infty) = 5 - 12 = -7(\text{V})$$

时间常数为

$$\tau = 0.2 \times 100 = 20(\text{ms})$$

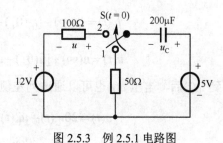

图 2.5.3　例 2.5.1 电路图

利用三要素法公式得

$$u_C(t) = u_C(\infty) + [u_C(0_+) - u_C(\infty)]e^{-\frac{t}{\tau}} = -7 + 12e^{-50t}(\text{V}), \quad t > 0$$

$$u(t) = -u_C(t) + 5 - 12 = -12e^{-50t}(\text{V}), \quad t > 0$$

【例 2.5.2】　图 2.5.4(a)所示的电路，开关闭合前电路已达稳态，$t = 0$ 时开关闭合，利用三要素求 $t > 0$ 时的 i_L 和 u。

解：（1）求初始值　　　　　$i_L(0_+) = i_L(0_-) = \dfrac{80}{30 + 20} = 1.6(\text{A})$

$t = 0_+$ 时的等效电路如图 2.5.4(b)所示，由叠加定理可求得：

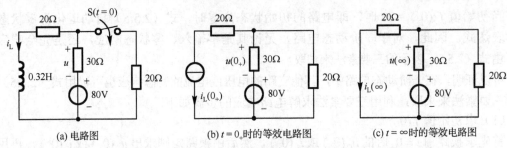

图 2.5.4　例 2.5.2 电路图

$$u(0_+) = -i_L(0_+) \times 30//20 - \frac{30}{30+20} \times 80 = -67.2(\mathrm{V})$$

（2）求稳态值

$t = \infty$ 时的电路如图 2.5.4(c)所示，由分流公式求得

$$i_L(\infty) = \frac{80}{30+20//20} \times \frac{20}{20+20} = 1(\mathrm{A})$$

$$u(\infty) = 20i_L(\infty) - 80 = -60(\mathrm{V})$$

（3）求时间常数 τ

换路后从电感两端看进去的戴维南等效电阻为

$$R_O = 20 + 30//20 = 32(\Omega)$$

时间常数为

$$\tau = \frac{L}{R_O} = 0.01(\mathrm{s})$$

（4）用三要素法表达式求得

$$i_L(t) = i_L(\infty) + [i_L(0_+) - i_L(\infty)]\mathrm{e}^{-\frac{t}{\tau}} = 1 + 0.6\mathrm{e}^{-100t}(\mathrm{A}), \quad t > 0$$

$$u(t) = u(\infty) + [u(0_+) - u(\infty)]\mathrm{e}^{-\frac{t}{\tau}} = -60 - 7.2\mathrm{e}^{-100t}(\mathrm{V}), \quad t > 0$$

得到 $i_L(t)$ 后，电压 $u(t)$ 也可以通过列左侧网孔的 KVL 方程求得

$$u(t) = 20i_L(t) + u_L(t) - 80 = 20i_L(t) + L\frac{\mathrm{d}i_L(t)}{\mathrm{d}t} - 80$$

$$= 20 + 12\mathrm{e}^{-100t} - 19.2\mathrm{e}^{-100t} - 80 = -60 - 7.2\mathrm{e}^{-100t}(\mathrm{V})$$

　　所以，对于其他支路电压、支路电流，除了采用三要素法求解外，还可以通过 KCL、KVL 或分压公式、分流公式等，将待求支路与动态元件支路联系起来，利用已经求解出的动态元件的响应来求解这些支路电压和支路电流。

　　【例 2.5.3】　图 2.5.5 所示电路，在 S 闭合前电路已处于稳态，$t = 0$ 时开关 S 闭合。求 S 闭合后的响应 u_C、i_L 及 i。

　　解：该电路虽然含有两个动态元件，但 S 闭合后，电路被分成独立的两部分，每部分只含有一个动态元件，因此，依然是一阶电路。

　　（1）应用三要素法求电感电流
初始值为
$$i_L(0_+) = i_L(0_-) = 2(\mathrm{A})$$

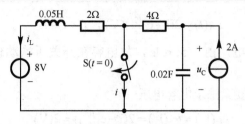

图 2.5.5　例 2.5.3 电路图

稳态值为
$$i_L(\infty) = -\frac{8}{2} = -4(A)$$

时间常数为
$$\tau_L = \frac{0.05}{2} = 25(ms)$$

利用三要素法得
$$i_L(t) = -4 + [2-(-4)]e^{-\frac{t}{0.025}} = -4 + 6e^{-40t}(A)，\quad t > 0$$

（2）应用三要素法求电容电压

初始值为
$$u_C(0_+) = u_C(0_-) = 2 \times (4+2) + 8 = 20(V)$$

稳态值为
$$u_C(\infty) = 2 \times 4 = 8(V)$$

时间常数为
$$\tau_C = 0.02 \times 4 = 80(ms)$$

利用三要素法得
$$u_C(t) = 8 + (20-8)e^{-\frac{t}{0.08}} = 8 + 12e^{-12.5t}(V)，\quad t > 0$$

（3）在开关上方节点处列 KCL 方程，得到：

$$i(t) = -i_L(t) + \frac{u_C(t)}{4} = 4 - 6e^{-40t} + 2 + 3e^{-12.5t} = 6 - 6e^{-40t} + 3e^{-12.5t}(A)，\quad t > 0$$

2.6　积分电路和微分电路

2.6.1　方波激励下 RC 电路的响应

电路如图 2.6.1 所示，当开关 S 由 "1" 扳向 "2" 时，则电源 U_S 对电容进行充电，形成 RC 零状态响应；当充电完成，将开关由 "2" 扳向 "1"，则电容通过 R 进行放电，得到 RC 零输入响应。如果开关有规律地往复扳动，则电容重复充、放电过程，得到周期的充、放电响应波形。

【**例 2.6.1**】　如图 2.6.1 所示电路，$U_S = 2V$，$R = 1k\Omega$，$C = 100\mu F$，$t < 0$ 时，开关 S 处于 "1" 的位置，并且电路已处于稳态。$t = 0$ 时，开关 S 由 "1" 扳到 "2" 的位置，$t = 1s$ 时，开关 S 由 "2" 扳到 "1" 的位置，$t = 2s$ 时，开关 S 再次由 "1" 扳到 "2" 的位置，$t = 3s$ 时，开关 S 由 "2" 扳到 "1" 的位置。试分析电容电压 u_C 的变化规律。

解： $0 < t \leqslant 1s$ 时，应用三要素法求电容电压

电容初始值
$$u_C(0_+) = u_C(0_-) = 0$$

稳态值
$$u_C(\infty) = 2(V)$$

时间常数
$$\tau = RC = 1 \times 0.1 = 0.1(s)$$

则 $\qquad u_C(t) = 2(1-e^{-10t})(V)$，$0 < t \leqslant 1s$

在此期间电容进行充电，由于 $5\tau \leqslant 1s$，故电容在开关再次动作前已完成充电，达到稳态。

$1s < t \leqslant 2s$ 时，应用三要素法求电容电压

初始值 $\qquad u_C(1_+) = u_C(1_-) = 2(1-e^{-10\times1}) = 2(V)$

稳态值 $\qquad u_C(\infty) = 0$

时间常数未发生改变 $\qquad \tau = 0.1(s)$

所以 $\qquad u_C(t) = 2e^{-10(t-1)}(V)$，$1s < t \leqslant 2s$

此期间显然电容进行放电，由于 $5\tau \leqslant (2-1)s$，故电容在开关再次动作前已完成放电，达到稳态。

$2s < t \leqslant 3s$ 和 $t > 3s$ 显然是对前两个过程的重复，因此得到电容电压的响应

$$u_C(t) = \begin{cases} 2(1-e^{-10t})(V), & 0 < t \leqslant 1s \\ 2e^{-10(t-1)}(V), & 1s < t \leqslant 2s \\ 2(1-e^{-10(t-2)})(V), & 2s < t \leqslant 3s \\ 2e^{-10(t-3)}(V), & t > 3s \end{cases}$$

其波形如图 2.6.2 所示。

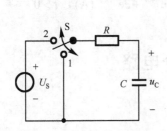

图 2.6.1　电容充、放电电路

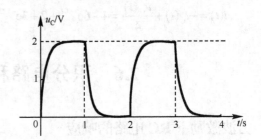

图 2.6.2　例 2.6.1 波形图

连续扳动的开关 S 和电压源的作用，可以用信号源产生的方波信号来替代，从而得到方波激励下 RC 电路的响应，如图 2.6.3 所示。

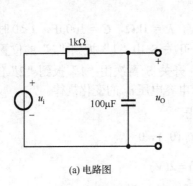

(a) 电路图

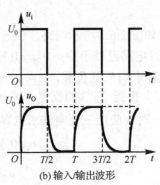

(b) 输入/输出波形

图 2.6.3　方波激励下 RC 电路的响应

2.6.2　积分电路和微分电路

矩形脉冲（方波是其特例）激励下的 RC 电路，若选取不同的时间常数，可构成输出电压波形与输入电压波形之间的特定（微分或积分）关系。

1．积分电路

电路如图 2.6.4(a)所示。

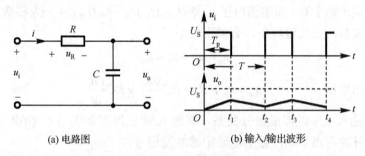

(a) 电路图　　　　　　　　　(b) 输入/输出波形

图 2.6.4　积分电路

（1）条件　①　$\tau = RC \gg T_p$；

②　从电容两端输出，且 $u_o(0_-) = u_C(0_-) = 0$。

（2）分析

$0 < t < t_1$ 时，此时 $u_i = U_S$，电容在 u_i 作用下充电；在 $t_1 < t < t_2$ 时，输入 $u_i = 0$，电容通过 R 放电。由于 $\tau \gg T_p$，因此在输入电压跳变为零时，电容还远未完成充电而达到稳态，即电容电压 $u_o(T_p) \ll U_S$。

因此有
$$u_i = u_R + u_o \approx u_R$$

$$i = \frac{u_R}{R} \approx \frac{u_i}{R}$$

由此得到输出电压
$$u_o = u_C = \frac{1}{C} \int i\,dt \approx \frac{1}{RC} \int u_i\,dt$$

输出电压与输入电压近似成积分关系，其输入/输出波形如图 2.6.4(b)所示。积分电路输出的锯齿波可用于示波器的扫描电压。

2．微分电路

电路如图 2.6.5(a)所示。

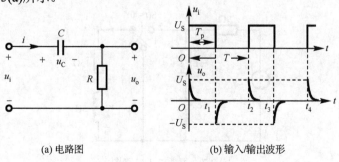

(a) 电路图　　　　　　　　　(b) 输入/输出波形

图 2.6.5　微分电路

（1）条件　①　$\tau = RC \ll T_p$；

　　　　　②　从电阻两端输出，$u_C(0_-) = 0$。

（2）分析

$0 < t < t_1$ 时，此时 $u_i = U_S$，电容在 u_i 作用下充电。因为 $\tau \ll T_p$，因此该充电过程很快完成，电容电压达到 U_S，而输出电压 u_o 则从 $u_o(0_+) = u_i(0_+) - u_C(0_+) = U_S$ 很快衰减到 0，形成一个正尖峰脉冲波形。在 $t_1 < t < t_2$ 时，输入 $u_i = 0$，电容通过 R 放电，$\tau \ll T_p$，因此该放电过程很快结束，电容电压趋于 0，而输出电压 u_o 则从 $u_o(t_{1+}) = -u_C(t_{1+}) = -U_S$ 很快衰减到 0，形成一个负尖峰脉冲波形。在此过程中，有如下关系

$$u_i = u_C + u_o \approx u_C$$

由此得到输出电压　　　　　$u_o = u_R = Ri = RC\dfrac{du_C}{dt} \approx RC\dfrac{du_i}{dt}$

输出电压与输入电压近似成微分关系，其输入/输出波形如图 2.6.5(b)所示。微分电路输出的正、负尖峰脉冲可用于脉冲数字电路中的触发信号。

习　题　2

2.1　在图 2.1 所示电路中，已知 $u_R(t) = 4 - 2e^{-2t}$ (V)，$t > 0$，求 $t > 0$ 时的 $i(t)$。

2.2　电路如图 2.2 所示，开关在 $t = 0$ 时由"1"扳向"2"，已知开关在"1"时电路已处于稳定状态，求 u_C、i_C、u_L 和 i_L 的初始值。

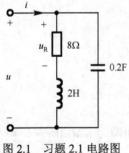

图 2.1　习题 2.1 电路图

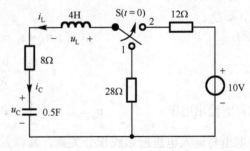

图 2.2　习题 2.2 电路图

2.3　电路如图 2.3 所示，开关在 $t = 0$ 时由"1"扳向"2"，已知开关在"1"时电路已处于稳定状态，求 u_C、i_C、u_L、i_L 和 u 的初始值。

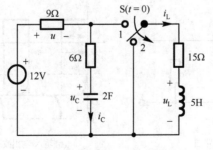

图 2.3　习题 2.3 电路图

2.4　电路如图 2.4 所示，开关在 $t=0$ 时由"1"扳向"2"，已知开关在"1"时电路已处于稳态，求 u_C、i_C、u_L 和 i_L 的初始值。

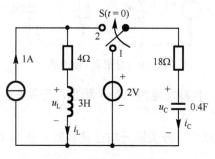

图 2.4　习题 2.4 电路图

2.5　图 2.5 所示为一实际电容器的等效电路，充电后通过介质损耗等效电阻 R 释放其存储的能量，设 $u_C(0_-)=311V$，$C=100\mu F$，$R=5M\Omega$，试计算：

（1）电容 C 的初始储能；

（2）$t>0$ 时的零输入响应 $u_C(t)$ 和 $i(t)$；

（3）电容电压降到人身安全电压 36V 时所需的时间。

2.6　120V 的恒压源为直流电动机提供能量，电动机等效为 50H 电感和 100Ω 电阻的串联。为避免烧毁电动机，将一个 400Ω 的放电电阻与之并联，如图 2.6 所示。设系统已处于稳态，求断路器触发 100ms 后放电电阻上的电流 i。

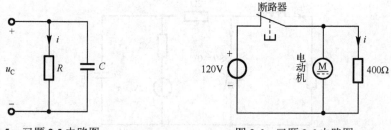

图 2.5　习题 2.5 电路图　　　　　　　图 2.6　习题 2.6 电路图

2.7　换路前图 2.7 所示电路已处于稳态，$t=0$ 时开关打开，求换路后的 i_L 及 u。

2.8　换路前图 2.8 所示电路已处于稳态，$t=0$ 时开关闭合，求换路后电容电压 u_C 及电流 i。

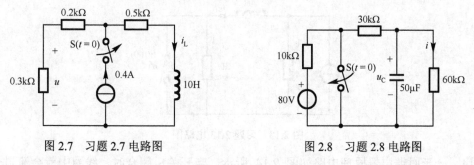

图 2.7　习题 2.7 电路图　　　　　　　图 2.8　习题 2.8 电路图

2.9　换路前图 2.9 所示电路已处于稳态，$t=0$ 时开关断开，求换路后电容电压 u_C 及 i。

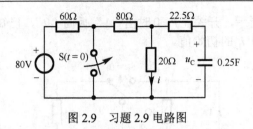

图 2.9　习题 2.9 电路图

2.10　电路图 2.10 所示，换路前电路已处于稳态，开关在 $t=0$ 时闭合，求 $t>0$ 时的 i_L 和 u。

2.11　在图 2.11 所示电路中，开关断开时已达稳态，在 $t=0$ 时开关闭合，试用三要素法求 $t>0$ 时的电容电压 u_C 及 i。

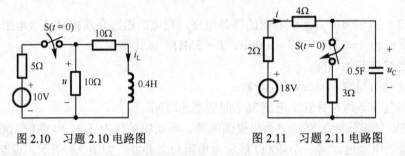

图 2.10　习题 2.10 电路图　　　　　　　图 2.11　习题 2.11 电路图

2.12　图 2.12 所示电路原已达稳态，$t=0$ 开关闭合，求 $t>0$ 时的响应 u_C、i_L 及 i。

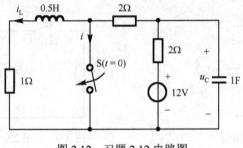

图 2.12　习题 2.12 电路图

2.13　在开关 S 断开前，图 2.13 所示的电路已处于稳态，$t=0$ 时开关断开，求开关断开后的电流 i_L 和电压 u。

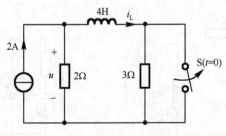

图 2.13　习题 2.13 电路图

2.14　一延时继电器原理电路如图 2.14 所示，当开关 S_1 闭合时，线圈中就会流过一定的电流而使线圈内部产生磁场，随着电流的增大，磁场增强，当通过继电器 J 的电流 i 达到

6mA 时，开关 S_2 即被吸合，从开关 S_1 闭合到开关 S_2 闭合的时间间隔称为继电器的延时时间，为使延时时间可在一定范围内调节，在电路中串联一个可调电阻 R_p，设 $R_L = 250\Omega$，$L = 14.4\text{H}$，$U_S = 6\text{V}$，$R_p = 0\sim250\Omega$ 可调，求电流 i 的表达式及该继电器的延时调节范围。

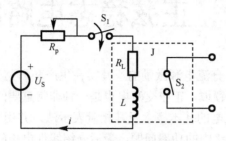

图 2.14　习题 2.14 电路图

2.15　一个简单的振荡电路如图 2.15 所示，当电压达到 75V 时灯亮，当电压降低为 45V 时灯灭，灯亮时的电阻为 120Ω，灯灭时的电阻为无穷大。问：（1）每次电容放电时，灯亮多长时间？（2）灯光闪烁的间隙时间是多少？

2.16　电路如图 2.16(a)所示，输入电压 $u_i(t)$ 的波形如图 2.16(b)所示，周期为 0.1ms，已知 $u_o(0_-) = 0(\text{V})$。试画出 $t > 0$ 时输出电压 $u_o(t)$ 的波形，并求出输出电压的最大幅值 U_{om}。

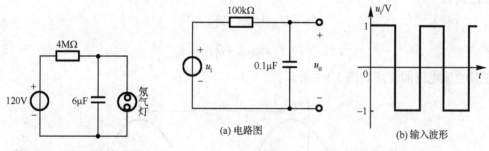

图 2.15　习题 2.15 电路图　　　　　　图 2.16　习题 2.16 电路图

2.17　设计仿真题

（1）设计一个方波-三角波转换电路，输入信号频率为 100Hz，幅值为 1V 的方波，输出信号为 $-25\sim25\text{mV}$ 的三角波。用 Multisim 仿真软件绘制电路，并用示波器显示输入/输出波形。

（2）设计一个 RL 动态电路，观察方波激励下 RL 电路的响应。测量电路的时间常数 τ。通过调整适当的方波频率和 R、L 大小，观察积分输出和微分输出的波形。要求绘制出电路图，并用示波器观察输入/输出波形。

第 3 章　正弦稳态电路的分析

前面介绍的电路都是由直流电源激励的，其实在生产和日常生活中正弦交流电的使用更为普遍，同时，在电子技术领域，正弦交流电也是一种非常重要的信号形式。

本章主要介绍正弦交流电的基本概念及其相量表示法，并用相量法分析线性电路的正弦稳态响应，探讨正弦稳态电路中的功率问题，最后介绍线性电路的频率响应。

3.1　正弦电压与电流

3.1.1　正弦量的三要素

随时间按正弦规律变化的电压、电流称为正弦交流电（简称交流电）。正弦交流电瞬时值的表达式为

$$u = U_{\mathrm{m}} \sin(\omega t + \theta_{\mathrm{u}}) \tag{3.1.1}$$

$$i = I_{\mathrm{m}} \sin(\omega t + \theta_{\mathrm{i}}) \tag{3.1.2}$$

正弦交流电压的波形如图 3.1.1 所示。

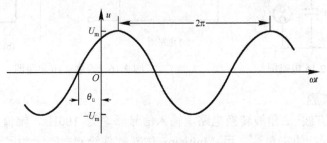

图 3.1.1　正弦交流电压

由式（3.1.1）和式（3.1.2）可见，正弦量包含三个要素：最大值又称幅值（U_{m} 或 I_{m}）、角频率（ω）及初相位（θ_{u} 或 θ_{i}），只要知道正弦量的这三个要素，就可以确定它的解析表达式并画出波形图，因此把幅值、角频率和初相位称为正弦量的三要素。

1. 幅值

幅值或振幅是正弦量在变化过程中出现的最大瞬时值，用字母 U_{m}、I_{m} 表示。从图 3.1.1 可以看出，正弦交流电压 u 的瞬时值在 $-U_{\mathrm{m}}$ 到 $+U_{\mathrm{m}}$ 之间变化，因此有时也把 U_{m} 称为正弦电压的峰值，而把 $U_{\mathrm{m}} - (-U_{\mathrm{m}}) = 2U_{\mathrm{m}}$ 称为峰–峰值，记为 $U_{\mathrm{p\text{-}p}}$。

2. 周期、频率与角频率

正弦量是一个周期函数，其变化一周所需要的时间就是它的周期，用字母 T 表示，单位为秒（s）。

每秒变化的周期个数称为频率，用字母 f 表示，单位为赫兹（Hz）。因此有

$$T = \frac{1}{f} \tag{3.1.3}$$

工程上也常用角频率（角速度）ω 来表示正弦量变化的快慢，因为正弦函数在一个周期内变化的角度为 2π 弧度，因此周期、频率、角频率三者的关系可以用式（3.1.4）来表示

$$\omega = \frac{2\pi}{T} = 2\pi f \tag{3.1.4}$$

式中，ω 的单位为弧度/秒，记为 rad/s 。

3. 相位与初相位

式（3.1.1）中的 $(\omega t + \theta_u)$ 和式（3.1.2）中的 $(\omega t + \theta_i)$ 称为正弦量的相位或相位角，它是一个随时间变化的量，在计算时常采用度（°）为单位。计时开始时（$t = 0$）的相位就称为初相位或初相角，简称初相，即上述的 θ_u 和 θ_i。它反映了正弦量的初始值，其值与计时起点的选择有关。一般规定初相的数值不超过 $180°$，即 $|\theta| \leqslant 180°$。

3.1.2　有效值与相位差

1. 有效值

在正弦交流电中，接触更多的是它的有效值，各种家用电器铭牌上标注的都是交流电的有效值，各种交流电流表和交流电压表测量的也是有效值。例如，常说的 220V 市电，这个 220V 就是指有效值。

交流电的有效值是根据电流的热效应来定义的。在相同的电阻 R 上分别通以直流电流 I 和交流电流 i，经过一个交流周期 T，如果它们在电阻上所消耗的电能相等，则把该直流电流的大小作为交流电流的有效值。其数学表达式为：$\int_0^T i^2 R \mathrm{d}t = I^2 RT$，即

$$I = \sqrt{\frac{1}{T} \int_0^T i^2 \mathrm{d}t} \tag{3.1.5}$$

代入交流电流表达式，可推出

$$I = \frac{I_m}{\sqrt{2}} = 0.707 I_m \tag{3.1.6}$$

同理，可推出交流电压 $u = U_m \sin(\omega t + \theta_u)$ 的有效值为

$$U = \frac{U_m}{\sqrt{2}} = 0.707 U_m \tag{3.1.7}$$

注意：电流有效值和电压有效值用大写字母 I 和 U 表示。

2. 相位差

在比较两个同频正弦量时，除了关注它们幅值的不同外，还关注它们相位角的不同，如图 3.1.2 所示波形，正弦电压 $u = U_m \sin(\omega t + \theta_1)$，正弦电流 $i = I_m \sin(\omega t + \theta_2)$，则把两个同频率的正弦量的相位之差称为相位差，用 φ 表示，即

$$\varphi = (\omega t + \theta_1) - (\omega t + \theta_2) = \theta_1 - \theta_2 \tag{3.1.8}$$

可见，两个同频正弦量的相位差就等于初相之差。相位差反映了两个同频率正弦量在时间轴上的相对位置。

若 $\varphi > 0$，即 $\theta_1 > \theta_2$，如图 3.1.2(a)所示，则称 u 超前 i φ 角，或称 i 滞后 u φ 角；

若 $\varphi < 0$，即 $\theta_1 < \theta_2$，如图 3.1.2(b)所示，则称 u 滞后 i $|\varphi|$ 角，或称 i 超前 u $|\varphi|$ 角；

若 $\varphi = 0$，即 $\theta_1 = \theta_2 = \theta$，如图 3.1.2(c)所示，则称 u 和 i 同相；

若 $\varphi = \pm\pi$，如图 3.1.2(d)所示，则称 u 和 i 反相；

若 $\varphi = \pm\dfrac{\pi}{2}$，如图 3.1.2(e)所示，则称 u 和 i 正交。

当两个同频率正弦量的计时起点（$t = 0$）改变时，它们的相位和初相位都随之发生变化，但两者之间的相位差始终不变。

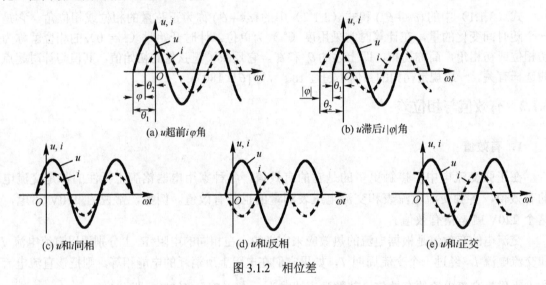

图 3.1.2　相位差

【例 3.1.1】　正弦电压 $u = -2\cos(100t+30°)$(V)，$i = 4\sqrt{2}\sin(100t + 60°)$(A)。试求电压和电流的有效值，并求两者的相位差，说明超前滞后关系。

解：$U_\mathrm{m} = 2$，所以电压有效值 $U = \dfrac{U_\mathrm{m}}{\sqrt{2}} = 1.414$(V)；

$I_\mathrm{m} = 4\sqrt{2}$，所以电流有效值 $I = 4$(A)。

u 和 i 同频率，可以求相位差。i 的初相位 $\theta_2 = 60°$，$u = -2\cos(100t + 30°) = 2\sin(100t - 60°)$，则 u 的初相位 $\theta_1 = -60°$，其相位差 $\varphi = \theta_1 - \theta_2 = -60° - 60° = -120°$，所以 u 滞后 i $120°$，或 i 超前 u $120°$。

3.2　正弦量的相量表示

前面我们使用波形图和三角函数式的形式来表示一个正弦量，这两种表示法可以直观地表明正弦量的特征。但是在分析正弦电路时，常常需要对正弦量进行数学运算，这个时候采用相量来表示正弦量更为方便。

3.2.1　正弦量的相量表示法

设有一正弦电压 $u = U_m \sin(\omega t + \theta)$，其波形图如图 3.2.1(b)所示，图 3.2.1(a)所示为一旋转的有向线段 A，其特点是：长度等于正弦电压的最大值 U_m，$t=0$ 时的初始位置与坐标横轴的夹角为正弦电压的初相角 θ，并以正弦量的角频率 ω 逆时针旋转。可见，旋转有向线段 A 具有正弦量幅值、角频率和初相角这三个要素。任意时刻有向线段 A 在纵轴上的投影就等于相应正弦电压 u 在该时刻的瞬时值。因此，任何一个正弦量都可以用一个相应的旋转有向线段来表示。

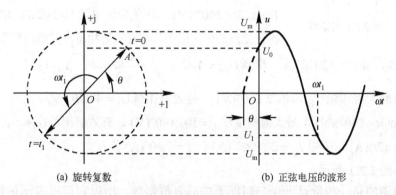

(a) 旋转复数　　　　　　　　　(b) 正弦电压的波形

图 3.2.1　旋转复数和波形表示正弦电压

在同一线性正弦电路中，各正弦量为同频正弦量，各旋转有向线段的旋转速度是相同的，因此在分析电路时可以不考虑旋转（认为所有线段都以角频率 ω 旋转），只需画出有向线段在 $t=0$ 时的初始位置即可表示各正弦量之间的大小和相位关系。此时的有向线段可以用复数来表示，因此，对于正弦量，也可以用复数来表示，为了与一般的复数区别，将表示正弦量的复数称为正弦量的相量，并用大写字母上面加圆点"·"来表示，如 $\dot{U}_m$，$\dot{I}$。

图 3.2.2 所示为复平面内的一有向线段 A，在这里用字母 j 表示虚数单位，即 $j = \sqrt{-1}$，并由此得到 $j^2 = -1$，$\dfrac{1}{j} = -j$。之所以采用 j 作为虚数单位，而不采用数学上的 i，是因为电路分析中 i 已经用于表示电流了。令有向线段的实部为 a，虚部为 b，长度为 r，与横轴的夹角为 θ，则 A 可表示为

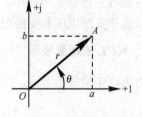

$$A = a + jb = r\cos\theta + jr\sin\theta \tag{3.2.1}$$

$$= re^{j\theta} = r\angle\theta \tag{3.2.2}$$

图 3.2.2　有向线段的复数表示

式中，r 是复数的模，θ 为复数的辐角。

式（3.2.1）称为代数表达式，式（3.2.2）称为极坐标表达式。比较两式可得

$$\begin{cases} a = r\cos\theta \\ b = r\sin\theta \\ r = \sqrt{a^2 + b^2} \\ \theta = \arctan\dfrac{b}{a} \end{cases} \tag{3.2.3}$$

利用式（3.2.3）可以实现复数的代数表达式与极坐标表达式之间的相互转换。在复数的加减运算中，采用代数表达式比较方便，在复数的乘、除、乘方运算中，采用极坐标表达式比较方便。

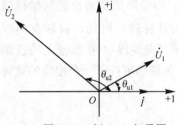

图 3.2.3　例 3.2.1 相量图

为了直观地反映多个同频正弦量的相对大小和相位关系，通常将表示这些正弦量的相量画在同一个复数坐标平面内，称为相量图。注意：只有同频率的正弦量才可以画在同一相量图上。相量图还能够帮助分析计算正弦稳态电路。

【例 3.2.1】　正弦交流电压 $u_1 = 4\sqrt{2}\sin(3t + 30°)(\text{V})$，$u_2 = 10\sin(3t + 140°)(\text{V})$，正弦交流电流 $i = 3\sqrt{2}\sin(3t)(\text{A})$，试写出各正弦量的最大值相量和有效值相量，并画出相量图。

解：$u_1 = 5\sqrt{2}\sin(3t + 30°)(\text{V})$，得到 $U_{1m} = 4\sqrt{2}$，$U_1 = \dfrac{U_{1m}}{\sqrt{2}} = 4$，$\theta_{u1} = 30°$。

由此写出最大值相量 $\dot{U}_{1m} = 4\sqrt{2}\angle 30°(\text{V})$，有效值相量 $\dot{U}_1 = 4\angle 30°(\text{V})$。

$u_2 = 10\sin(3t + 140°)(\text{V})$，最大值相量 $\dot{U}_{2m} = 10\angle 140°(\text{V})$，有效值相量 $\dot{U}_2 = 5\sqrt{2}\angle 140°(\text{V})$。

$i = 3\sqrt{2}\sin(3t)(\text{A})$，所以 $\dot{I}_m = 3\sqrt{2}\angle 0°(\text{A})$，$\dot{I} = 3\angle 0°(\text{A})$。

相量图如图 3.2.3 所示。

这里要强调的是，相量是一个与时间无关的复值常数，所以它可以表示正弦量，但不等于正弦量。相量与正弦量之间是一一对应的关系，用双箭头表示，即

$$u \leftrightarrow \dot{U} \quad 或 \quad u \leftrightarrow \dot{U}_m$$

$$i \leftrightarrow \dot{I} \quad 或 \quad i \leftrightarrow \dot{I}_m$$

一般在正弦交流电路计算中，多采用有效值相量。

3.2.2　基尔霍夫定律的相量表示

在线性正弦稳态电路中，各支路电压和支路电流均为同频率的正弦量，所以可以用相量来表示这些支路电压和支路电流，由此得到 KCL 和 KVL 的相量形式。

1. KCL 的相量表示

对电路中的任意节点，当所有电流都是同频率的正弦交流电时，根据 KCL 得

$$\sum \dot{I} = 0 \quad 或 \quad \sum \dot{I}_m = 0 \tag{3.2.4}$$

【例 3.2.2】　电路如图 3.2.4(a)所示，已知 $i_S = 5\sqrt{2}\sin t\,(\text{A})$，$i_2 = 4\sqrt{2}\sin(t - 45°)(\text{A})$，求 i_1。

解：写出已知电流 i_S 和 i_2 的相量，即 $\dot{I}_S = 5\angle 0°(\text{A})$，$\dot{I}_2 = 4\angle -45°(\text{A})$，应用 KCL 的相量形式得

$$\dot{I}_1 = \dot{I}_S - \dot{I}_2 = 5\angle 0° - 4\angle -45° = 5 - (2\sqrt{2} - 2\sqrt{2}\text{j})$$
$$= 2.17 + 2.83\text{j} = 3.566\angle 52.5°(\text{A})$$

最后，由相量 $\dot{I}_1$ 写出对应的电流 i_1

$$i_1 = 3.566\sqrt{2}\sin(t + 52.5°)(A)$$

其电流相量图如图 3.2.4(b)所示。

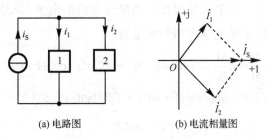

(a) 电路图　　　　　　　　　(b) 电流相量图

图 3.2.4　例 3.2.2 电路图

由正弦量的瞬时值表达式写出其相量表达式，和由正弦量的相量表达式写出其瞬时值表达式，都是很容易的事情，所以在分析电路中没有特别说明的情况下，可以用其中的任何一种表达式来表示电路分析结果。

2．KVL 的相量表示

对电路中的任意回路，当所有电压都为同频率的正弦交流电时，根据 KVL 有

$$\sum \dot{U} = 0 \quad 或 \quad \sum \dot{U}_m = 0 \tag{3.2.5}$$

3.3　单一参数的交流电路

3.3.1　电阻电路

图 3.3.1(a)所示为电阻电路的时域模型，当流过电阻的电流为 $i = \sqrt{2}I\sin(\omega t + \theta_i)$ 时，在关联参考方向下，由欧姆定律可得此时电阻两端的电压为

$$u = Ri = \sqrt{2}RI\sin(\omega t + \theta_i) = \sqrt{2}U\sin(\omega t + \theta_u) \tag{3.3.1}$$

显然 $U = RI$ ，$\theta_u = \theta_i$ 。据此写出电阻电路伏安特性的相量形式

$$\dot{U} = R\dot{I} \tag{3.3.2}$$

对应的相量模型如图 3.3.1(b)所示，相量图如图 3.3.1(c)所示。对于电阻电路来说，电压与电流同相，称为阻压同相。

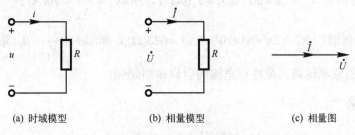

(a) 时域模型　　　　　　　　(b) 相量模型　　　　　　　　(c) 相量图

图 3.3.1　电阻的模型和相量图

3.3.2 电感电路

图 3.3.2(a)所示为电感电路的时域模型，当流过电感的电流 $i = \sqrt{2}I\sin(\omega t + \theta_i)$ 时，在关联参考方向下，由电感 VAR 可得电感两端的电压为

$$u = L\frac{\mathrm{d}i}{\mathrm{d}t} = L\frac{\mathrm{d}}{\mathrm{d}t}\sqrt{2}I\sin(\omega t + \theta_i) = \sqrt{2}\omega LI\cos(\omega t + \theta_i) \tag{3.3.3}$$
$$= \sqrt{2}\omega LI\sin(\omega t + \theta_i + 90°) = \sqrt{2}U\sin(\omega t + \theta_u)$$

由式（3.3.3）可得
$$\begin{cases} U = \omega LI & (3.3.4a) \\ \theta_u = \theta_i + 90° & (3.3.4b) \end{cases}$$

令 $X_L = \dfrac{U}{I} = \omega L$，称为感抗，单位为欧姆（$\Omega$），它描述电感对交流电的阻碍作用。$X_L$ 不仅与 L 有关，还与角频率 ω 有关，当 L 值一定时，ω 越高，则 X_L 越大，ω 越低，则 X_L 越小，因此电感具有通低频阻高频的作用，特别当 $\omega = 0$（相当于直流激励）时，$X_L = 0$，电感相当于短路。式（3.3.4b）表明电压超前电流 90°（称为感压超前，即电感电压超前电流 90°）。据此写出电感电路伏安特性的相量形式

$$\dot{U} = jX_L\dot{I} = j\omega L\dot{I} \tag{3.3.5}$$

式中，j 代表 90° 的旋转因子，将电流相量逆时针旋转 90° 即为电压相量的方向。电感相量模型如图 3.3.2(b)所示，相量图如图 3.3.2(c)所示。

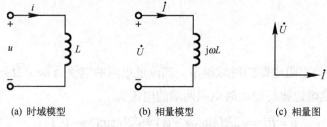

(a) 时域模型　　　　　(b) 相量模型　　　　　(c) 相量图

图 3.3.2　电感的模型和相量图

【**例 3.3.1**】 把一个 $L = 0.01\mathrm{H}$ 的电感接到 $f = 50\mathrm{Hz}$，$U = 220\mathrm{V}$ 的正弦电源上。（1）求电感电流 I；（2）如保持 U 不变，而电源 $f = 10\mathrm{kHz}$，重求电流 I。

解： $X_L = \omega L = 2\pi fL$

（1）$f = 50\mathrm{Hz}$ 时，$X_L = 2\pi \times 50 \times 0.01 = 3.14(\Omega)$，所以 $I = \dfrac{U}{X_L} = 70(\mathrm{A})$；

（2）$f = 10\mathrm{kHz}$ 时，$X_L = 2\pi \times 10 \times 10^3 \times 0.01 = 628(\Omega)$，所以 $I = \dfrac{U}{X_L} = 0.35(\mathrm{A})$。

可见，电源的频率越高，电感对电流的阻碍作用越强。

3.3.3 电容电路

图 3.3.3(a)所示为电容电路的时域模型，当电容两端所加电压 $u = \sqrt{2}U\sin(\omega t + \theta_u)$ 时，在关联参考方向下，由电容 VAR 可得流过电容的电流为

$$i = C\frac{\mathrm{d}u}{\mathrm{d}t} = C\frac{\mathrm{d}}{\mathrm{d}t}\sqrt{2}U\sin(\omega t + \theta_\mathrm{u}) = \sqrt{2}\omega CU\cos(\omega t + \theta_\mathrm{u})$$

$$= \sqrt{2}\omega CU\sin(\omega t + \theta_\mathrm{u} + 90°) = \sqrt{2}I\sin(\omega t + \theta_\mathrm{i}) \tag{3.3.6}$$

由式（3.3.6）可得

$$\begin{cases} I = \omega CU & \tag{3.3.7a} \\ \theta_\mathrm{i} = \theta_\mathrm{u} + 90° & \tag{3.3.7b} \end{cases}$$

令 $X_\mathrm{C} = \dfrac{U}{I} = \dfrac{1}{\omega C}$，称为容抗，单位为欧姆（Ω），它描述电容对交流电的阻碍作用。容抗 X_C 不仅与 C 有关，还与角频率 ω 有关，当 C 值一定时，ω 越高，则 X_C 越小，ω 越低，则 X_C 越大，因此电容具有通高频阻低频的作用，特别当 $\omega = 0$ 时，则 $X_\mathrm{C} \to \infty$，电容可视为开路。式（3.3.7b）表明电流超前电压 90°（称为容压滞后，即电容电压滞后电流 90°）。据此写出电容电路伏安特性的相量形式

$$\dot{U} = -\mathrm{j}X_\mathrm{C}\dot{I} = \frac{1}{\mathrm{j}\omega C}\dot{I} \tag{3.3.8}$$

电容相量模型如图 3.3.3(b)所示，相量图如图 3.3.3(c)所示。

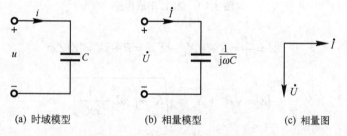

(a) 时域模型　　　　　　(b) 相量模型　　　　　　(c) 相量图

图 3.3.3　电容的模型和相量图

【例 3.3.2】　在图 3.3.4(a)中，电容两端的电压 $u = 10\sin(12t)$(V)，电容为 0.2F，求电流 i。

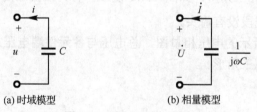

(a) 时域模型　　　　　　　(b) 相量模型

图 3.3.4　例 3.3.2 电路图

解：画出电路的相量模型，如图 3.3.4(b)所示。$\dot{U} = 5\sqrt{2}\angle 0°$(V)，$u$ 与 i 是非关联参考方向，故 $\dot{I} = -\mathrm{j}\omega C\dot{U} = -\mathrm{j}12 \times 0.2 \times 5\sqrt{2} = 17.0\angle -90°$(A)。

所以　　　　　　　　　　$i = 17.0\sqrt{2}\sin(12t - 90°)$(A)

3.4　RLC 串联交流电路

图 3.4.1(a)所示为 RLC 串联电路，设流过 R、L、C 的电流为 $i = \sqrt{2}I\sin(\omega t)$，图 3.4.1(b) 所示为相应的相量模型。

由 KVL 相量形式可得

$$\dot{U} = \dot{U}_\mathrm{R} + \dot{U}_\mathrm{L} + \dot{U}_\mathrm{C} = (R + \mathrm{j}X_\mathrm{L} - \mathrm{j}X_\mathrm{C})\dot{I} = (R + \mathrm{j}X)\dot{I} = Z\dot{I} \tag{3.4.1}$$

式中，$X = X_\mathrm{L} - X_\mathrm{C} = \omega L - \dfrac{1}{\omega C}$，称为电抗，单位为欧姆（$\Omega$）。而 Z 称为阻抗，它是一个复数（注意，它不是相量），因此有时也称 Z 为复阻抗（实部为电阻，虚部为电抗）。

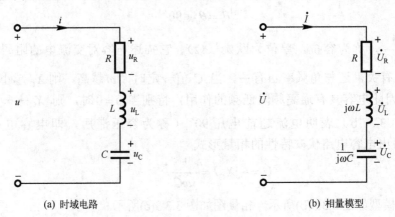

(a) 时域电路   (b) 相量模型

图 3.4.1   RLC 串联电路

$$Z = \frac{\dot{U}}{\dot{I}} = R + \mathrm{j}(X_\mathrm{L} - X_\mathrm{C}) = R + \mathrm{j}X = |Z| \angle \varphi \tag{3.4.2}$$

复阻抗的模为

$$|Z| = \sqrt{R^2 + X^2} = \sqrt{R^2 + \left(\omega L - \frac{1}{\omega C}\right)^2} \tag{3.4.3}$$

复阻抗的辐角称为阻抗角

$$\varphi = \arctan \frac{X}{R} \tag{3.4.4}$$

$|Z|$ 与 R、X 构成直角三角形，如图 3.4.2 所示，称为阻抗三角形，由于阻抗不是相量，所以阻抗三角形的各个线段没有箭头。

可以画出图 3.4.3 所示的电压相量图，总电压与各元件端电压之间构成电压三角形，显然它与阻抗三角形是相似三角形。

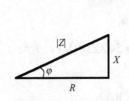

图 3.4.2   阻抗三角形

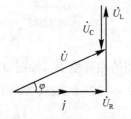

图 3.4.3   电压相量图（电压三角形）

由式（3.4.2）可得

$$\frac{U}{I} = |Z| \tag{3.4.5}$$

$$\varphi = \theta_\mathrm{u} - \theta_\mathrm{i} \tag{3.4.6}$$

复阻抗模等于电压有效值与电流有效值之比，单位为欧姆（Ω）。阻抗角等于电压与电流的相位差。

（1）当 $X_L > X_C$ 时，$X > 0$，$\varphi > 0$，电压超前电流，电路呈电感性，称为感性电路；

（2）当 $X_L < X_C$ 时，$X < 0$，$\varphi < 0$，电压滞后电流，电路呈电容性，称为容性电路；

（3）当 $X_L = X_C$ 时，$X = 0$，$\varphi = 0$，电压与电流同相，电路呈电阻性，称为电阻性电路。

【例 3.4.1】　已知 $u_S = 5\sqrt{2}\sin(5t + 30°)(\text{V})$，求图 3.4.4(a)所示电路的电流 i 及电压 u_C，指明电路是感性电路还是容性电路。

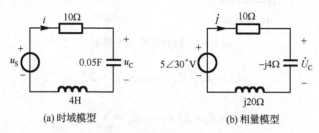

(a) 时域模型　　　　　　　　　　　　(b) 相量模型

图 3.4.4　例 3.4.1 电路图

解：先画出时域电路的相量模型，如图 3.4.4(b)所示。则

$$Z = 10 - j4 + j20 = 10 + j16 = 18.87\angle 58°(\Omega)$$

所以电路的电压超前电流，为感性电路。

$$\dot{I} = \frac{\dot{U}}{Z} = \frac{5\angle 30°}{18.87\angle 58°} = 0.265\angle -28°(\text{A})$$

$$\dot{U}_C = -j4\dot{I} = 1.06\angle -118°(\text{V})$$

最后得到：$i(t) = 0.265\sqrt{2}\sin(5t - 28°)\text{A}$，$u_C(t) = 1.06\sqrt{2}\sin(5t - 118°)\text{V}$。

3.5　正弦稳态交流电路的分析

引入了阻抗的概念后，就能将第 1 章的直流电阻电路和正弦稳态电路建立如图 3.5.1 所示的对应关系。因此，计算直流电阻电路的公式、分析方法及定律可以完全用到正弦稳态电路的分析和计算中来。

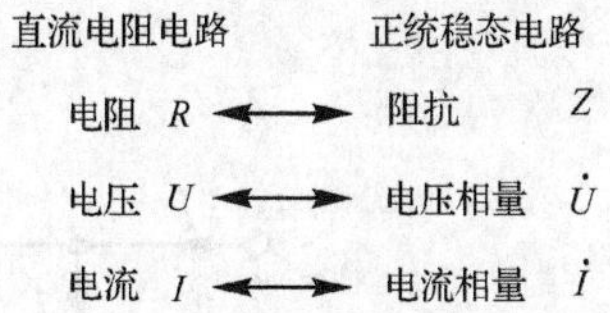

直流电阻电路		正统稳态电路	
电阻　R	⟷	阻抗	Z
电压　U	⟷	电压相量	$\dot{U}$
电流　I	⟷	电流相量	$\dot{I}$

图 3.5.1　直流电路与正弦稳态电路的对应关系

3.5.1　阻抗的串并联

阻抗的串并联对应于电阻的串并联，其等效阻抗、串联时的分压公式、并联时的分流公式等都与电阻电路中的相应公式形式一致。

1．阻抗的串联

图 3.5.2(a)所示为 n 个阻抗相串联的情形。

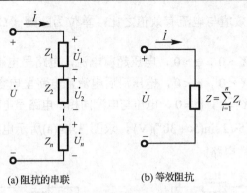

(a) 阻抗的串联　　　　　　　(b) 等效阻抗

图 3.5.2　阻抗的串联及等效

由 KVL，可得

$$\dot{U} = (Z_1 + Z_2 + \cdots + Z_n)\dot{I} = Z\dot{I} \tag{3.5.1}$$

等效阻抗为

$$Z = Z_1 + Z_2 + \cdots + Z_n = \sum_{k=1}^{n} Z_k \tag{3.5.2}$$

串联阻抗的分压公式为

$$\dot{U}_k = \frac{Z_k}{Z}\dot{U} \tag{3.5.3}$$

注意：正弦交流电路中并不保证 $U \geqslant U_k$，即分电压可以大于总电压，这与直流电路有明显区别。

2．阻抗的并联

图 3.5.3(a)所示为两阻抗的并联。

根据 KCL，有

$$\dot{I} = \dot{I}_1 + \dot{I}_2 = \frac{\dot{U}}{Z_1} + \frac{\dot{U}}{Z_2} = \frac{Z_1 + Z_2}{Z_1 Z_2}\dot{U} \tag{3.5.4}$$

即

$$\dot{U} = \frac{Z_1 Z_2}{Z_1 + Z_2}\dot{I} = Z\dot{I} \tag{3.5.5}$$

并联后的等效阻抗（如图 3.5.3(b)所示）为

$$Z = \frac{Z_1 Z_2}{Z_1 + Z_2} \tag{3.5.6}$$

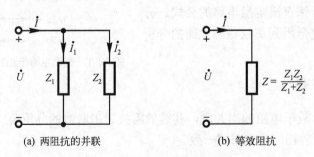

(a) 两阻抗的并联　　　　　　　(b) 等效阻抗

图 3.5.3　两阻抗的并联及等效

由式（3.5.4）～式（3.5.6）可以得出两阻抗并联时的分流公式为

$$\begin{cases} \dot{I}_1 = \dfrac{Z_2}{Z_1 + Z_2}\dot{I} \\[3mm] \dot{I}_2 = \dfrac{Z_1}{Z_1 + Z_2}\dot{I} \end{cases} \tag{3.5.7}$$

3. 导纳

为了方便描述多个阻抗并联的情形，引入导纳参数。导纳是复阻抗的倒数，用 Y 表示，单位为西门子（S）。导纳是一个复数，但不是相量，有时也称为复导纳（实部为电导，虚部为电纳）。其数学表达式为

$$Y = \frac{1}{Z} \tag{3.5.8}$$

应用导纳来计算并联电路较为方便，在正弦交流电路中，若有 n 个导纳并联，则总电流为

$$\dot{I} = (Y_1 + Y_2 + \cdots + Y_n)\dot{U} = Y\dot{U} \tag{3.5.9}$$

等效导纳为

$$Y = Y_1 + Y_2 + \cdots + Y_n = \sum_{k=1}^{n} Y_k \tag{3.5.10}$$

对应的分流公式为

$$\dot{I}_k = \frac{Y_k}{Y}\dot{I} \tag{3.5.11}$$

同阻抗的串联一样，正弦交流电路中并不保证 $I \geqslant I_k$，即支路电流可以大于总电流。

3.5.2　正弦稳态电路的分析

对于正弦稳态电路，可以像直流电路一样采用支路电流法、叠加定理和戴维南定理等方法进行分析，不过分析过程中涉及的运算通常为复数运算。

【例 3.5.1】 已知 $u_S = 5\sqrt{2}\sin(50t + 30°)\,(\text{V})$，利用支路电流法求图 3.5.4(a)所示电路中各支路电流。

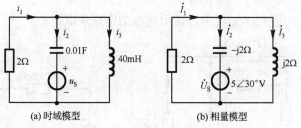

(a) 时域模型　　　　　　　　　　　(b) 相量模型

图 3.5.4　例 3.5.1 电路图

解： 画出电路的相量模型，如图 3.5.4(b)所示，由 KCL 和 KVL 得

$$\begin{cases} -\dot{I}_1 + \dot{I}_2 + \dot{I}_3 = 0 \\ 2\dot{I}_1 - \text{j}2\dot{I}_2 + 5\angle 30° = 0 \\ 2\dot{I}_1 + \text{j}2\dot{I}_3 = 0 \end{cases}$$

解得

$$\begin{cases} \dot{I}_1 = 2.5\angle -60°\,(\text{A}) \\ \dot{I}_2 = 3.54\angle -105°\,(\text{A}) \\ \dot{I}_3 = 2.5\angle 30°\,(\text{A}) \end{cases}$$

得到 $i_1(t) = 2.5\sqrt{2}\sin(50t - 60°)\text{A}$，$i_2(t) = 3.54\sqrt{2}\sin(50t - 105°)\text{A}$，$i_3(t) = 2.5\sqrt{2}\sin(50t + 30°)\text{A}$。

【例 3.5.2】 已知 $u_S = 10\sqrt{2}\sin(100t + 30°)\,(\text{V})$，$i_S = 5\sin(100t)\,(\text{A})$，试用叠加定理求图 3.5.5(a) 所示的电流 i。

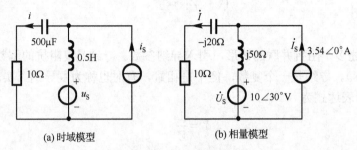

(a) 时域模型　　　　　　　　　　　(b) 相量模型

图 3.5.5　例 3.5.2 电路图

解： 将时域模型转化为相量模型，如图 3.5.5(b) 所示。

（1）当 i_S 单独作用时，u_S 置零相当于短路，由分流公式得

$$\dot{I}' = \frac{\text{j}50}{10 - \text{j}20 + \text{j}50} \times 3.54\angle 0° = 5.60\angle 18.4°\,(\text{A})$$

（2）当 u_S 单独作用时，i_S 置零相当于开路，得

$$\dot{I}'' = \frac{10\angle 30°}{10 - \text{j}20 + \text{j}50} = 0.316\angle -41.6°\,(\text{A})$$

（3）由叠加定理得总电流

$$\dot{I} = \dot{I}' + \dot{I}'' = 5.60\angle 18.4° + 0.316\angle -41.6°$$
$$= 5.55 + \text{j}1.56 = 5.76\angle 15.7°\,(\text{A})$$

得到 $i(t) = 5.76\sqrt{2}\sin(100t + 15.7°)(\text{A})$。

【例 3.5.3】 电路如图 3.5.6(a) 所示，试用戴维南定理求电流 $\dot{I}$。

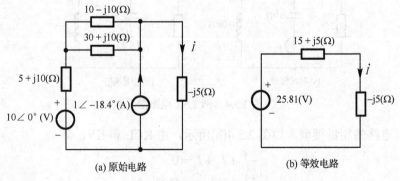

(a) 原始电路　　　　　　　　　　　(b) 等效电路

图 3.5.6　例 3.5.3 电路图

解： 断开 $-\text{j}5(\Omega)$ 所在支路，求单口网络的戴维南等效电路。

（1）计算 $\dot{U}_{OC}$，由叠加定理得

$$\dot{U}_{OC} = 10\angle 0° + 1\angle -18.4° \times [5 + \text{j}10 + (10 - \text{j}10)//(30 + \text{j}10)] = 25.81\,(\text{V})$$

（2）计算等效阻抗 Z_O

$$Z_O = 5 + j10 + (10 - j10)//(30 + j10) = 15 + j5 = 15.81\angle 18.4°(\Omega)$$

其对应的等效电路如图 3.5.6(b)所示，由此得到所求电流

$$\dot{I} = \frac{25.81}{15 + j5 - j5} = 1.72(A)$$

3.6　正弦稳态电路的功率

如果说前面通过用相量来表示正弦量，从而在正弦稳态电路与直流电阻电路之间建立起了一一对应关系的话，那么下面要讲的功率问题和频率响应问题则更多体现的是正弦稳态电路与直流电阻电路相异的地方。

正弦稳态电路中的电压和电流都是随时间变化的量，因此 $p = u \cdot i$ 求得的功率也是一个随时间变化的量，称为瞬时功率。

3.6.1　瞬时功率

设图 3.6.1 所示单口网络 N 内部不含独立源，只含电阻、电感、电容等无源元件，若端口电压 $u = \sqrt{2}U\sin(\omega t + \theta_u)$，电流 $i = \sqrt{2}I\sin(\omega t + \theta_i)$，则在关联参考方向下的瞬时功率为

$$
\begin{aligned}
p(t) &= ui = 2UI\sin(\omega t + \theta_u)\sin(\omega t + \theta_i) \\
&= \underbrace{UI\cos\varphi}_{\text{恒定分量}} - \underbrace{UI\cos(2\omega t + \theta_u + \theta_i)}_{\text{正弦分量}}
\end{aligned}
\tag{3.6.1}
$$

$$
= \underbrace{UI\cos\varphi[1 - \cos(2\omega t + 2\theta_u)]}_{\text{不可逆部分}} - \underbrace{UI\sin\varphi\sin(2\omega t + 2\theta_u)}_{\text{可逆部分}}
\tag{3.6.2}
$$

式中，$\varphi = \theta_u - \theta_i$，为单口网络等效阻抗的阻抗角。

式（3.6.1）表明，瞬时功率由两部分组成：一部分为恒定分量，另一部分为正弦分量，其频率为电源电压（电流）频率的两倍。式（3.6.2）表明，瞬时功率可分为不可逆部分和可逆部分，前者体现为单口网络对电能的消耗，后者体现为单口网络与外电路的能量交换。其 u、i 和 p 波形如图 3.6.2 所示。

由于瞬时功率实际意义不大，通常引用平均功率的概念。

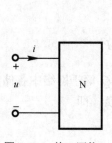

图 3.6.1　单口网络

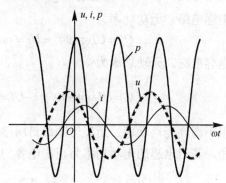

图 3.6.2　u、i 和 p 的波形

3.6.2　有功功率、无功功率和视在功率

1. 有功功率和功率因数

瞬时功率在一个周期内的平均值称为平均功率或有功功率，用大写字母 P 表示，即

$$P = \frac{1}{T}\int_0^T p(t)\mathrm{d}t = \frac{1}{T}\int_0^T [UI\cos\varphi - UI\cos(2\omega t + \theta_\mathrm{u} + \theta_\mathrm{i})]\mathrm{d}t \qquad (3.6.3)$$
$$= UI\cos\varphi$$

可以看出，有功功率就是式（3.6.1）中的恒定分量，是一个与时间无关的量，表征了单口网络实际消耗的功率。有功功率不仅与电压和电流的有效值乘积有关，还与它们之间的相位差有关。将 $\cos\varphi$ 称为功率因数，用 λ 表示，即

$$\lambda = \cos\varphi \qquad (3.6.4)$$

称 φ 为功率因数角。当 $\varphi = 0$ 时，$\dot{U}$ 与 $\dot{I}$ 同相，称为电阻性负载，此时 $P_\mathrm{R} = UI$；当 $\varphi > 0$ 为感性负载时，电流滞后电压 φ 角，称功率因数 λ 滞后；而当 $\varphi < 0$ 为容性负载时，电流超前电压 $|\varphi|$ 角，称功率因数 λ 超前。为了说明电路的性质，通常在功率因数 λ 后面标出 "感性"、"容性" 或 "滞后"、"超前" 字样。对于纯电感或纯电容电路，因为 $\varphi = \pm 90°$，因此 $P = 0$，即只有电阻消耗有功功率，电容、电感均不消耗有功功率。无源单口网络的有功功率是网络中各电阻的有功功率之和

$$P = \sum_{i=1}^n P_i = \sum_{i=1}^n R_i I_i^2 \qquad (3.6.5)$$

式中，I_i 是流过电阻 R_i 上电流的有效值。

2. 无功功率和视在功率

从式（3.6.2）可以看出，单口网络除了自身消耗能量外，还与外电路存在能量的交换，为了衡量这种能量交换的规模，引入无功功率的概念。对于无源单口网络来说，由式（3.6.2）可以看到其能量交换的幅度为 $UI\sin\varphi$，将此幅度定义为无功功率，用 Q 表示，即

$$Q = UI\sin\varphi \qquad (3.6.6)$$

Q 也是一个与时间无关的量，单位是乏（var）或千乏（k var）。

对于纯电阻电路，$\varphi = 0$，无功功率 $Q_\mathrm{R} = UI\sin 0° = 0$，说明电阻不存在能量的交换。

对于纯电感电路，无功功率为

$$Q_\mathrm{L} = UI\sin 90° = UI = \omega L I^2 = X_\mathrm{L} I^2 \qquad (3.6.7)$$

对于纯电容电路，无功功率为

$$Q_\mathrm{C} = UI\sin(-90°) = -UI = -\frac{I^2}{\omega C} = -X_\mathrm{C} I^2 \qquad (3.6.8)$$

因为电阻不消耗无功功率，所以无源单口网络的无功功率 Q 等于网络中各储能元件无功功率的代数和，其中电感的无功功率为正，电容的无功功率为负，即

$$Q = \sum_{i=1}^n Q_i \qquad (3.6.9)$$

由式（3.6.3）和式（3.6.6）可以看出，无论是有功功率还是无功功率，其值都小于等于电压与电流有效值的乘积，将此乘积定义为视在功率，用 S 表示，即

$$S = UI \tag{3.6.10}$$

视在功率的单位是伏安（VA）或千伏安（kVA）。通常情况下，电气设备工作时，电压和电流不能超过其额定值，视在功率表征了电气设备"容量"的大小。所以电气设备的额定视在功率也称为额定容量。

根据单口网络有功功率 $P = UI\cos\varphi$，无功功率 $Q = UI\sin\varphi$，可得

$$\begin{cases} P = S\cos\varphi \\ Q = S\sin\varphi \end{cases} \tag{3.6.11}$$

$$S = \sqrt{P^2 + Q^2} \tag{3.6.12}$$

P、Q、S 构成功率三角形，如图 3.6.3 所示。与阻抗三角形类似，该三角形也不是由有向线段组成的。

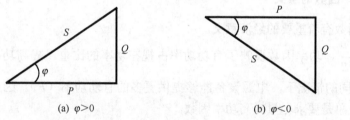

(a) $\varphi > 0$ (b) $\varphi < 0$

图 3.6.3　P、Q、S 的功率三角形

【例 3.6.1】 在图 3.6.4(a)所示的单口网络中，已知 $R = \omega L = 5\Omega$，$\dfrac{1}{\omega C_1} = 10\Omega$，电压表 V_2 的读数为 100V，电流表 A_2 的读数为 10A。求（1）电流表 A_1、电压表 V_1 的读数；（2）电路以 $\dot{U}_2$ 为参考相量的相量图；（3）除电源 u_S 以外的网络吸收的有功功率、无功功率、视在功率和功率因数。

解：相量模型如图 3.6.4(b)所示。

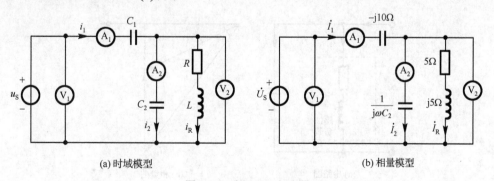

(a) 时域模型   (b) 相量模型

图 3.6.4　例 3.6.1 电路图

（1）设 $\dot{U}_2 = 100\angle 0°(\text{V})$，则由容压滞后得到 $\dot{I}_2 = 10\angle 90°(\text{A})$，有

$$\dot{I}_\text{R} = \frac{\dot{U}_2}{R + \text{j}\omega L} = \frac{100}{5 + \text{j}5} = 14.14\angle -45°(\text{A})$$

$$\dot{I}_1 = \dot{I}_2 + \dot{I}_R = 10\angle 90° + 14.14\angle -45° = 10\angle 0°(\text{A})$$

$$\dot{U}_S = \dot{U}_{C1} + \dot{U}_2 = -\text{j}10\dot{I}_1 + \dot{U}_2 = 100\angle -90° + 100\angle 0° = 141.4\angle -45°(\text{V})$$

所以电流表 A_1 的读数为 10A，电压表 V_1 的读数为 141.4V。

（2）电路以 $\dot{U}_2$ 为参考相量的相量图如图 3.6.5 所示。

（3）

$$P = U_S I_1 \cos(-45°) = 1(\text{kW})$$

$$Q = U_S I_1 \sin(-45°) = -1(\text{kvar})$$

$$S = U_S I_1 = 1.414(\text{kVA})$$

$$\lambda = \cos(-45°) = 0.707$$

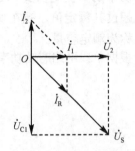

图 3.6.5　例 3.6.1 相量图

3.6.3　功率因数的提高

1．提高功率因数的意义

提高功率因数有着重要的经济意义。

$\lambda = \cos\varphi = \dfrac{P}{S}$，功率因数反映了有功功率占视在功率的比重。提高功率因数，就意味着在容量（S）相同的情况下，电源设备能够提供更多的有功功率（P）。因此，为了充分利用电源设备容量，总是要求尽量提高功率因数。

由 $I = \dfrac{P}{U\lambda}$ 可知，当负载的有功功率 P 和电压 U 一定时，提高 λ 可使线路中的电流 I 减小，降低线路损耗。同时随着 $\cos\varphi$ 的增大，$\sin\varphi$ 将减小，无功功率降低，从而减少电源与负载间徒劳往返的能量交换，提高供电质量。

2．提高功率因数的方法

通常采用在感性负载两端并联电容器的方法来提高系统的功率因数。其补偿原理如图 3.6.6 所示。

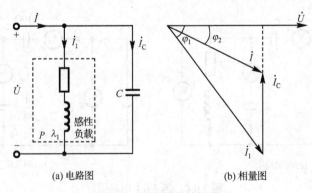

(a) 电路图　　　　　　　　　　(b) 相量图

图 3.6.6　功率因数补偿原理

假设有功功率为 P，功率因数 $\lambda_1 = \cos\varphi_1$ 的感性负载接于电压为 U 的电源上，现为了将系统的功率因数提高到 $\lambda_2 = \cos\varphi_2$，在负载两端并联电容 C，电路图如图 3.6.6(a)所示，相量图如图 3.6.6(b)所示，此处假设并联电容后该单口网络仍为感性网络。这是由于补偿后单口网络

变成容性状态需要并联更大的电容。由此得到

负载支路的电流为
$$I_1 = \frac{P}{U\lambda_1}$$

并联电容后，电路的总有功功率不变，仍为 P（电容有功功率为 0），其总电流为
$$I = \frac{P}{U\lambda_2}$$

由图 3.6.6(b)可得此时并联电容支路的电流为
$$I_C = I_1 \sin\varphi_1 - I \sin\varphi_2$$

由电容的伏安特性可推出此时需要并联电容的容值为
$$C = \frac{I_C}{\omega U} = \frac{P(\tan\varphi_1 - \tan\varphi_2)}{\omega U^2} \tag{3.6.13}$$

【例 3.6.2】 某工厂使用的感应电动机为感性负载，负载电压 220V，频率 50Hz，感应电动机功率100kW，功率因数 0.6，为使功率因数提高到 0.9，需要并联多大的电容？并联前后输电线上的电流为多大？

解：并联电容前，输电线上的电流等于负载的电流，为
$$I_1 = \frac{P}{U\lambda_1} = \frac{100 \times 10^3}{220 \times 0.6} = 757.58(\text{A})$$

并联电容后，由于电容不消耗有功功率，所以电路中电压和功率均未发生改变，则输电线上的电流为
$$I = \frac{P}{U\lambda_2} = \frac{100 \times 10^3}{220 \times 0.9} = 505.05(\text{A})$$

由并联电容前 $\lambda = 0.6$，可得 $\varphi_1 = 53.13°$，而并联电容后 $\lambda = 0.9$，设并联后电路仍为感性电路（此时需要的电容较小），可得 $\varphi_2 = 25.84°$。由公式 3.6.13 得

$$C = \frac{P(\tan\varphi_1 - \tan\varphi_2)}{\omega U^2} = \frac{100 \times 10^3(\tan 53.13° - \tan 25.84°)}{2 \times \pi \times 50 \times 220^2} = 5584(\mu\text{F})$$

3.7 交流电路的频率特性

交流电路中的电感元件和电容元件的阻抗与电源（或信号源）的频率有关，即使保持输入电压或电流的幅值不变，电路中的电压和电流也会随频率的变化而发生变化。这种电路响应随激励频率而变化的特性称为电路的频率特性或频率响应。

3.7.1 RC 滤波电路

在电子技术中，经常利用电感和电容元件的阻抗随频率变化的特点，组成滤波器（Filter）电路，即对信号频率具有选择性的电路。其作用是传送输入信号中的有用频率成分，衰减或抑制无用的频率成分。

滤波电路按照其幅频特性，通常可分为低通滤波器（LPF：Low-pass Filter）、高通滤波器（HPF：High-pass Filter）、带通滤波器（BPF：Band-pass Filter）和带阻滤波器（BRF：Band-rejection Filter）等多种，本节主要讨论由 R、C 组成的滤波电路。

1. 低通滤波电路

RC 低通滤波电路如图 3.7.1 所示。$\dot{U}_i$ 是输入信号，$\dot{U}_o$ 是输出信号，都是频率的函数。

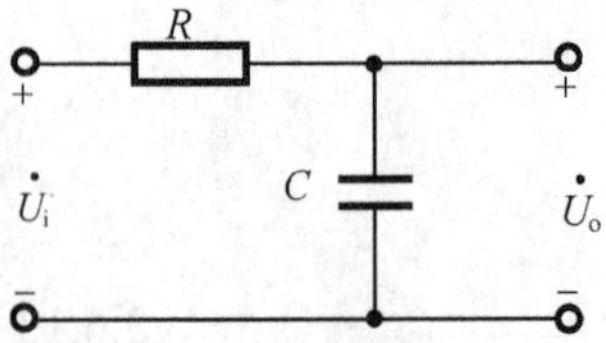

由电路可求得电压放大倍数（也称电压传递函数）为

$$\dot{A}_u = \frac{\dot{U}_o}{\dot{U}_i} = \frac{\frac{1}{j\omega C}}{R + \frac{1}{j\omega C}} = \frac{1}{1 + j\omega RC} \tag{3.7.1}$$

令

$$f_H = \frac{1}{2\pi RC} = \frac{1}{2\pi \tau} \tag{3.7.2}$$

图 3.7.1 低通滤波电路

$\tau = RC$ 是时间常数，则式（3.7.1）可写为

$$\dot{A}_u = \frac{1}{1 + j\dfrac{f}{f_H}} = |\dot{A}_u| \angle \varphi \tag{3.7.3}$$

式中

$$|\dot{A}_u| = \frac{1}{\sqrt{1 + (f / f_H)^2}} \tag{3.7.4a}$$

$$\varphi = -\arctan(f / f_H) \tag{3.7.4b}$$

分别称为幅频特性和相频特性。

当 $f = 0$ 时，得 $|\dot{A}_u| = 1$，$\varphi = 0$；当 $f = f_H$ 时，得 $|\dot{A}_u| = \dfrac{1}{\sqrt{2}} = 0.707$，$\varphi = -45°$；当 $f \to \infty$ 时，得 $|\dot{A}_u| \to 0$，$\varphi \to -90°$。

该电路的频率特性曲线如图 3.7.2 所示。由幅频特性曲线可知，对同样大小的输入电压来说，频率越高，输出电压就越小，即该电路的低频信号比高频信号更易通过，故称低通滤波电路。由相频特性可知，输出电压总是滞后输入电压，故又称滞后网络。

在画频率特性曲线时常采用对数坐标，称为波特图。波特图由对数幅频特性和对数相频特性两部分组成，它们的横轴采用对数刻度 $\lg f$，但常标注为 f；幅频特性的纵轴采用 $20\lg|\dot{A}_u|$ 表示，称为增益，单位是分贝（dB），如一个放大电路的放大倍数为 100，则用分贝表示的电压增益为 40dB；若放大倍数为 1，则相应的增益为 0dB；相频特性的纵轴还用线性刻度，用 φ 表示。RC 低通滤波电路的波特图如图 3.7.3 所示。图中虚线为实际的幅频特性和相频特性，实际应用中用折线近似就可以了。

在 $f = f_H$ 处，电压放大倍数下降为最大电压放大倍数的 0.707 倍，即下降了 3dB。由图 3.7.2 可以看出，在 $f < f_H$ 时电压放大倍数波动不大，而 $f > f_H$ 时电压放大倍数下降明显，因此将 f_H 称为上限截止频率，简称上限频率。而将 $0 \sim f_H$ 这一频率范围称为电路的通频带（简称通带），$f_H \sim \infty$ 这一频率范围称为阻带。图 3.7.3(a)中斜线下降的速度是频率每增加 10 倍，幅值下降 20dB；图 3.7.3(b)中斜线的下降速度为频率每增加 10 倍，相位滞后 45°。

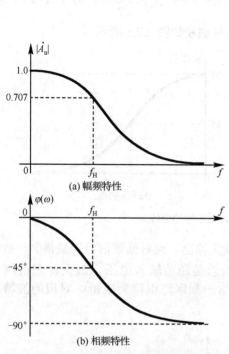

图 3.7.2 低通滤波电路的频率特性曲线

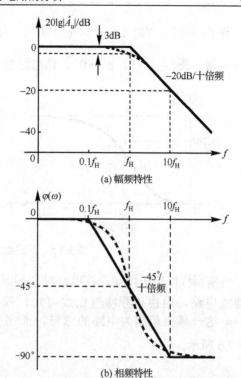

图 3.7.3 低通滤波电路的波特图

2. 高通滤波电路

将 RC 低通滤波器的 R 和 C 交换位置，从 R 两端输出，就得到了图 3.7.4 所示的高通滤波电路。其电压传递函数为

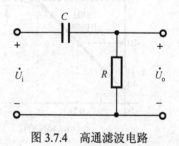

图 3.7.4 高通滤波电路

$$\dot{A}_{u} = \frac{\dot{U}_{o}}{\dot{U}_{i}} = \frac{R}{R + \dfrac{1}{j\omega C}} = \frac{1}{1 - j\dfrac{1}{\omega RC}} \qquad (3.7.5)$$

令

$$f_{L} = \frac{1}{2\pi RC} = \frac{1}{2\pi\tau} \qquad (3.7.6)$$

则

$$\dot{A}_{u} = \frac{1}{1 - j\dfrac{f_{L}}{f}} \qquad (3.7.7)$$

幅频特性和相频特性分别为

$$|\dot{A}_{u}| = \frac{1}{\sqrt{1 + (f_{L}/f)^{2}}} \qquad (3.7.8a)$$

$$\varphi = \arctan(f_{L}/f) \qquad (3.7.8b)$$

式中，f_{L} 是高通电路的下限截止频率（简称下限频率）。

当 $f=0$ 时，得 $|\dot{A}_u|=0$，$\varphi=90°$；当 $f=f_L$ 时，得 $|\dot{A}_u|=\dfrac{1}{\sqrt{2}}=0.707$，$\varphi=45°$；当 $f\to\infty$ 时，得 $|\dot{A}_u|\to1$，$\varphi\to0°$。该电路的频率特性曲线如图 3.7.5 所示。

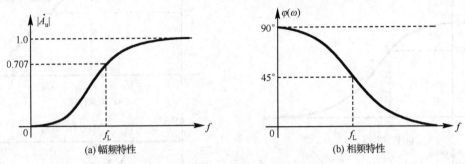

(a) 幅频特性　　　　　　　　　(b) 相频特性

图 3.7.5　高通滤波电路的频率特性曲线

　　由幅频特性曲线可知，该电路对高频信号有较大输出，而对低频信号衰减很大，故称高通滤波电路，而由相频特性曲线可知，输出电压总是超前输入电压，故又称超前网络。$f_L\sim\infty$ 这一频率范围为电路的通带，而 $0\sim f_L$ 这一频率范围称为阻带。对应的波特图如图 3.7.6 所示。

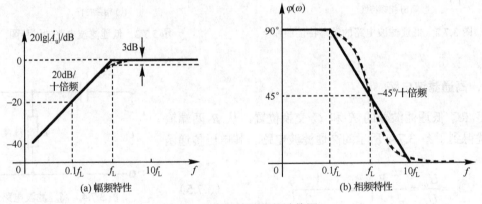

(a) 幅频特性　　　　　　　　　(b) 相频特性

图 3.7.6　高通滤波器的波特图

3. 带通滤波电路

　　通过低通滤波器和高通滤波器的串并联可以得到带通滤波器和带阻滤波器，其构成框图如图 3.7.7 所示。

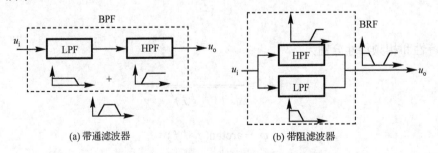

(a) 带通滤波器　　　　　　　　　(b) 带阻滤波器

图 3.7.7　由 LPF、HPF 构成 BPF 和 BRF

　　在构成带通滤波器时，要求低通滤波器的上限截止频率 f_H 要大于高通滤波器的下限截止频率 f_L，即 $f_H > f_L$，构成带通滤波器的通带为 $f_L \sim f_H$，通频带宽度为 $f_{BW} = f_H - f_L$。在构成带阻滤波器时，要求低通滤波器的上限截止频率 f_H 要小于高通滤波器的下限截止频率 f_L，即 $f_H < f_L$。

　　由 RC 的串并联分压可构成带通滤波器，其电路如图 3.7.8 所示。

$$\dot{A}_u = \frac{\dot{U}_o}{\dot{U}_i} = \frac{R // \dfrac{1}{\mathrm{j}\omega C}}{R + \dfrac{1}{\mathrm{j}\omega C} + R // \dfrac{1}{\mathrm{j}\omega C}} = \frac{1}{3 + \mathrm{j}\left(\omega RC - \dfrac{1}{\omega RC}\right)} \tag{3.7.9}$$

令 $\omega_0 = \dfrac{1}{RC}$，则 $f_0 = \dfrac{1}{2\pi RC}$，代入式（3.7.9），得

$$\dot{A}_u = \frac{1}{3 + \mathrm{j}\left(\dfrac{f}{f_0} - \dfrac{f_0}{f}\right)} \tag{3.7.10}$$

式（3.7.10）为带通滤波电路的频率特性，将其写成幅频特性和相频特性，则幅频特性为

$$|\dot{A}_u| = \frac{1}{\sqrt{9 + \left(\dfrac{f}{f_0} - \dfrac{f_0}{f}\right)^2}} \tag{3.7.11a}$$

相频特性为

$$\varphi = -\arctan\frac{1}{3}\left(\frac{f}{f_0} - \frac{f_0}{f}\right) \tag{3.7.11b}$$

根据式（3.7.11a）和式（3.7.11b）画出 $\dot{A}_u$ 的频率特性，如图 3.7.9 所示。

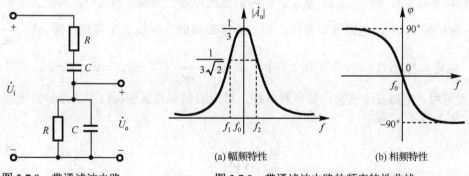

(a) 幅频特性　　　　　　(b) 相频特性

图 3.7.8　带通滤波电路　　　　　　图 3.7.9　带通滤波电路的频率特性曲线

　　由图 3.7.9 可知，当 $f = f_0$ 时，幅值出现最大值，而此时相移为零，由式（3.7.11）可得

$$|\dot{A}_u|_{\max} = \frac{1}{3}, \quad \varphi = 0$$

即当 $f = f_0$ 时，$\dot{U}_o$ 的幅值为 $\dot{U}_i$ 的 1/3，且相位相同。

　　该电路的幅频特性 $|\dot{A}_u|$ 下降到最大值的 $\dfrac{1}{\sqrt{2}}$ 所对应的两个截止频率分别为 f_1 和 f_2，其中 f_1 称为下限截止频率，f_2 为上限截止频率，通频带宽度 $f_{BW} = f_2 - f_1$。

3.7.2　串联谐振

对于一个含有 RLC 的单口网络，如果其阻抗角 $\varphi = 0$，由前面的知识可以知道此时电路的电压与电流同相，电路呈现电阻性，称此时的电路发生了谐振。

谐振电路是电路分析和通信技术中的基本电路，人们利用谐振现象做成了各种功能电路，用来选择信号和处理信号。最常用的谐振电路是串联谐振电路和并联谐振电路。

图 3.7.10(a)所示为 RLC 串联电路，设输入信号 $u_S = \sqrt{2}U_S \sin \omega t(\text{V})$。其相量模型如图 3.7.10(b)所示，可得其阻抗为

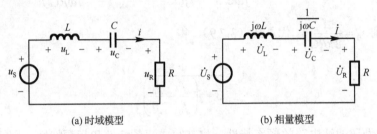

(a) 时域模型　　　　　　　　　　(b) 相量模型

图 3.7.10　RLC 串联电路

$$Z = R + \text{j}\omega L + \frac{1}{\text{j}\omega C} = R + \text{j}(X_L - X_C) = R + \text{j}X \qquad (3.7.12)$$

阻抗模为

$$|Z| = \sqrt{R^2 + X^2} = \sqrt{R^2 + \left(\omega L - \frac{1}{\omega C}\right)^2} \qquad (3.7.13)$$

阻抗模与频率的关系如图 3.7.11 所示。由图示曲线可知，当频率较低时，容抗大于感抗，即 $\omega L - \frac{1}{\omega C} < 0$ 或 $X < 0$，电路呈电容性；而当频率较高时，感抗大于容抗，即 $\omega L - \frac{1}{\omega C} > 0$ 或 $X > 0$，电路呈电感性；当感抗等于容抗，即 $\omega L = \frac{1}{\omega C}$ 时，则 $X = 0$，电路呈电阻性，电压、电流同相，电路发生谐振，称串联谐振。对应的频率称为谐振频率（或称为电路固有频率），记为 ω_0 或 f_0，有

$$\omega_0 = \frac{1}{\sqrt{LC}} \qquad (3.7.14a)$$

或

$$f_0 = \frac{\omega_0}{2\pi} = \frac{1}{2\pi\sqrt{LC}} \qquad (3.7.14b)$$

显然，只要激励频率和电路固有频率相等，即 $f = f_0$，电路就会发生谐振，因此可以通过两种调节方法使电路发生谐振。

（1）调节电路参数 L、C，使其固有频率与激励频率相同；

（2）改变激励频率，使其等于电路固有频率。

串联谐振电路具有如下特点。

（1）电压与电流同相位，电路呈电阻性；

（2）串联谐振阻抗最小，$Z = R$。当电源电压一定时，电流最大，为 $\dot{I} = \dot{I}_0 = \dfrac{\dot{U}_S}{R}$；

（3）电感端电压与电容端电压大小相等，相位相反，互相抵消，即 $\dot{U}_L + \dot{U}_C = 0$；

（4）串联谐振也称为电压谐振，谐振时电感电压和电容电压通常远大于电源电压，将其与电源电压的比值称为电路的品质因数，用 Q 表示，即

$$Q = \frac{U_L}{U_S} = \frac{U_C}{U_S} = \frac{\omega_0 L}{R} = \frac{1}{\omega_0 C R} = \frac{1}{R}\sqrt{\frac{L}{C}} \tag{3.7.15}$$

通常有 $Q \gg 1$。串联谐振电路的相量图如图 3.7.12 所示。

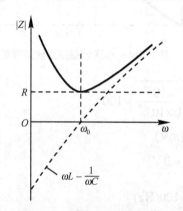 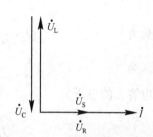

　图 3.7.11　|Z| 的频率特性曲线　　　　　图 3.7.12　串联谐振电路的相量图

在无线电技术中使用的 Q 值通常在几十倍以上，所以当输入信号微弱时，可以利用电压谐振来获得一个较高的电压。例如，在收音机中，就是利用谐振现象来选择电台的。但在电力系统中，过高的电压会使电气设备的绝缘被击穿而造成损害，因而要避免谐振或接近谐振的情况发生。

串联谐振电路也可用做带通滤波器。

$$\dot{A}_u = \frac{\dot{U}_R}{\dot{U}_S} = \frac{R}{R + j\left(\omega L - \dfrac{1}{\omega C}\right)} = \frac{1}{1 + j\left(\dfrac{\omega L}{R} - \dfrac{1}{\omega R C}\right)} = \frac{1}{1 + jQ\left(\dfrac{f}{f_0} - \dfrac{f_0}{f}\right)} \tag{3.7.16}$$

其幅值与频率 f 及品质因数 Q 的关系如图 3.7.13 所示。

经过推导，对于串联谐振带通滤波器，其带宽（如图 3.7.14 所示）为

$$f_{BW} = f_H - f_L = \frac{f_0}{Q} \tag{3.7.17}$$

品质因数表征了谐振电路的选频特性，品质因数越大，曲线越尖锐，其带宽越窄，选频性能越好。

【例 3.7.1】　在图 3.7.10(a) 所示的 RLC 串联电路中，已知 $R = 100\Omega$，$L = 159\text{mH}$，$C = 1590\text{pF}$，$u_S = 10\sqrt{2}\sin(\omega t)\,(\text{mV})$，求谐振频率、品质因数，以及谐振时电阻、电感、电容上的电压有效值，并求组成的带通滤波器的带宽。

　解：谐振频率为　　$f_0 = \dfrac{1}{2\pi\sqrt{LC}} = \dfrac{1}{2\pi\sqrt{159 \times 10^{-3} \times 1590 \times 10^{-12}}} = 10\,(\text{kHz})$

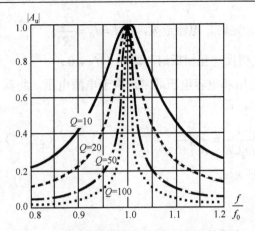

图 3.7.13　串联谐振带通滤波器幅频特性曲线

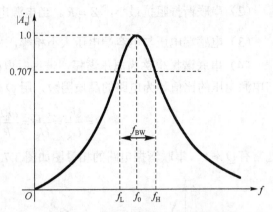

图 3.7.14　串联谐振带通滤波器的带宽

品质因数为
$$Q = \frac{1}{R}\sqrt{\frac{L}{C}} = \frac{1}{10^2}\sqrt{\frac{159\times10^{-3}}{1590\times10^{-12}}} = 100$$

电阻电压为
$$U_R = U_S = 10(\text{mV})$$

电感和电容上的电压为
$$U_L = U_C = QU_S = 1(\text{V})$$

带宽为
$$f_{BW} = \frac{f_0}{Q} = \frac{10^4}{100} = 100(\text{Hz})$$

3.7.3　并联谐振

如图 3.7.15(a)所示，RLC 并联电路是另一种典型的谐振电路，图 3.7.15(b)所示为该电路的相量模型。

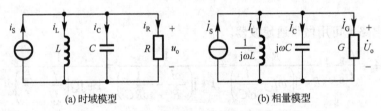

(a) 时域模型　　　　　　　　　　　　(b) 相量模型

图 3.7.15　RLC 并联电路

根据相量模型可得该电路的等效导纳为

$$Y = G + \frac{1}{j\omega L} + j\omega C = G + j\left(\omega C - \frac{1}{\omega L}\right) \tag{3.7.18}$$
$$= G + j(B_C - B_L) = G + jB$$

式中，$B = B_C - B_L = \omega C - \dfrac{1}{\omega L}$，称为电纳，单位为西门子（S）。复导纳 Y 的模为

$$|Y| = \sqrt{G^2 + B^2} = \sqrt{G^2 + \left(\omega C - \frac{1}{\omega L}\right)^2} \tag{3.7.19}$$

并联谐振的定义与串联谐振的定义相同，即电流 $\dot{I}$ 与电压 $\dot{U}$ 同相时发生谐振，所以要使

电路发生谐振必须满足 $B=0$ 的条件，即谐振时，$\omega C - \dfrac{1}{\omega L} = 0$，对应的谐振频率为

$$\omega_0 = \frac{1}{\sqrt{LC}} \tag{3.7.20a}$$

或

$$f_0 = \frac{\omega_0}{2\pi} = \frac{1}{2\pi\sqrt{LC}} \tag{3.7.20b}$$

当电路发生并联谐振时，输入导纳 $Y=G$ 最小，而阻抗 $Z=R$ 最大，如图 3.7.16(a)所示，因此当 $\dot U$ 一定时，电路中的电流 $\dot I$ 最小，并且此时电感支路电流和电容支路电流大小相等，相位相反，即有 $\dot I_L + \dot I_C = 0$，其并联谐振电路的相量图如图 3.7.16(b)所示。

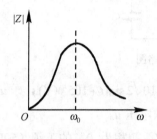
(a) |Z| 的频率特性曲线

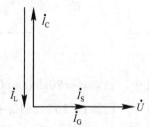
(b) 并联谐振电路的相量图

图 3.7.16　并联谐振

并联谐振也称为电流谐振，因为谐振时电感支路电流和电容支路电流通常远大于电源电流，将其与电源电流的比值称为电路的品质因数，用 Q 表示，即

$$Q = \frac{I_L}{I_S} = \frac{I_C}{I_S} = \omega_0 CR = \frac{R}{\omega_0 L} \tag{3.7.21}$$

并联谐振电路也是一个带通滤波电路。

$$\dot U_o = \frac{\dot I_S}{\dfrac{1}{R} + \mathrm{j}\left(\omega C - \dfrac{1}{\omega L}\right)} = \frac{\dot I_S R}{1 + \mathrm{j}\left(\omega CR - \dfrac{R}{\omega L}\right)} = \frac{\dot I_S R}{1 + \mathrm{j}Q\left(\dfrac{f}{f_0} - \dfrac{f_0}{f}\right)} \tag{3.7.22}$$

滤波器的中心频率为 f_0，带宽为

$$f_{BW} = \frac{f_0}{Q} \tag{3.7.23}$$

习　题　3

3.1　已知某负载中的电流幅值为 14.14A，初相为−30°，电压的幅值为 311V，初相为 45°，周期均为 0.02s。（1）写出它们的瞬时值表达式；（2）画出它们的波形图。

3.2　某交流电压的有效值为 110V，频率为 60Hz，在 $t = 5\mathrm{ms}$ 时出现电压峰值，试写出该交流电压的表达式。

3.3　正弦电流 $i_1 = 5\cos(3t - 120°)\,(\mathrm{A})$，$i_2 = \sqrt{2}\sin(3t + 45°)\,(\mathrm{A})$。（1）写出两个电流的有效值；（2）求相位差，说明超前滞后关系。

3.4　正弦电流和电压分别为：

（1）$u_1 = 5\sqrt{2}\cos(120\pi t - 40°)(\text{V})$　　　（2）$i_1 = 2.5\sin(120\pi t - 70°)(\text{A})$

（3）$u_2 = 4.24\cos(120\pi t + 20°)(\text{V})$　　　（4）$i_2 = -4\cos(120\pi t - 110°)(\text{A})$

写出有效值相量，画出相量图。

3.5　图 3.1 中，已知 $i_S = 4\sin(2t + 90°)(\text{A})$，$i_1 = 2\sqrt{2}\sin(2t + 45°)(\text{A})$，求 i_2。

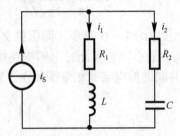

图 3.1　习题 3.5 电路图

3.6　图 3.2 中，已知 $u_1 = 20\sin(t + 60°)(\text{V})$，$u_2 = 10\sqrt{2}\sin(t + 105°)(\text{V})$，求 u_S。

3.7　图 3.3 中，已知 $i = 2\sqrt{2}\sin(10t + 30°)\,(\text{A})$，求电压 u。

3.8　某电容器 $C = 31.85\mu\text{F}$，接于电压为 220V、初相为 0° 的工频（50Hz）交流电源上，求电路中的电流 $\dot{I}$；若电源频率改为 1MHz，重新求电流 $\dot{I}$。

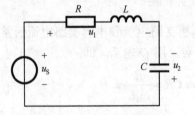

图 3.2　习题 3.6 电路图

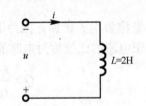

图 3.3　习题 3.7 电路图

3.9　求图 3.4 中电流表和电压表的读数。

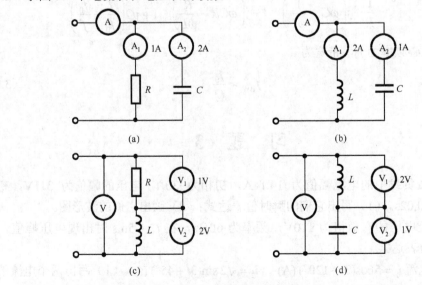

图 3.4　习题 3.9 电路图

3.10　求图 3.5 所示电路 ab 端的等效阻抗 Z 及导纳 Y。

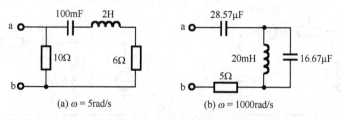

图 3.5　习题 3.10 电路图

3.11　在图 3.6 所示电路中，已知 $u = 311\sin(314t)(\mathrm{V})$，$i = 14.14\sin(314t + 60°)(\mathrm{A})$，求电阻 R 及电容 C。

3.12　一电感线圈接在 50Hz 的正弦稳态交流电源上，测得其电压为 50V，电流为 1A，当接到同等大小的直流电源上时，其功率为 83.33W，求线圈的电阻和电感。

3.13　已知 $u_{\mathrm{S}} = 15\sin(10t)(\mathrm{V})$，试求图 3.7 中的电压 u。

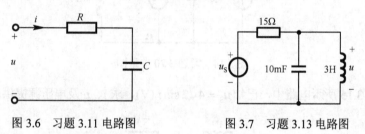

图 3.6　习题 3.11 电路图　　　图 3.7　习题 3.13 电路图

3.14　求图 3.8 所示电路的各支路电流。

3.15　如图 3.9 所示电路，已知 $I_1 = I_2 = 10\mathrm{A}$，设 $\dot{I}_2 = 10\angle 0°(\mathrm{A})$，求 $\dot{I}$ 和 $\dot{U}_{\mathrm{S}}$。

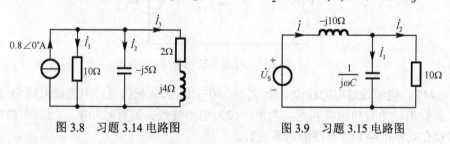

图 3.8　习题 3.14 电路图　　　图 3.9　习题 3.15 电路图

3.16　如图 3.10 所示电路，已知 $\dot{U}_{ab} = 4\angle 0°(\mathrm{V})$，求 $\dot{I}$ 和 $\dot{U}_{\mathrm{S}}$。

3.17　在图 3.11 所示电路中，已知 $\dot{U} = 100\angle 45°(\mathrm{V})$，$\dot{U}_{\mathrm{C}} = 70.7\angle 0°(\mathrm{V})$，$I_{\mathrm{L}} = 10\mathrm{A}$，$I_{\mathrm{C}} = 15\mathrm{A}$，试计算 R、X_{C} 和 X_{L} 的值，并画出该电路的相量图。

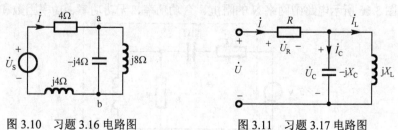

图 3.10　习题 3.16 电路图　　　图 3.11　习题 3.17 电路图

3.18　利用支路电流法求图 3.12 中各支路电流。

3.19　用叠加定理计算图 3.13 中的 $\dot{U}$。

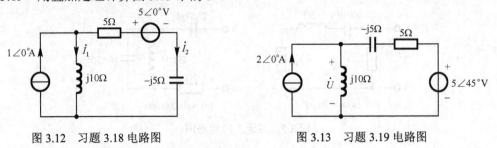

图 3.12　习题 3.18 电路图　　　　　　图 3.13　习题 3.19 电路图

3.20　如图 3.14 所示电路，试用戴维南定理求电流 $\dot{I}_L$。

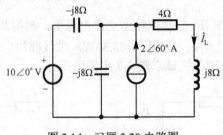

图 3.14　习题 3.20 电路图

3.21　在图 3.15 所示电路中，已知 $u_S = 4\sqrt{2}\sin t\,(\text{V})$，求 i、u 及电压源提供的有功功率。

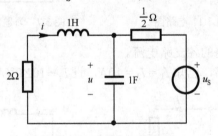

图 3.15　习题 3.21 电路图

3.22　440V 电源通过电力线给一个 $Z_L = 10 + j2\,\Omega$ 的负载供电，电力线电阻为 1.5Ω。计算：（1）负载消耗的有功功率和无功功率；（2）电力线损失的有功功率；（3）电源提供的有功功率和视在功率；（4）总电路的功率因数。

3.23　日光灯可以等效为一个 RL 串联电路，已知 30W 日光灯的额定电压为 220V，工作频率 $f = 50\text{Hz}$，正常工作时的电流为 0.4A。若镇流器上的功率损耗可以略去，试计算日光灯的参数 R 和 L，并计算日光灯的功率因数。

3.24　求图 3.16 所示电路中网络 N 的阻抗、有功功率、无功功率、功率因数和视在功率。

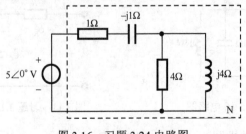

图 3.16　习题 3.24 电路图

3.25 某一供电站的电源设备容量是 30kV·A，它为一组电机和一组 40W 的白炽灯供电，已知电机的总功率为 11kW，功率因数为 0.55，试问：白炽灯可接多少只？电路的功率因数为多少？

3.26 图 3.17 所示电路中，已知正弦电压为 $U_S = 220V$，$f = 50Hz$，其功率因数 $\lambda = 0.55$，额定功率 $P = 1.21kW$。求：（1）并联电容前通过负载的电流 $\dot{I}_L$ 及负载阻抗 Z_L；（2）为了提高功率因数，在感性负载上并联电容，如虚线所示，要把功率因数提高到 0.95（感性），应并联多大电容？求并联电容后线路上的电流 I。

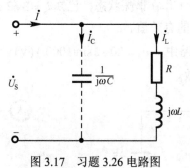

图 3.17 习题 3.26 电路图

3.27 在下列各种情况下，应分别采用哪种类型（低通、高通、带通、带阻）的滤波电路？
（1）希望抑制 50Hz 交流电源的干扰；
（2）希望抑制 500Hz 以下的信号；
（3）有用信号频率低于 120Hz；
（4）有用信号频率为 20Hz～20kHz。

3.28 电路如图 3.18 所示，图中 $C = 0.1\mu F$，$R = 5k\Omega$。（1）确定其截止频率；（2）画出幅频响应的渐进线和 -3dB 点。

3.29 RC 带阻滤波电路如图 3.19 所示，试推导 $\dot{A}_u = \dfrac{\dot{U}_o}{\dot{U}_i}$ 的表达式，并画出幅频特性和相频特性曲线。

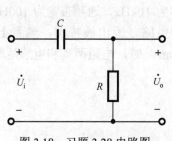

图 3.18 习题 3.28 电路图

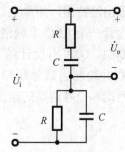

图 3.19 习题 3.29 电路图

3.30 图 3.20 所示为移相器电路，在测试控制系统中广泛应用。图中的 R_1 为可调电位器，当调节 R_1 时，输出电压 $\dot{U}_O$ 的相位可在一定范围内连续可变，试求电路中 R_1 变化时，输入、输出电压之间相位差的变化范围。

3.31 图 3.21 所示为 RLC 串联电路，$u_S = 4\sqrt{2}\sin(\omega t)$ (V)。求谐振频率、品质因数、谐振时的电流和电阻、电感及电容两端的电压。

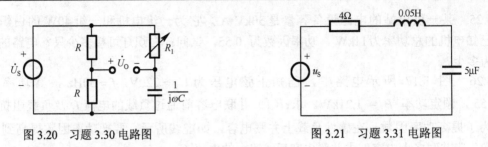

图 3.20　习题 3.30 电路图　　　　　　图 3.21　习题 3.31 电路图

3.32　图 3.22 所示电路已工作在谐振状态，已知 $i_S = 3\sqrt{2}\sin\omega t(A)$。（1）求电路的固有谐振角频率 ω_0；（2）求 i_R、i_L 及 i_C 的有效值。

3.33　图 3.23 所示谐振电路中，$u_S = 20\sqrt{2}\sin(1000t)$ (V)，电流表读数是 20A，电压表读数是 200V，求 R、L、C 的参数。

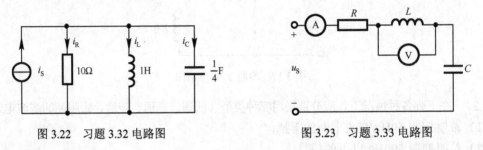

图 3.22　习题 3.32 电路图　　　　　　图 3.23　习题 3.33 电路图

3.34　仿真设计题

（1）某交流电动机额定电压为 220V，输入功率为 2.23kW，工作频率为 50Hz，功率因数为 0.6。① 试求解电动机的等效参数 R 和 L，用 Multisim 仿真求解结果；② 在电动机两端并联电容，将功率因数提高到 0.99，通过 Multisim 仿真确定需要并联的电容值。

（2）采用低通滤波器和高通滤波器串联的结构组成带通滤波器，要求 f_L = 100Hz，f_H = 10kHz，显示输入/输出波形和波特图。

（3）设计一个双 T 网络带阻滤波电路，要求中心频率为 50Hz，用 Multisim 仿真软件绘制电路，画出波特图，测量上、下限频率（阻带宽度）。

（4）设计一个 RLC 串联谐振电路，要求谐振频率为 10kHz，通频带宽为 100Hz，其中电阻 R = 100Ω。①写出设计结果，用 Multisim 绘制电路，画出波特图，测量上、下限频率；②观察并绘制当信号源频率为 10kHz，U_S = 10mV 时，电阻两端和电感两端的电压波形及电感两端和电容两端的电压波形。

第4章　供配电技术基础

本章介绍供配电系统的基本概念，主要讨论供配电系统中广泛采用的三相制，包括三相电源和负载的连接方式，不同连接方式下电路中的电压、电流和功率，简要介绍工厂和企业电力线路、安全用电的常识。

4.1　供配电系统概述

电能是一种清洁的二次能源，由于电能易于控制且便于与其他形式的能量相互转换，因此电能在生产和日常生活中得到了广泛应用。电能的基本特点是难以存储，因此电的生产、传输和使用是一个连续的过程。

4.1.1　电力系统

电力系统是由发电厂、变电所、电力线路和电能用户组成的一个整体，图 4.1.1 所示为电力网、电力系统和动力系统的关系示意图。

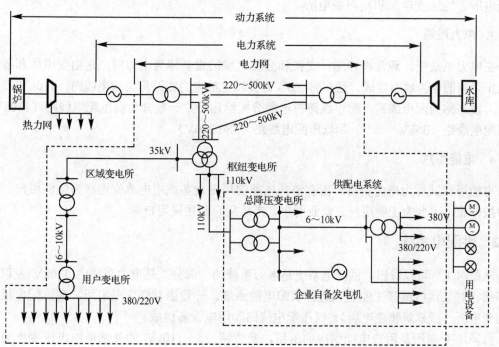

图 4.1.1　动力系统、电力系统和电力网的关系示意图

电力网：由输电设备、变电设备和配电设备组成的网络。

电力系统：在电力网的基础上加上发电设备。

动力系统：在电力系统的基础上，把发电厂的动力部分（如火力发电厂的锅炉、汽轮机和水力发电厂的水库、水轮机及核动力发电厂的反应堆等）包含在内的系统。

1. 发电厂

发电厂将一次能源转换为电能。根据一次能源的不同，发电厂分为火力发电厂、水力发电厂和核能发电厂，此外还有风力、地热、潮汐和太阳能等发电厂。

火力发电厂是利用煤、石油、天然气等燃料燃烧时所产生的热量，将锅炉中的水加热成高温高压蒸汽，再用蒸汽推动汽轮机转动，带动发电机旋转发出电能。

水力发电厂将水的位能转换为电能。其原理是水流驱动水轮机转动，带动发动机旋转发电。水力发电厂的发电功率取决于水流的落差和水流的流量，为了充分利用水力资源，必须用人工的方法来提高水位。按提高水位的方法分类，有堤坝式水电厂、引水式水电厂和混合式水电厂三类。

核能发电厂的生产过程与火力发电厂有许多相同的地方，所不同的只是用核反应堆代替了火力发电厂的燃煤锅炉，核燃料在原子反应堆中裂变释放核能，将水转换成高温高压的蒸汽。

2. 变电所

变电所的功能是接收电能、变换电压和分配电能。为了实现电能的远距离输送和将电能分配到用户，需将发电机电压进行多次电压变换，这个任务由变电所完成。按变电所的性质和任务不同，分为升压变电所和降压变电所；按变电所的地位和作用不同，又分为枢纽变电所、地区变电所和用户变电所。

3. 电力线路

在电力系统中，通常将输送、交换和分配电能的设备称为电力网，它由变电所和各种不同电压等级的电力线路组成。通常将 220kV 及以上的电力线路称为输电线路，110kV 及以下的电力线路称为配电线路。配电线路将电能分配给用户，一般分为高压配电线路（110kV）、中压配电线路（35kV～6kV）和低压配电线路（380/220V）。

4. 电能用户

电能用户又称为电力负荷，所有消耗电能的用电设备或用电单位均称为电能用户。电能用户按行业，可分为工业用户、农业用户、市政用户和居民用户等。

4.1.2　供配电系统

从图 4.1.1 可以看出，供配电系统是电力系统的一部分，是电力系统中 110kV 及以下电压等级、对某地区或某工业企业进行供配电的系统。一般由总降压变电所、高压配电线路、车间变电所（或建筑物变电所）、低压配电线路和用电设备组成。

总降压变电所是用户电能供应的枢纽，负责将 35～110kV 的外部供电电压变换为 6～10kV 的高压供电电压，直接给高压负荷或给厂区各车间变电所供电。将总降压变电所、车间变电所（或建筑物变电所）和高压用电设备连接起来的配电线路称为厂内高压配电线路（6～10kV）。

车间变电所（或建筑物变电所）将 6～10kV 的电压降为 380/220V，再通过车间低压配电线路，由低压配电箱给车间用电设备供电。

应当指出，对于某个具体的供配电系统，由于电力负荷的大小和分布范围的大小不同，其构成会有较大差异，有的可能上述各部分都有，有的只有几个部分。通常大型企业都设有总降压变电所，中小型企业仅有 6～10kV 变电所或配电所，某些特别重要的企业还设自备发电厂，作为备用电源。

无论是高压配电线路，还是低压配电线路，连接方式都分为放射式、树干式和环形三种。下面重点讲解低压配电线路的三种连接方式。

1. 低压放射式接线

放射式接线的特点是变压器低压母线上引出若干条回路，每条回路仅给一个负荷点单独供电，如图 4.1.2 所示。这种供电方式的特点是供电线路独立，其引出线发生故障时，互不影响，供电可靠性高，但是导线消耗量大，采用的开关设备也多，投资高，适用于供电可靠性要求高的场合。

2. 低压树干式接线

树干式接线的特点是从配电所低压母线上引出干线，沿干线再引出若干条支线，然后再引至用电设备处，如图 4.1.3 所示。这种配电方式的优点是，电源端出线回路数较放射式接线少，导线消耗少，开关设备也少，投资费用低，接线灵活性大；但干线发生故障时，影响范围大，供电可靠性差，适合于供电容量小而负载分布较均匀的场合。

3. 低压环形接线

环形接线又称环网接线，特点是将两个树干式配电线路的末端或中部连接起来构成环形网络，如图 4.1.4 所示。这种接线的优点是运行灵活、供电可靠性高。当线路的任何线段发生故障或检修时，只要短时停电，一旦切换电源的操作完成，即可恢复供电。环形接线可使电能损耗和电压损耗减小，但是其闭环运行时继电保护整定较复杂，如配合不当，容易发生误操作，所以低压环形接线一般采用开环运行方式。

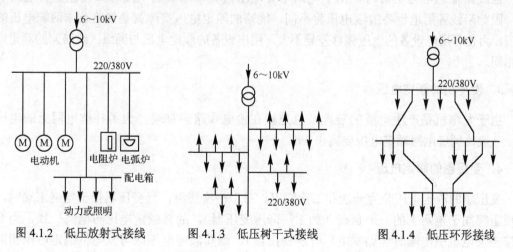

图 4.1.2　低压放射式接线　　　　图 4.1.3　低压树干式接线　　　　图 4.1.4　低压环形接线

在低压配电系统中，往往采用几种接线方式的组合，应根据具体情况而定。

4.1.3　电力系统的额定电压

电力系统的额定电压等级是根据国民经济发展的需要和电力工业发展的水平，考虑经济技术及电机、电器制造水平和发展趋势等因素，经全面分析研究由国家制定颁布的。电气设备在额定电压下运行时，将获得最好的经济效果。我国规定的三相交流电网和电气设备的额定电压如表 4.1.1 所示。

表 4.1.1　我国三相交流电网和电气设备的额定电压

分　　类	电网和用电设备额定电压/kV	发电机额定电压/kV	电力变压器额定电压/kV	
			一　次　绕　组	二　次　绕　组
低压	0.38	0.40	0.38	0.40
	0.66	0.69	0.66	0.69
高压	3	3.15	3/3.15	3.15/3.3
	6	6.3	6/6.3	6.3/6.6
	10	10.5	10/10.5	10.5/11
	—	13.8,15.75,18,20,22,24,26	13.8,15.75,18,20,22,24,26	—
	35	—	35	38.5
	66	—	66	72.6
	110	—	110	121
	220	—	220	242
	330	—	330	363
	500	—	500	550
	750		750	828(800)
	1000		1000	1100

1．电网（线路）的额定电压

电网（线路）的额定电压如表 4.1.1 第一列所示。随着标准化的要求越来越高，3kV、6kV、66kV 已很少使用。供电系统以 10kV、35kV 为主，输配电系统以 110kV 以上为主。

2．用电设备的额定电压

当线路输送电力负荷时，由于电网中有电压损失，沿线的电压分布往往是首端高于尾端，因此沿线各用电设备的端电压将不同，线路的额定电压实际就是线路首末两端电压的平均值。为使各用电设备的电压偏移差异不大，用电设备的额定电压与同级（线路）的额定电压应相同。

3．发电机的额定电压

由于发电机是产生电能的装置，总是接在输电线路的首端，为了补偿电网上的电压损失，一般比同级电网额定电压要高出 5%。

4．变压器的额定电压

变压器的额定电压分为一次和二次绕组。对于一次绕组，当变压器接于电网末端时，在性质上等同于电网上的一个负荷（如工厂降压变压器），故其额定电压与电网一致；当变压器接于发电机引出端时（如发电厂升压变压器），则其额定电压应与发电机额定电压相同。对于二次绕组，考虑到变压器承载时自身电压损失（按 5%计），变压器二次绕组额定电压应比电网额定电压高 5%，当二次侧输电距离较长时，还应考虑线路电压损失（按 5%计），此时，二次绕组额定电压应比电网额定电压高 10%。

【例 4.1.1】　已知图 4.1.5 所示系统中线路的额定电压，试求发动机和变压器的额定电压。

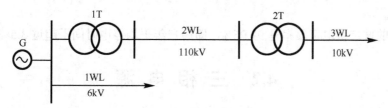

图 4.1.5　例 4.1.1 电路图

解：发电机 G 的额定电压　　$U_{NG} = 1.05U_{N1WL} = 1.05 \times 6 = 6.3kV$

变压器 1T 的额定电压　　　　$U_{1N1T} = U_{NG} = 6.3kV$

$$U_{2N1T} = 1.1U_{N2WL} = 1.1 \times 110 = 121kV$$

因此变压器 1T 的额定电压为 6.3/121kV。

变压器 2T 的额定电压　　　　$U_{1N2T} = U_{N2WL} = 110kV$

$$U_{2N2T} = 1.05U_{N3WL} = 1.05 \times 10 = 10.5kV$$

因此变压器 2T 的额定电压为 110/10.5kV。

4.1.4　供电质量

供电质量是指通过电网供给用户端的电能的品质，决定用户供电质量的指标为电压偏差、频率质量和供电可靠性。

1．电压偏差

电压偏差是电压偏离额定电压的幅度，一般以百分数表示，即

$$\Delta U = \frac{U - U_N}{U_N} \times 100\% \tag{4.1.1}$$

国家标准规定电压偏差允许值为：（1）35kV 及以上电压供电的，电压正负偏差不超过额定电压的±5%；（2）10kV 及以下三相供电的，电压允许偏差为额定电压的±7%；（3）220V 单相供电的，电压允许偏差为额定电压的+7%、−10%。

2．频率质量

电网中发电机发出的正弦交流电每秒钟交变的次数称为频率，我国规定的标准频率为 50Hz。并规定当系统容量大于 300MW 及以上者，其容许频率偏差不得超过±0.2Hz，系统容量在 300MW 以下者，偏差值可以放宽到±0.5Hz。

3．供电可靠性

供电可靠性是以对用户停电的时间及次数来衡量的，直接反映供电企业的持续供电能力，已经成为衡量一个国家经济发达程度的标准之一，常用供电可靠率表示，即

$$供电可靠率(\%) = \frac{8760 - T_{\text{s}}}{8760} \times 100\%$$

8760（= 24×365）为年供电小时，T_{s} 为年停电小时，包括事故停电、计划检修停电及临时性停电时间。

国家规定的城市供电可靠率是 99.96%，即用户年平均停电时间不超过 3.5 小时。

4.2　三　相　电　源

三相电路是由三相电源和三相负载组成的，通常把由三相电源作为供电电源体系的称为三相制。发电、输配电一般都采用三相制。在用电方面，由于对称三相电路总的瞬时功率是恒定的，如果三相负载是电动机，则运行就比较平稳，所以交流电动机多数是三相的。三相电路在生产上广泛应用，我们日常生活中使用的单相交流电就是取之于三相制中的一相。

三相电源是由三相同步交流发电机产生的。图 4.2.1(a)所示为三相交流发电机的原理图，主要由定子和转子两部分构成，定子上装有匝数相等、彼此相隔120°的三个绕组，绕组的首端用 A、B 和 C 标注，末端用 X、Y 和 Z 标注。其中一相绕组如图 4.2.1(b)所示。转子铁心上绕有直流励磁绕组，选择合适的磁极形状和励磁绕组分布，可使得转子表面的空气隙中的磁感应强度按正弦规律分布，当转子在外力的作用下以角频率 ω 旋转时，定子绕组将感应出三个等幅值、同频率、初相位相差120°的正弦电压，如图 4.2.2(b)所示，对应的相量图如图 4.2.2(c)所示。

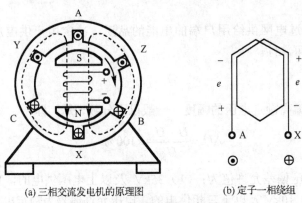

(a) 三相交流发电机的原理图　　　　(b) 定子一相绕组

图 4.2.1　三相交流发电机原理

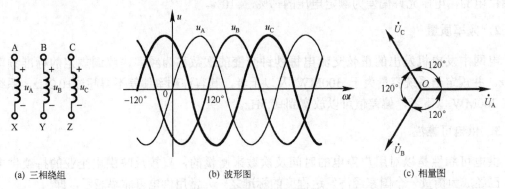

(a) 三相绕组　　　　　　(b) 波形图　　　　　　(c) 相量图

图 4.2.2　三相电压（正序）

正弦电压 u_A、u_B 和 u_C 的函数表达式为

$$\begin{cases} u_A = U_m \sin(\omega t) \\ u_B = U_m \sin(\omega t - 120°) \\ u_C = U_m \sin(\omega t - 240°) = U_m \sin(\omega t + 120°) \end{cases} \qquad (4.2.1)$$

其相量表示为

$$\begin{cases} \dot{U}_A = U \angle 0° \\ \dot{U}_B = U \angle -120° \\ \dot{U}_C = U \angle 120° \end{cases} \qquad (4.2.2)$$

从图 4.2.2(b)和图 4.2.2(c)可见

$$\begin{cases} u_A + u_B + u_C = 0 \\ \dot{U}_A + \dot{U}_B + \dot{U}_C = 0 \end{cases} \qquad (4.2.3)$$

式（4.2.1）所示的一组频率相同、幅值相等、相位互差120°的三个电动势称为对称三相电动势，它们达到最大值（或相应零值）的先后次序称为相序。图 4.2.2 所示的三相电压的相序为 A、B、C，称为正序（或顺序）。如果 B 相与 C 相互换，则 B 相超前 A 相120°，C 相超前 B 相120°，这种是反序（或逆序）。显然相序与磁极的旋转方向有关。

三相电压经一定方式连接后构成三相电源，连接方式分为：星形（Y 形）和三角形（△ 形）两种，如图 4.2.3 所示，注意连接时电压的正、负极性不可接反。

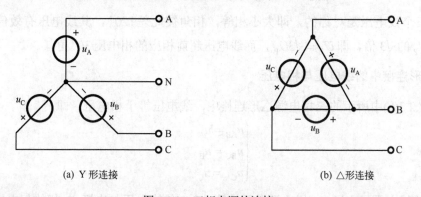

(a) Y 形连接   (b) △形连接

图 4.2.3 三相电源的连接

从电源的正极端引出的线为 A 线、B 线和 C 线，称为相线（或火线）。在 Y 形连接中，将三个绕组末端连接在一个公共点上（该公共点称为中点或零点），从公共点引出的线称为中线（或零线）。

Y 形连接的三相电源有三根相线和一根零线的称为三相四线制，如果只有三根相线的称为三相三线制，△形连接的电源是三相三线制的。在我国，低压配电系统大都采用三相四线制。

1. Y 形连接中的线电压与相电压

在图 4.2.3(a)中，每相始端与末端间的电压，即相线与中性线之间的电压称为相电压，有效值一般用 U_P 表示。而任意始端间的电压，即两相线间的电压称为线电压，其有效值一般用 U_L 表示。在图 4.2.3(a)所示的参考方向下，Y 形连接的线电压与相电压关系为

$$\begin{cases} u_{AB} = u_A - u_B \\ u_{BC} = u_B - u_C \\ u_{CA} = u_C - u_A \end{cases} \tag{4.2.4}$$

对应的相量关系如图 4.2.4 所示，其中

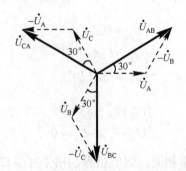

图 4.2.4　Y 形连接中线电压与相电压的关系

$$\begin{cases} \dot{U}_{AB} = \dot{U}_A - \dot{U}_B = \dot{U}_A - \dot{U}_A \angle -120° = \sqrt{3}\dot{U}_A \angle 30° \\ \dot{U}_{BC} = \dot{U}_B - \dot{U}_C = \dot{U}_B - \dot{U}_B \angle -120° = \sqrt{3}\dot{U}_B \angle 30° \\ \dot{U}_{CA} = \dot{U}_C - \dot{U}_A = \dot{U}_C - \dot{U}_C \angle -120° = \sqrt{3}\dot{U}_C \angle 30° \end{cases} \tag{4.2.5}$$

显然三个线电压是对称的，即大小相等，相角彼此差$120°$，其线电压有效值U_L为相电压有效值U_P的$\sqrt{3}$倍，即$U_L = \sqrt{3}U_P$，而线电压超前相应的相电压$30°$角。

2．△形连接中的线电压与相电压

在图 4.2.3(b)中所示的三相电源△形连接中，线电压等于相电压，即

$$\begin{cases} u_{AB} = u_A \\ u_{BC} = u_B \\ u_{CA} = u_C \end{cases} \tag{4.2.6}$$

可见 AB 的线电压与电源 A 相的相电压相等，BC 的线电压与电源 B 相的相电压相等，CA 的线电压与电源 C 相的相电压相等。

4.3　三相电路中负载的连接

三相电路中的负载一般分为两类：一类是对称负载，如三相交流电动机，其特征是每相负载的复阻抗相等（阻抗值相等，阻抗角相等）；另一类是非对称负载，如电灯、家用电器等，它们只需单相电源供电即可，但为了使三相电源供电均衡，将它们大致平均分配到三相电源的三个相上，这类负载各相的阻抗不相等。三相电路中的负载可以连接成星形或三角形。具体采用哪种形式，由负载的额定电压决定，必须保证每相负载在额定电压下工作。

4.3.1　负载星形连接的三相电路

将负载 Z_A、Z_B 和 Z_C 的一端连在一起，与电源的中点连接，各相负载的另一端分别连接在电源的三根火线上，如图 4.3.1 所示，这种连接方式为负载星形连接的三相四线制电路。在三相四线制中，当忽略导线的阻抗时，不论负载是否对称，负载上总能得到对称的相电压。因为负载的相电压就等于电源相电压，负载线电压等于电源线电压。

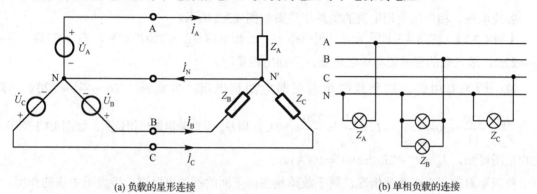

(a) 负载的星形连接　　　　　　　　　　　　　　(b) 单相负载的连接

图 4.3.1　负载星形（Y 形）连接的三相四线制电路

在三相电路中，把流过每相负载上的电流称为相电流，而流过火线上的电流称为线电流，显然在 Y 形连接时，线电流等于相电流。其每相负载电流为

$$\dot{I}_A = \frac{\dot{U}_A}{Z_A}, \quad \dot{I}_B = \frac{\dot{U}_B}{Z_B}, \quad \dot{I}_C = \frac{\dot{U}_C}{Z_C} \tag{4.3.1}$$

负载相电流等于相应的线电流

$$I_P = I_L \tag{4.3.2}$$

中线电流为

$$\dot{I}_N = \dot{I}_A + \dot{I}_B + \dot{I}_C \tag{4.3.3}$$

当三相负载阻抗相等，即 $Z_A = Z_B = Z_C = Z$ 时，$\dot{I}_N = 0$，在对称负载时，中线可以不接，称为三相三线制。

对称负载的相电流有效值为

$$I_P = I_L = \frac{U_P}{|Z|} \tag{4.3.4}$$

可以看出，对于对称三相负载，在计算三相电流时，只需计算其中一相的电流，即可确定其他两相的电流，这就是三相电路的单相计算法。

【例 4.3.1】　在图 4.3.1 所示的对称三相电路中，已知电源正相序且 $\dot{U}_{AB} = 380\angle 0°\text{V}$，每相阻抗 $Z = (40 + j30)\Omega$，求各相电流值并画出电压与电流的相量图。

解：由式（4.2.5）可知 $\dot{U}_{AB} = \sqrt{3}\dot{U}_A\angle 30°$，由此可得 A 相的电压和电流为

$$\dot{U}_A = \frac{\dot{U}_{AB}}{\sqrt{3}} \angle -30° = 220\angle -30°(\text{V})$$

$$Z = (40 + j30) = 50\angle 36.87°(\Omega)，\quad \varphi_Z = 36.87°$$

$$\dot{I}_\mathrm{A} = \frac{\dot{U}_\mathrm{A}}{Z_\mathrm{A}} = \frac{220\angle -30^\circ}{40 + \mathrm{j}30} = 4.4\angle -66.87^\circ(\mathrm{A})$$

由于相电流对称，有

$$\dot{I}_\mathrm{B} = \dot{I}_\mathrm{A}\angle -120^\circ = 4.4\angle -186.87^\circ = 4.4\angle 173.13^\circ(\mathrm{A})$$

$$\dot{I}_\mathrm{C} = \dot{I}_\mathrm{A}\angle 120^\circ = 4.4\angle 53.13^\circ(\mathrm{A})$$

各线电压、相电压及相电流的关系相量图如图 4.3.2 所示。

【例 4.3.2】 在图 4.3.1 所示的三相电路中，已知电源 $\dot{U}_\mathrm{AB} = 380\angle 30^\circ\mathrm{V}$，$Z_\mathrm{A} = 11\Omega$，$Z_\mathrm{B} = Z_\mathrm{C} = 22\Omega$，求负载的相电流与中线电流，并画出相量图。

解：因为有中线，则负载的相电压即电源相电压，并对称，$U_\mathrm{P} = \dfrac{U_1}{\sqrt{3}} = 220\mathrm{V}$，则

$I_\mathrm{A} = \dfrac{U_\mathrm{P}}{Z_\mathrm{A}} = \dfrac{220}{11} = 20\mathrm{A}$，$I_\mathrm{B} = I_\mathrm{C} = \dfrac{U_\mathrm{P}}{Z_\mathrm{B}} = \dfrac{220}{22} = 10\mathrm{A}$，以 $\dot{U}_\mathrm{A}$ 为参考相量作相量图，如图 4.3.3 所示。

由相量图可知，$I_\mathrm{N} = I_\mathrm{A} - 2I_\mathrm{B}\cos 60^\circ = 10(\mathrm{A})$。

负载不对称而无中线的情况，属于故障状态。下面的例题可以进一步说明中线的作用。

【例 4.3.3】 例 4.3.2 中，若中线因故断开，求负载的相电压与相电流。

解：中线断开时，N 与 N′ 不再等电位，其电压为 $U_\mathrm{N'N}$，由图 4.3.1(a)所示的电路可以看出，当中线断开时，有

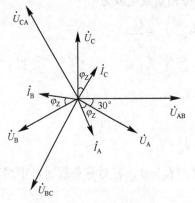

图 4.3.2　例 4.3.1 相量图

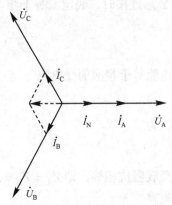

图 4.3.3　例 4.3.2 相量图

$$\dot{I}_\mathrm{A} + \dot{I}_\mathrm{B} + \dot{I}_\mathrm{C} = 0 \tag{4.3.5}$$

而 $\dot{I}_\mathrm{A} = \dfrac{\dot{U}_\mathrm{A} - \dot{U}_\mathrm{N'N}}{Z_\mathrm{A}}$，$\dot{I}_\mathrm{B} = \dfrac{\dot{U}_\mathrm{B} - \dot{U}_\mathrm{N'N}}{Z_\mathrm{B}}$，$\dot{I}_\mathrm{C} = \dfrac{\dot{U}_\mathrm{C} - \dot{U}_\mathrm{N'N}}{Z_\mathrm{C}}$，代入式（4.3.5）得

$$\dot{U}_\mathrm{N'N} = \frac{\dfrac{\dot{U}_\mathrm{A}}{Z_\mathrm{A}} + \dfrac{\dot{U}_\mathrm{B}}{Z_\mathrm{B}} + \dfrac{\dot{U}_\mathrm{C}}{Z_\mathrm{C}}}{\dfrac{1}{Z_\mathrm{A}} + \dfrac{1}{Z_\mathrm{B}} + \dfrac{1}{Z_\mathrm{C}}} = \frac{\dfrac{220\angle 0^\circ}{11} + \dfrac{220\angle -120^\circ}{22} + \dfrac{220\angle 120^\circ}{22}}{\dfrac{1}{11} + \dfrac{1}{22} + \dfrac{1}{22}} = 55\angle 0^\circ$$

由 KVL 可求得各负载的相电压为

$$\dot{U}_{Z_\mathrm{A}} = \dot{U}_\mathrm{A} - \dot{U}_\mathrm{N'N} = 220\angle 0^\circ - 55\angle 0^\circ = 165\angle 0^\circ(\mathrm{V})$$

$$\dot{U}_{Z_B} = \dot{U}_B - \dot{U}_{N'N} = 220\angle-120° - 55\angle0° = 252\angle-131°\text{(V)}$$

$$\dot{U}_{Z_C} = \dot{U}_C - \dot{U}_{N'N} = 220\angle120° - 55\angle0° = 252\angle131°\text{(V)}$$

从而 $I_A = \dfrac{U_{Z_A}}{Z_A} = \dfrac{165}{11} = 15\text{(A)}$ ，$I_B = I_C = \dfrac{U_{Z_B}}{Z_B} = \dfrac{252}{22} = 11.4\text{(A)}$ 。

可见，此时负载相电压不再等于电源相电压，若原来各相负载均工作在额定电压下，中线断开后会出现欠压或过压故障，负载将不能正常工作，甚至损坏。为了保证三相不对称负载始终都能获得电源的相电压，必须接有中线，而且在中线上不容许接熔断器或开关。

4.3.2　负载三角形连接的三相电路

图 4.3.4 所示为 Y-△ 连接的三相交流电路，这是三相三线制电路。

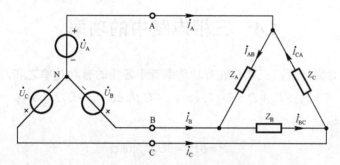

图 4.3.4　Y-△ 连接的三相交流电路

对于 Y-△ 连接的电路，不论三相负载是否对称，三相电源总是对称的，A 相负载两端的电压为电源的线电压 $\dot{U}_{AB}$，B 相负载两端的电压为电源的线电压 $\dot{U}_{BC}$，C 相负载两端的电压为电源的线电压 $\dot{U}_{CA}$，因此求得三个相电流为

$$\dot{I}_{AB} = \dfrac{\dot{U}_{AB}}{Z_A}, \quad \dot{I}_{BC} = \dfrac{\dot{U}_{BC}}{Z_B}, \quad \dot{I}_{CA} = \dfrac{\dot{U}_{CA}}{Z_C} \tag{4.3.6}$$

当三相负载对称时，即 $Z_A = Z_B = Z_C$ 时，由于电源对称，所以三个相电流对称，三个线电流也对称，由 KCL 求得三个线电流为

$$\begin{cases} \dot{I}_A = \dot{I}_{AB} - \dot{I}_{CA} = \dot{I}_{AB} - \dot{I}_{AB}\angle120° = \sqrt{3}\dot{I}_{AB}\angle-30° \\ \dot{I}_B = \dot{I}_{BC} - \dot{I}_{AB} = \dot{I}_{BC} - \dot{I}_{BC}\angle120° = \sqrt{3}\dot{I}_{BC}\angle-30° \\ \dot{I}_C = \dot{I}_{CA} - \dot{I}_{BC} = \dot{I}_{CA} - \dot{I}_{CA}\angle120° = \sqrt{3}\dot{I}_{CA}\angle-30° \end{cases} \tag{4.3.7}$$

由式（4.3.7）可知，线电流的有效值 I_L 是相电流有效值 I_P 的 $\sqrt{3}$ 倍，即 $I_L = \sqrt{3}I_P$，线电流滞后相电流30°角。

【例 4.3.4】 Y-△ 连接的对称三相交流电路如图 4.3.4 所示，已知电源线电压 $\dot{U}_{AB} = 380\angle0°\text{V}$，每相负载阻抗 $Z = 10\angle60°\Omega$。求各相电流和线电流的大小。

解：（1）相电流为 $\quad\dot{I}_{AB} = \dfrac{\dot{U}_{AB}}{Z} = \dfrac{380\angle0°}{10\angle60°} = 38\angle-60°\text{(A)}$

由于相电流对称，有

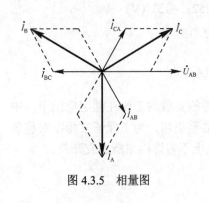

图 4.3.5　相量图

$$\dot{I}_{BC} = \dot{I}_{AB}\angle-120° = 38\angle-180° = -38 \text{(A)}$$

$$\dot{I}_{CA} = \dot{I}_{AB}\angle120° = 38\angle60° \text{(A)}$$

（2）线电流为

$$\dot{I}_A = \sqrt{3}\dot{I}_{AB}\angle-30 = 65.82\angle-90 \text{ (A)}$$

由于线电流对称，有

$$\dot{I}_B = \dot{I}_A\angle-120° = 65.82\angle-210° = 65.82\angle150° \text{(A)}$$

$$\dot{I}_C = \dot{I}_A\angle120° = 65.82\angle30° \text{(A)}$$

相量图如图 4.3.5 所示。

4.4　三相电路中的功率

三相负载无论对称与否，三相总的有功功率等于各相的有功功率之和，即

$$P = P_A + P_B + P_C = U_A I_A \cos\varphi_A + U_B I_B \cos\varphi_B + U_C I_C \cos\varphi_C$$

当三相负载对称时

$$P = 3P_A = 3U_P I_P \cos\varphi \tag{4.4.1}$$

式中，φ 是负载相电压和相电流之间的相位差，即负载的阻抗角。

为了方便起见，常用线电压与线电流计算三相对称负载的有功功率。无论是星形连接还是三角形连接的对称负载，都有 $3U_P I_P = \sqrt{3}U_L I_L$，所以式（4.4.1）可表示为

$$P = \sqrt{3}U_L I_L \cos\varphi \tag{4.4.2}$$

同理三相对称负载的无功功率和视在功率为

$$Q = 3U_P I_P \sin\varphi = \sqrt{3}U_L I_L \sin\varphi \tag{4.4.3}$$

$$S = 3U_P I_P = \sqrt{3}U_L I_L = \sqrt{P^2 + Q^2} \tag{4.4.4}$$

4.5　安全用电技术

电能给人们带来了现代化生产和现代文明，但使用不当也会给人们造成不少灾害和事故，因此应十分重视安全用电问题，并具备一定的安全用电知识。

4.5.1　安全用电常识

1. 安全电流与电压

通过人体的电流越大，人体的生理反应就越明显，感应就越强烈，引起心室颤动所需的时间就越短，致命的危害也就越大。安全电流又称为摆脱电流，指人体触电后能自主摆脱电源的最大电流，我国规定在工频交流电下，触电时间不超过 1s 的电流值为 30mA。

触电时人体电流的大小与触电持续时间、电流类型及频率、电流路径、人体电阻等因素有关。工频交流电的危害性大于直流电，一般认为 40～100Hz 的交流电对人最危险。电流对人体的伤害主要取决于心脏受损情况，因此，从手到手或从手到脚是很危险的电流路径。人体电阻是不确定的电阻，皮肤干燥时一般为 100kΩ 左右，而一旦潮湿可降到 1kΩ，一般情况下可按 1～2kΩ 考虑。

安全电压是为了防止触电事故而特定的电压系列。安全电压是以人体容许电流与人体电阻的乘积而确定的。我国安全电压标准规定的交流安全电压的系列是：42V、36V、24V 和 6V。一般场合，常用 36V 安全电压，而在潮湿的工作场所，安全电压就要降低。

2．触电的形式

触电形式有很多，就电气线路而言，有单相触电和双相触电。双相触电是人体同时触及电源的两根线，如图 4.5.1(a)所示，两手之间承受线电压，而且大部分电流流过心脏，这种触电最危险。图 4.5.1(b)所示为电源中性点接地运行方式时单相触电的电流途径，这时人体承受的是相电压，这种触电也是危险的。图 4.5.1(c)所示为中性点不接地时，因为火线与大地之间分布电容的存在，使得电流形成了回路的单相触电情况。一般情况下，接地电网里的单相触电比不接地电网里的危险性大。

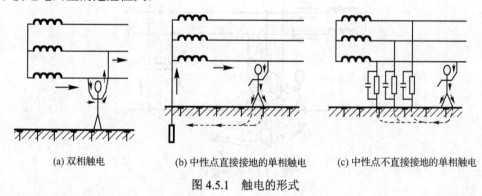

(a) 双相触电　　　　　(b) 中性点直接接地的单相触电　　　(c) 中性点不直接接地的单相触电

图 4.5.1　触电的形式

4.5.2　防触电安全技术

1．保护接零

保护接零就是在电源中性点接地的三相四线制电路中，把电气设备的外壳与电源的零线连接起来，如图 4.5.2 所示。图中给出了当这种系统发生接地故障（如 C 相短路）时，故障电流的流向。C 相电流将经外壳、中线回到电源而形成短路回路。由于短路电流很大，使 C 相熔断器迅速熔断而被切除，从而避免触电危险。

常用的单相电器保护接零时，可采用三脚安全插头与三孔安全插座来实现，其接线如图 4.5.2 右端所示，外壳 3 通过安全插头 2 和安全插孔 1 与保护零线相连，人体不会有触电危险。

2．保护接地

保护接地是指在中性点不接地的低压系统中，将电气设备的外壳与接地线连接起来，如

图 4.5.3 所示。图中给出了当这种系统发生接地故障时，人体触及外壳时故障电流的流向。由于有保护接地的存在，接地电阻和人体电阻并联，通常接地电阻（约为 4Ω）比人体电阻小很多，所以流过人体的电流很小，起到保护人体安全的作用。若机壳不接地，则触碰的一相和人体及分布电容形成回路，人体中将有较大的电流流过，人就有触电的危险。

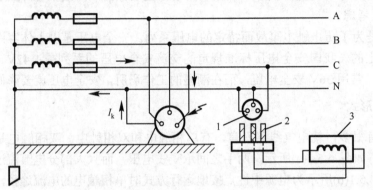

图 4.5.2　三相负载与单相负载的保护接零

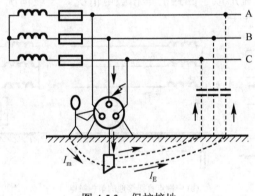

图 4.5.3　保护接地

习　题　4

4.1　什么是电力系统？供配电系统由哪些部分组成？

4.2　发电机的额定电压、用电设备的额定电压和变压器的额定电压是如何规定的？为什么？

4.3　试确定图 4.1 所示供电系统中发电机 G 及变压器 1T、2T 和 3T 的额定电压。

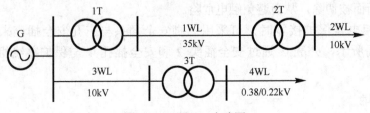

图 4.1　习题 4.3　电路图

4.4　在图 4.2 所示对称电路中，已知 $Z=(2+\mathrm{j}2)(\Omega)$，$\dot{U}_\mathrm{A}=220\angle0°(\mathrm{V})$，求每相负载的相电流、线电流和三相负载所消耗的有功功率、无功功率和视在功率。

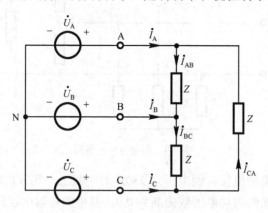

图 4.2　习题 4.4 电路图

4.5　在图 4.3 所示对称三相电路中，已知电源正相序且 $\dot{U}_\mathrm{AB}=380\angle0°(\mathrm{V})$，每相阻抗 $Z=(3+\mathrm{j}4)(\Omega)$，求各相电流值。

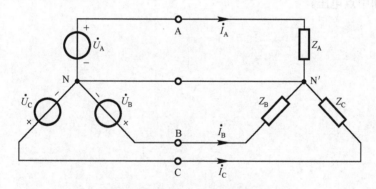

图 4.3　习题 4.5 电路图

4.6　绕组星形连接的三相交流电动机，接到三相电源上，已知线电压 $\dot{U}_\mathrm{AB}=380\angle0°(\mathrm{V})$，线电流 $\dot{I}_\mathrm{A}=2.2\angle-53.1°(\mathrm{A})$，试计算该电动机每相绕组的阻抗。

4.7　三相对称负载阻抗 $Z=(29+\mathrm{j}21.8)(\Omega)$，接到线电压 $U_\mathrm{L}=380\mathrm{V}$ 的三相电源上，求负载进行星形连接时的线电流和三相负载所消耗的有功功率。

4.8　一台三相异步电动机绕组接成三角形，接在线电压为 380V 的电源上，从电源取用的有功功率为 11kW，功率因数为 0.87，试求电动机的相电流和线电流。

4.9　在图 4.4 所示对称三相电路中，已知 $\dot{U}_\mathrm{AB}=380\angle0°(\mathrm{V})$，$Z_1=10\angle60°(\Omega)$，$Z_2=(4+\mathrm{j}3)(\Omega)$，求电流表的读数。

4.10　什么是安全电流和安全电压，我国安全电压标准规定的交流安全电压的系列是什么？

4.11　设计仿真题，用 Multisim 仿真软件绘制电路，并仿真分析。

（1）有 220V/20W 的日光灯 60 个，每个日光灯的功率因数为 0.5，应如何接入线电压为 380V 的三相四线制电路中？用仿真软件画出接线图并分析其线电流。

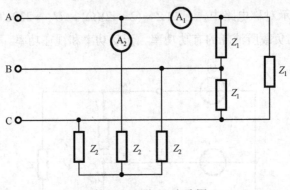

图 4.4　习题 4.9 电路图

（2）一台三相异步电动机接在线电压为 380V 的电源上，其有功功率 $P = 10kW$，功率因数 $\cos\varphi_1 = 0.6$，为了将线路的功率因数提高到 0.9，每相的补偿电容分别采用星形接法和三角形接法，用仿真软件分析哪种接法较好。

（3）三相负载 $R_A = 11\Omega$，$Z_B = 10+j10(\Omega)$，$Z_C = 10-j10(\Omega)$，将负载连接成星形，接入线电压为 380V 的三相四线制电源上，仿真分析负载各相电流及中线电流；若中线断开，仿真分析各相电流和中点电压。

第 5 章　磁路与变压器

前面几章讨论的是有关电路的基本概念与分析方法，以下各章将介绍工程实用的一些电气设备（如变压器、电机、继电接触器等）方面的知识。这些设备都是依靠电与磁相互作用而工作的，因此本章首先介绍磁路基本知识、交流铁心线圈电路的分析，在此基础上介绍变压器的结构与工作原理。

5.1　磁路的基本概念

在变压器、电机等设备中，为了得到较强的磁场并有效地利用它们，采用导磁性能良好的铁磁材料制成一定形状的铁心，使磁通的绝大部分通过由铁心构成的闭合路径，这类磁通集中通过的闭合路径就是所谓的磁路。所以磁路就是磁力线的通路，因此，描述磁场的物理量也适用于磁路。

5.1.1　磁场的基本物理量

1. 磁感应强度 B

表示磁场内某点磁场强弱和方向的物理量，其单位是特斯拉（T）。磁感应强度 B 的方向与电流的方向符合右手螺旋定则，这是一个矢量。如果磁场内各点的磁感应强度大小相等，方向相同，则这样的磁场称为均匀磁场。

2. 磁通 Φ

磁感应强度 B 与垂直于磁场方向的面积 S 的乘积，称为通过该面积的磁通 Φ，在均匀磁场中

$$\Phi = BS \quad \text{或} \quad B = \frac{\Phi}{S} \tag{5.1.1}$$

由式（5.1.1）可知，磁感应强度在数值上可以看成与磁场方向相垂直的单位面积所通过的磁通，故又称为磁通密度。磁通的单位是伏·秒，通常称为韦[伯]（Wb）。

3. 磁导率 μ

磁导率 μ 是用来衡量物质导磁性能的物理量，它的单位是亨/米（H/m）。由实验测得真空中的磁导率 $\mu_0 = 4\pi \times 10^{-7} \text{H/m}$，为常数。在说明物质的导磁性能时，往往不直接用磁导率 μ，而是用 μ 与真空磁导率 μ_0 的比值，称为该物质的相对磁导率 μ_r，即

$$\mu_r = \frac{\mu}{\mu_0} \tag{5.1.2}$$

4. 磁场强度 H

磁场强度是进行磁场计算时引进的一个辅助物理量，是一个矢量，其方向与 B 的方向

相同，单位是安/米（A/m）。磁场强度只与产生磁场的电流及电流的分布有关，而与磁介质的磁导率无关，H 与 B 的关系为

$$H = \frac{B}{\mu} \quad \text{或} \quad B = H\mu \tag{5.1.3}$$

5.1.2　铁磁材料特性

磁性材料主要是指铁、镍、钴及其合金等材料，它们具有以下磁性能。

1．高导磁性

磁性材料的磁导率很高，相对磁导率 μ 可达几百至几万，这就使它们具有会被强烈磁化（呈现磁性）的特性。磁性物质的这一磁性能被广泛地应用于电工设备中，例如，电机、变压器及各种铁磁元件的线圈中都有铁心。在这种具有铁心的线圈中通入不大的励磁电流，便可产生足够大的磁通和磁感应强度。这就解决了既要磁通大，又要励磁电流小的矛盾。利用优质的磁性材料可使同一容量的电机的重量大大减轻，体积减小。

2．磁饱和性

把铁磁材料放在磁场中，它将会受到强烈磁化，当磁场强度 H 由零逐渐增加时，铁磁材料的磁感应强度 B 也随之变化，把 B 随 H 的变化曲线称为磁化曲线，如图 5.1.1 所示。由图 5.1.1 可知，磁化曲线可划分成三段：Oa 段，B 与 H 差不多成正比地增加；ab 段，B 的增加缓慢下来；b 以后一段，B 增加得很少，达到了磁饱和。由于 $\mu = B/H$，B 与 H 间不是线性关系，所以磁性物质的磁导率 μ 不是常数，随 H 而变，如图 5.1.1 所示。图中还画出了非磁性材料的 B-H 关系，因为 $B_0 = \mu_0 H$，所以是一条通过坐标原点的直线。

当有磁性物质存在时，B 与 H 不成正比，由于磁通 Φ 与 B 成正比，产生磁通的励磁电流 I 与 H 成正比，因此在存在磁性物质的情况下，Φ 与 I 也不成正比。

图 5.1.2 所示为铸铁、铸钢与硅钢片三种铁磁材料的磁化曲线，各种铁磁材料的磁化曲线可用实验方法测出，磁化曲线对于磁路计算具有重要意义。

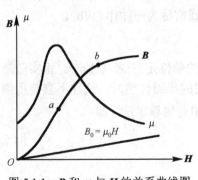

图 5.1.1　B 和 μ 与 H 的关系曲线图

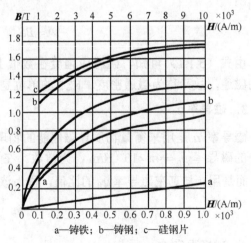

图 5.1.2　三种铁磁材料的磁化曲线

3．磁滞特性

磁性材料在交变磁场中反复磁化，其 **B-H** 关系曲线是一条回形闭合曲线，称为磁滞回线，如图 5.1.3 所示。由图可见，当 **H** 已减小到零值时，**B** 并未回到零值（这时的 B_r 值称为剩磁）。只有当 **H** 反向变化到$-H_c$ 时，**B** 才减小到零，H_c 称为矫顽力。这种磁感应强度滞后于磁场强度变化的性质称为磁性物质磁滞性。

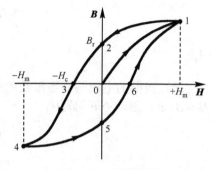

图 5.1.3　磁滞回线

磁性材料反复磁化所具有的磁滞现象将产生热量，并耗散掉，称为磁滞损耗，其大小与磁滞回线的面积成正比；根据磁滞回线面积的大小，磁性材料可以分成三种类型：软磁材料、硬磁材料和矩磁材料，如图 5.1.4 所示。各类磁性材料分别有不同的用途。

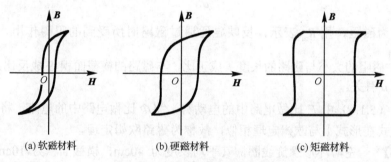

(a) 软磁材料　　　　　(b) 硬磁材料　　　　　(c) 矩磁材料

图 5.1.4　铁磁材料的磁滞回线

软磁材料磁滞回线较窄，所以磁滞损耗较小，比较容易磁化，其剩磁与矫顽力都较小。一般用来制造电机、电器及变压器等的铁心。常用的有铸铁、硅钢片、坡莫合金及铁氧体等铁合金材料。铁氧体在电子技术中应用广泛，如可做计算机的磁心、磁鼓等。硬磁材料磁滞回线较宽，所以磁滞损耗较大，剩磁、矫顽力也较大，如碳钢、钨钢、铬钢、钴钢和钡铁氧体及近年来新发展的稀土永磁材料等，适宜做永久磁铁。矩磁材料的磁滞回线接近矩形，具有较小的矫顽力和较大的剩磁，稳定性也良好。它的特点是只需很小的外加磁场就能使之达到磁饱和，撤去外磁场时，磁感应强度（剩磁）与饱和时一样，如锰镁铁氧体和锂锰铁氧体及 1J51 型铁镍合金等。在计算机和控制系统中可用做记忆元件、开关元件和逻辑元件。

5.1.3　磁路欧姆定理

磁路欧姆定理用来表示磁路中磁通量与磁动势之间的关系。可用安培环路定理推导得到，即磁场中磁场强度矢量 **H** 沿任何闭合曲线的线积分，等于穿过该闭合曲线所围曲面的电流的代数和，其数学表达式为

$$\oint_l \boldsymbol{H} \cdot \mathrm{d}l = \sum I \qquad (5.1.4)$$

无分支磁路如图 5.1.5 所示，铁心上绕有 N 匝线圈，线圈中通有电流 I，铁心横截面积为 S，材料的磁导率为 μ。若不计漏磁

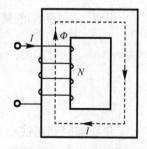

图 5.1.5　磁路的示意图

通，并认为各截面上的磁通密度均匀，在线圈内沿磁场方向绕行一周对磁场强度进行积分，由于闭合曲线的绕行方向与电流方向符合右手螺旋定则，且 $\boldsymbol{H}$ 与 dl 方向相同，由式（5.1.4）可得

$$\oint_l \boldsymbol{H} \cdot \mathrm{d}l = H \oint_l \mathrm{d}l = Hl = \sum I$$

因此

$$H = \frac{\sum I}{l} = \frac{NI}{l}$$

通过线圈的电流与线圈匝数的乘积称为磁动势（也称磁通势）F，单位为安培，考虑到 $H = B / \mu$，磁动势 F 可写成

$$F = NI = Hl = \frac{B}{\mu}l = \frac{\Phi}{\mu S}l \tag{5.1.5}$$

或

$$\Phi = \frac{NI}{\dfrac{l}{\mu S}} = \frac{F}{R_{\mathrm{m}}} \tag{5.1.6}$$

式中，$\dfrac{l}{\mu S}$ 称为磁阻，用 R_{m} 表示，反映磁通通过磁路时所受到的阻碍作用，单位为 1/亨 （1/H）。磁路中磁阻的大小与磁路的长度 l 成正比，与磁路的横截面积 S 成反比，还与磁路中材料的磁导率 μ 有关。

如果将式（5.1.6）中 F 比做电路中的电动势，将 Φ 比做电路中的电流，将 R_{m} 比做电路中的电阻，该式在形式上与欧姆定理相似，故称为磁路欧姆定理。

【例 5.1.1】 一空心环形螺旋线圈，其平均长度为 40cm，横截面积为 10cm^2，匝数等于 100，线圈中的电流为 12A，求线圈的磁阻、磁动势及磁通。

解：磁阻为

$$R_{\mathrm{m}} = \frac{l}{\mu_0 S} = \frac{0.4}{4\pi \times 10^{-7} \times 10 \times 10^{-4}} \approx 3.18 \times 10^8 (\mathrm{H}^{-1})$$

磁动势　　　　　　　　　　$F = NI = 100 \times 12 = 1200(\mathrm{A})$

磁通　　　　　　　　　　$\Phi = \frac{F}{R_{\mathrm{m}}} = \frac{1200}{3.18 \times 10^8} \approx 3.77 \times 10^{-6}(\mathrm{Wb})$

【例 5.1.2】 将例 5.1.1 中的线圈改为铸钢绕制成的铁心线圈，通以同样大小的电流，求磁通。

解：磁动势不变，$F = 1200(\mathrm{A})$

则　　　　　　　　　　$H = \frac{F}{l} = \frac{1200}{0.4} = 3000(\mathrm{A/m})$

从图 5.1.2 所示的铸钢的磁化曲线查出，当 $H = 3000\mathrm{A/m}$ 时，$B = 1.42\mathrm{T}$，则磁通为

$$\Phi = BS = 1.42 \times 10 \times 10^{-4} = 1.42 \times 10^{-3}(\mathrm{Wb})$$

5.2　交流铁心线圈电路

将线圈绕制在铁心上便构成了铁心线圈，分为直流铁心线圈和交流铁心线圈两类。分析直流铁心线圈比较简单。因为励磁电流是直流，产生恒定的磁通，在线圈和铁心中不会产生

感应电动势；在一定电压 U 下，线圈中的电流 $I = U/R$，只和线圈本身的电阻有关，与磁路的特性无关；功率损耗也只有 RI^2，无涡流损耗，因此铁心可以是整块铁。而交流铁心线圈在电磁关系、电压-电流关系及功率损耗等几个方面比直流铁心复杂得多。

5.2.1　基本电磁关系

在交流铁心线圈电路中，当外加交流电压 u 时，线圈中产生交流励磁电流 i。若线圈匝数为 N，则磁动势 Ni 将在线圈中产生磁通，其中绝大部分通过铁心而闭合，这部分磁通称为主磁通或工作磁通 Φ。此外还有很少的一部分磁通经过空气或其他非导磁媒介质而闭合，这部分磁通称为漏磁通 Φ_σ，如图 5.2.1(a)所示。这两个磁通分别在线圈中产生主磁电动势 e 和漏磁电动势 e_σ。其参考方向根据图 5.2.1(a)中磁通的方向，由右手螺旋定则决定。

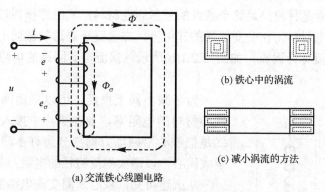

(a) 交流铁心线圈电路

(b) 铁心中的涡流

(c) 减小涡流的方法

图 5.2.1　交流铁心线圈电路及其涡流

当 u 为正弦量时，主磁通也按正弦规律变化，设 $\Phi = \Phi_m \sin\omega t$，则主磁电动势

$$e = -N\frac{\mathrm{d}\Phi}{\mathrm{d}t} = -N\omega\Phi_m\cos\omega t = 2\pi fN\Phi_m\sin(\omega t - 90°) = E_m\sin(\omega t - 90°)$$

式中，$E_m = 2\pi fN\Phi_m$ 是主磁电动势 e 的幅值，而其有效值则为

$$E = \frac{E_m}{\sqrt{2}} = \frac{2\pi fN\Phi_m}{\sqrt{2}} = 4.44 fN\Phi_m \tag{5.2.1}$$

比较 Φ 与 e 的表达式可知，主磁通 Φ 是正弦波，则 e 也是正弦波，且两者频率相同，e 在相位上滞后 Φ 90°。

根据基尔霍夫电压定律，铁心线圈的电压平衡方程式为

$$u = Ri - e_\sigma - e \tag{5.2.2}$$

式中，R 为线圈电阻。由于线圈电阻上的压降 iR 及漏磁电动势 e_σ 与主磁电动势 e 相比都非常小，均可忽略不计，故式（5.2.2）可近似为

$$u \approx -e \tag{5.2.3}$$

由式（5.2.3）可知 $U \approx E$，所以在忽略线圈电阻与漏磁通的条件下，主磁通的幅值与线圈外加电压有效值 U 的关系为

$$U \approx E = 4.44 fN\Phi_m \tag{5.2.4}$$

式中，U 为线圈外加电压，f 为电源频率，Φ_m 为主磁通最大值，N 为线圈匝数。式（5.2.4）是分析交流铁心线圈电路的基本电磁关系，它是分析计算交流磁路的重要依据。该式表明，当电源频率与线圈匝数一定时，磁路中的主磁通只取决于线圈的外加电压，与磁路的导磁材料和尺寸无关，当 U 不变时，Φ_m 也几乎不变。

5.2.2　功率损耗

交流铁心线圈中的功率损耗有两部分：一部分是线圈电阻 R 上的有功功率耗损 I^2R，这种损耗称为铜损 ΔP_{Cu}；另外一部分是处于交变磁化下的铁心中的铁损 ΔP_{Fe}，铁损由磁滞损耗 ΔP_h 和涡流损耗 ΔP_e 组成。

由磁滞所产生的铁损称为磁滞损耗。可以证明，单位体积内的磁滞损耗正比于磁场交变的频率 f 和磁滞回线所包围的面积。为了减少磁滞损耗，常采用磁滞回线狭长的铁磁材料来制作铁心。硅钢片就是目前满足这个条件的理想磁性材料，其磁滞损耗较小。

铁心材料是导电材料，在交变磁通的作用下，在垂直于磁通的截面上处处存在感应电动势和电流，这些电流称为涡流，如图 5.2.1(b)所示，涡流与其回路的电阻相作用产生的损耗称为涡流损耗。

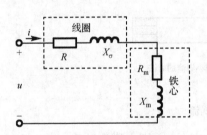

图 5.2.2　交流铁心线圈的等效电路

为了减小涡流损耗，可以采用两种方法：一是增大铁心材料的电阻率，如在钢片中掺入硅而形成硅钢片；二是把铁心沿磁场方向剖分为许多薄片相互绝缘后再叠装成铁心，以增大涡流路径的电阻，如图 5.2.1(c)所示。

从上述可知，铁心线圈交流电路的损耗为

$$P = \Delta P_{Cu} + \Delta P_{Fe} = I^2R + \Delta P_h + \Delta P_e \qquad (5.2.5)$$

由上述分析可知，交流铁心线圈的等效电路模型应该是电感 L 与电阻 R 的串联，如图 5.2.2 所示。其中 R 为线圈电阻，X_m 为铁心中能量存储对应的感抗，R_m 为铁心损耗对应的铁心电阻，X_σ 为漏磁通对应的感抗，因漏磁通很小，常常可忽略。

【**例 5.2.1**】　将匝数 $N = 100$ 的铁心线圈接到电源电压 $U = 220V$ 工频正弦电压源上，测得线圈的电流 $I = 4A$，功率 $P = 100W$，忽略漏磁通和线圈电阻，求：（1）主磁通的最大值；（2）铁心线圈的等效电阻和感抗。

解：（1）由式（5.2.4）得

$$\Phi_m = \frac{U}{4.44fN} = \frac{220}{4.44 \times 50 \times 100} = 9.91 \times 10^{-3} Wb$$

（2）铁心线圈的等效阻抗模为

$$|Z_m| = \frac{U}{I} = \frac{220}{4} = 55\Omega$$

阻抗角

$$\varphi_{z_m} = \arccos\frac{P}{UI} = \arccos\frac{100}{220 \times 4} = 83.47°$$

等效电阻和等效感抗分别为

$$R_{\mathrm{m}} = |Z_{\mathrm{m}}|\cos\varphi_{z_{\mathrm{m}}} = 55 \times \cos 83.47° = 6.46\,\Omega$$

$$X_{\mathrm{m}} = |Z_{\mathrm{m}}|\sin\varphi_{z_{\mathrm{m}}} = 55 \times \sin 83.47° = 54.6\,\Omega$$

5.3　电　磁　铁

电磁铁是把电能转换为机械能的一种常用设备。它是利用通电线圈在铁心中产生磁场，由磁场吸引衔铁带动执行机构工作的一种电器。图 5.3.1 所示为三种常用电磁铁的结构形式，由线圈 1、定铁心 2 及衔铁 3 等三部分组成。

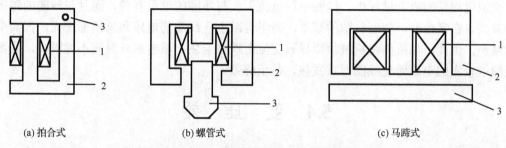

(a) 拍合式　　　　　　　　(b) 螺管式　　　　　　　　(c) 马蹄式

图 5.3.1　三种常用电磁铁的结构

电磁铁的定铁心和线圈是不动的，当线圈通电时，产生电磁吸力，从而将衔铁吸合；当线圈断电时，电磁吸力消失，衔铁释放。这样与衔铁相连的部件就会随着线圈的通、断电而产生机械运动。

电磁铁的吸力是它的主要参数之一。计算吸力的基本公式为

$$F = \frac{10^7}{8\pi} B_0^2 S_0 \tag{5.3.1}$$

式中，S_0 是电磁铁的气隙的截面积，单位是 m^2；B_0 是气隙中的磁感应强度，单位是 T；F 的单位是 N。

直流电磁铁通直流电压后，励磁电流大小只由线圈电阻 R 确定，即 $I=U/R$，励磁磁动势 NI 也是恒定的，但是随着衔铁在吸力 F 作用下吸合，空气隙变小，磁路磁阻明显减小，因此磁路中磁通 Φ 和 B_0 将会不断增大，从式（5.3.1）可知，直流电磁铁在衔铁吸合过程中，吸力是不断增大的。

交流电磁铁中的磁场是交变的，设 $B_0 = B_{\mathrm{m}}\sin\omega t$，则吸力为

$$\begin{aligned}
f &= \frac{10^7}{8\pi} B_{\mathrm{m}}^2 S_0 \sin^2\omega t = \frac{10^7}{8\pi} B_{\mathrm{m}}^2 S_0 \left(\frac{1-\cos 2\omega t}{2} \right) \\
&= F_{\mathrm{m}} \left(\frac{1-\cos 2\omega t}{2} \right) = \frac{1}{2} F_{\mathrm{m}} - \frac{1}{2} F_{\mathrm{m}} \cos 2\omega t
\end{aligned} \tag{5.3.2}$$

式中，$F_{\mathrm{m}} = \dfrac{10^7}{8\pi} B_{\mathrm{m}}^2 S_0$ 是吸力的最大值。

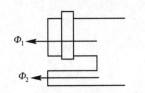

图 5.3.2　交流电磁铁的分磁环

由式（5.3.2）可知，交流电磁铁的吸力以两倍于电源频率在零与最大值 F_m 之间脉动。因而衔铁在不断地吸合与断开，以两倍的电源频率在颤动，噪声很大，触点也容易损坏。为了消除这种现象，最有效的方法是在磁极的部分端面上套一个分磁环（或短路环），如图 5.3.2 所示。由于分磁环有感应电流存在，它将阻碍磁通的变化，也就是使被分磁环包围的铁心中的磁通 $\varPhi_1$ 的相位滞后于分磁环外的磁通 $\varPhi_2$ 的相位，从而使 $\varPhi_2$ 过零的瞬间，磁通 $\varPhi_1$ 不为零，因此磁极各部分的吸力也就不会同时降为零，从而消除了衔铁的颤动。

在交流磁铁中，为了减小铁损，铁心是由钢片叠压而成的。而在直流磁铁中，铁心则是用整块的软钢制成的。

交流电磁铁的吸合过程中，线圈中的电流不仅与线圈的电阻有关，而且与线圈的感抗大小也有关。在吸合时，随着气隙的减小，磁阻也减小，线圈的电感和感抗都增大，因而电流逐渐减小。因此，如果出现机械故障导致交流衔铁被卡住，通电后长时间不能吸合，线圈中就会流过较大的电流而使线圈严重发热，甚至烧毁。

5.4　变　压　器

变压器是根据电磁感应原理制成的一种常见的电气设备，它具有变换电压、变换电流和变换阻抗的功能，因而在电力系统和电子线路中得到了广泛应用。

在第 4 章讨论的电力系统中，我们知道电能在从电厂到用户的过程中需要经过多次变压，这类变压器统称为电力变压器。输电时，利用变压器将电压升高实现高压输电，以达到减小线路损耗的目的；用电时，利用降压变压器将电压降低，以保证用电的安全和合乎用电设备的电压要求。

在电子线路中，变压器可用来耦合电路、传递信号，并实现阻抗匹配。

5.4.1　变压器的分类与结构

由于变压器的用途十分广泛，因此它的种类很多，主要有以下几种。

按用途分类：电力变压器、仪用变压器、自耦变压器、专用变压器。

按相数分类：单相变压器、三相变压器。

按冷却方式分类：干式变压器、油浸式变压器。

此外还有其他分类方式，如按铁心结构分类，有心式变压器和壳式变压器两种。总之种类繁多，用途各异，但是它们的基本构造和工作原理是一样的，主要由铁心和绕组两部分构成。

铁心构成变压器的磁路，图 5.4.1(a)所示为心式变压器，绕组套在铁心柱上，绕组和绝缘的装配比较容易，所以电力变压器多用这种结构。图 5.4.1(b)所示为壳式变压器，铁心将绕组包围在中间，机械强度较好，常用于低压、大电流的变压器或小容量的电讯变压器中。

绕组一般是用绝缘的铜线绕制而成的，是变压器的电路部分，与电源相接的绕组称为一次绕组（又称原绕组或原边），与负载相接的绕组称为二次绕组（又称副绕组或副边）。一次绕组和二次绕组具有不同的匝数、电压和电流，电压较高的称为高压绕组，电压较低的称为低压绕组。各绕组之间及各绕组与铁心之间都要进行绝缘，为了减小绕组与铁心之间的绝缘等级，在同心式绕组中，一般将低压绕组绕在里层，高压绕组绕在外层，如图 5.4.1(a)所示；交叠式绕组是将高、低绕组分成若干线饼，沿着铁心柱交替排列而构成，壳式变压器一般采用这种结构，如图 5.4.1(b)所示。

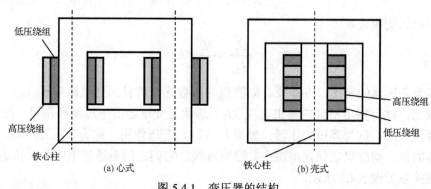

图 5.4.1 变压器的结构

5.4.2 变压器的工作原理

以单相变压器为例说明变压器的工作原理。

1. 变压器的空载运行

设原、副绕组的匝数分别为 N_1 和 N_2。由于线圈电阻产生的压降与漏磁通产生的漏磁电动势都很小，因此以下讨论时都被忽略。

当原绕组接上交流电压 u_1 时，原绕组中有电流 i_1 流过。原绕组的磁通势 $N_1 i_1$ 产生的主磁通 Φ 大部分通过铁心而闭合，从而在副绕组中感应出电动势。如果副绕组接有负载，那么副绕组中就有电流 i_2 流过。

变压器原边绕组接入电源、副边绕组开路的工作状态称为空载运行。这时，变压器的副边电流 $i_2 = 0$（原边电流 i_1 并不等于 0），为了显示空载的特征，将 i_1 记为 i_0，将 u_2 记为 u_{20}，并称 i_0 为空载电流，如图 5.4.2 所示。原、副边同时与主磁通 Φ 交链，根据电磁感应原理，在原、副边中分别产生频率相同的感应电动势 e_1 和 e_2，e_1 与 e_2 的大小与主磁通 Φ 之间均满足式（5.2.1），即

$$E_1 = 4.44 f N_1 \Phi_m$$

$$E_2 = 4.44 f N_2 \Phi_m$$

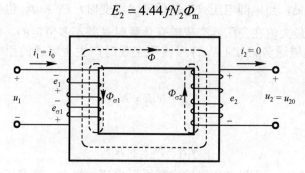

图 5.4.2 变压器的空载运行

与交流铁心线圈相比，变压器多了一个副边绕组，所以交流铁心中的感应电动势的分析方法完全适用于变压器，根据式（5.2.4）可得

$$U_1 \approx E_1 = 4.44 f N_1 \Phi_{\mathrm{m}} \tag{5.4.1}$$

$$U_{20} = E_2 = 4.44 f N_2 \Phi_{\mathrm{m}} \tag{5.4.2}$$

因此有如下电压变换关系

$$\frac{U_1}{U_{20}} = \frac{N_1}{N_2} = k \tag{5.4.3}$$

式中，k 称为变压器的变比，亦即原、副绕组的匝数比。可见，当电源电压 U_1 一定时，只要改变匝数比，就可得出不同的输出电压 U_2。这就是变压器的电压变换作用，如果 $k > 1$，变压器起降压作用，称为降压变压器；如果 $k < 1$，起升压作用，称为升压变压器。

变压器的原、副绕组之间在电路上并没有连接，它们之间是通过电磁关系传递能量的。它们的电磁关系如图 5.4.3 所示。

2. 变压器的负载运行

变压器原边绕组接入交流电源，副边绕组接入负载 Z_L 的工作状态，称为变压器的负载运行，如图 5.4.4 所示。此时副边绕组的电流 i_2 不再为零，从而产生磁动势 $N_2 i_2$，它将使主磁通 Φ 发生变化，并导致原、副绕组感应电动势 e_1 和 e_2 的变化。在电源电压不变的情况下，e_1 的变化打破了原边电压的平衡关系，从而引起原绕组电流的变化，原边电流由原先的空载电流 i_0 改变为 i_1。

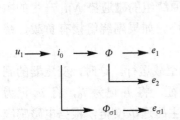

图 5.4.3　变压器空载时的电磁关系

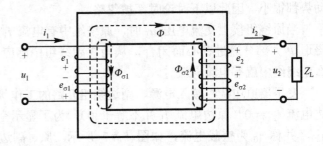

图 5.4.4　变压器的负载运行

在忽略绕组电阻压降和漏磁的情况下，原、副边电压平衡方程分别为 $U_1 \approx E_1$ 和 $U_2 \approx E_2$，所以原、副边电压仍有 $U_1 / U_2 \approx k$ 的关系。

由式（5.4.1）可见，当电源电压 U_1 和频率 f 不变时，E_1 和 Φ_{m} 也都近似于常数。就是说，铁心中主磁通的最大值在变压器空载或有负载时是差不多恒定的。因此，有负载时产生的原、副绕组的合成磁通势 $(N_1 i_1 + N_2 i_2)$ 应该和空载时产生主磁通的原绕组的磁通势 $N_1 i_0$ 差不多相等，即

$$N_1 i_1 + N_2 i_2 \approx N_1 i_0$$

如用相量表示，则为

$$N_1 \dot{I}_1 + N_2 \dot{I}_2 \approx N_1 \dot{I}_0 \tag{5.4.4}$$

由于铁心的磁导率高，所以变压器的空载励磁电流 i_0 很小，在变压器额定运行时，一般

它的有效值 I_0 约为额定电流 I_{1N} 的 2%～10%。因此 N_1I_0 与 N_1I_1 相比，常可忽略。于是式（5.4.4）可写

$$N_1\dot{I}_1 \approx -N_2\dot{I}_2 \tag{5.4.5}$$

式中，负号说明 i_1 和 i_2 的相位相反，即 N_1i_1 对 N_2i_2 有去磁作用。

由式（5.4.5）可知，原、副绕组的电流关系为

$$\frac{I_1}{I_2} \approx \frac{N_2}{N_1} = \frac{1}{k} \tag{5.4.6}$$

式（5.4.6）表明变压器原、副绕组的电流之比近似等于它们的匝数比的倒数。可见匝数不同，不仅可以变换电压，同时也可以变换电流。这个电流变换作用反映了变压器通过磁路传递能量的过程。当负载增大时，I_2 和 N_2I_2 随着增大，而 I_1 和 N_1I_1 也必须相应增大，以抵偿副绕组的电流和磁通势对主磁通的影响，从而维持主磁通的最大值近似不变。所以变压器中的电流虽然由负载的大小确定，但是原、副绕组中电流的比值是近似不变的。

变压器负载运行时的电磁关系如图 5.4.5 所示。

3. 变压器的阻抗变换

变压器不仅对电压和电流按变比进行变换，而且还可以变换阻抗。

图 5.4.6(a)中，负载阻抗 Z_L 接在变压器副边时，变压器原边的输入阻抗的模为

$$|Z_L'| = \frac{U_1}{I_1} = \frac{kU_2}{I_2/k} = k^2|Z_L| \tag{5.4.7}$$

即图 5.4.6(a)中虚线内的总阻抗可用图 5.4.6(b)的中等效阻抗 Z_L' 来等效代替，Z_L' 称为负载 Z_L 在原边的等效阻抗。

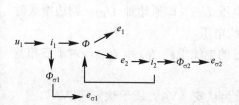

图 5.4.5　变压器负载运行时的电磁关系

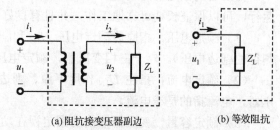

(a)阻抗接变压器副边　　　　(b) 等效阻抗

图 5.4.6　变压器的阻抗变换

变压器的阻抗变换作用在电子线路中应用广泛。可以采用不同匝数比的变压器把负载阻抗变换成所需的阻抗，以实现阻抗匹配。

【**例 5.4.1**】　单相变压器原边绕组 $N_1=1000$ 匝，副边绕组 $N_2=500$ 匝，原边加 220V 交流电压，副边接电阻性负载，测得副边电流 $I_2 = 3A$，忽略变压器的内阻抗及损耗，试求：（1）副边的电压 U_2；（2）变压器原边的输入功率 P_1。

解：（1）副边电压　　　$U_2 = \frac{N_2}{N_1} \times U_1 = \frac{500}{1000} \times 220 = 110(V)$

（2）因为忽略损耗，所以变压器的输出功率 P_2 等于变压器原边的输入功率 P_1，所以有

$$P_1 = P_2 = U_2I_2 = 110 \times 3 = 330(W)$$

【**例 5.4.2**】　有一音频变压器，原边连接信号源，其 $U_S=80V$，内阻 $R_0=400\Omega$，变压器副

边接扬声器，其电阻 $R_L=4\Omega$。求：（1）欲使折算到原边的等效电阻 $R'_L = R_o = 400\Omega$，求变压器的变比和扬声器获得的功率值；（2）扬声器直接接入信号源时获得的功率。

解：（1）当 $R'_L = R_o = 400\ \Omega$ 时，变压器的变比为

$$k = \sqrt{R'_L / R_L} = \sqrt{400 / 4} = 10$$

扬声器获得的功率等于折算到原边 R'_L 上的功率

$$P_{max} = \left(\frac{U_S}{R_o + R'_L} \right)^2 R'_L = \left(\frac{80}{400 + 400} \right)^2 \times 400 = 4\ (W)$$

（2）扬声器直接接入信号源时

$$P = \left(\frac{U_S}{R_o + R_L} \right)^2 R_L = \left(\frac{80}{400 + 4} \right)^2 \times 4 = 0.16\ W$$

可以看出，经过阻抗匹配后，负载获得的功率明显增大，当负载电阻等于信号源内阻时，负载上获得最大功率。

5.4.3　变压器的使用

正确地使用变压器，不仅能保证变压器正常工作，还能延长其使用寿命，因此了解其额定值、损耗与效率、外特性及连接方法等是很必要的。

1. 变压器额定值

变压器的额定值是制造厂对变压器正常使用所做的规定，变压器在规定的额定值状态下运行，可以保证长期可靠地工作，并且有良好的性能。变压器的额定值如下。

（1）额定电压，指原边额定电压 U_{1N} 和副边额定电压 U_{2N}（即原边加 U_{1N}、副边空载时测得的副边电压）。对于三相变压器，额定电压指的是线电压。

（2）额定电流，指在 U_{1N} 作用下原、副边容许流过的电流限额 I_{1N} 和 I_{2N}。对于三相变压器，电流指的是线电流。

（3）额定容量，变压器输出的额定视在功率，单位为伏安（VA）或千伏安（kVA）。

单相变压器：$S_N = U_{1N}I_{1N} = U_{2N}I_{2N}$；三相变压器：$S_N = \sqrt{3}U_{1N}I_{1N} = \sqrt{3}U_{2N}I_{2N}$。

（4）额定频率 f_N，指电源的工作频率。

（5）额定效率 η_N，指变压器的输出功率 P_{2N} 与对应输入功率 P_{1N} 的比值。前面我们讨论时忽略了各种损耗，但实际上变压器是典型的交流铁心线圈电路，所以在运行时存在铜耗和铁耗，因此实际运行的效率常用式（5.4.8）确定

$$\eta = \frac{P_2}{P_1} = \frac{P_2}{P_2 + \Delta P_{Fe} + \Delta P_{Cu}} \qquad (5.4.8)$$

式中，P_2 为变压器的输出功率，P_1 为输入功率。

变压器的功率损耗很小，所以效率很高，通常在 95% 以上。在一般电力变压器中，当负载为额定负载的 50%～75% 时，效率达到最大值。

2. 变压器的外特性和电压调整率

当变压器接入负载后，由于负载电流 I_2 在变压器内部产生漏阻抗压降，使副边端电压发生变化，此时 $U_2 \neq U_{20}$。若电源电压保持为额定值，负载功率因数 $\cos\varphi_2$ 为常值，从空载到额定负载副边电压 U_2 变化的百分值，称为电压调整率，用 ΔU 表示，即

$$\Delta U = \frac{U_{20} - U_2}{U_{20}} \times 100\% \qquad (5.4.9)$$

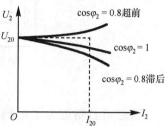

图 5.4.7　变压器的外特性曲线

电压调整率在一定程度上反映了变压器的供电品质，是衡量变压器性能的一个重要指标，通常希望 U_2 变化越小越好。不同性质负载的 $U_2 = f(I_2)$ 曲线如图 5.4.7 所示，称为变压器的外特性。对电阻性和电感性负载而言，电压 U_2 随电流 I_2 的增大而减小。

【例 5.4.3】 一台单相变压器，额定数据如下：$S_N=50\text{kVA}$，$U_{1N}/U_{2N}=220\text{V}/36\text{V}$，$f_N=50\text{Hz}$。

（1）求该台变压器的额定电流；

（2）如果该台变压器为 1000 盏 36V、25W 白炽灯供电，求变压器原、副绕组电流；

（3）如果额定负载时测得 $\Delta P_{Cu}=1600\text{W}$，$\Delta P_{Fe}=400\text{W}$，求该台变压器向电阻性负载供电，满载时的效率。

解：（1）由 $S_N = U_{1N}I_{1N} = U_{2N}I_{2N}$ 可得

$$I_{1N} = \frac{S_N}{U_{1N}} = \frac{50 \times 10^3}{220} = 227(\text{A}) , \quad I_{2N} = \frac{S_N}{U_{2N}} = \frac{50 \times 10^3}{36} = 1388.9(\text{A})$$

（2）1000 盏 36V、25W 白炽灯需要变压器副边提供的电流为

$$I_2 = 1000 \times \frac{25}{36} = 694.44(\text{A})$$

变压器原绕组电流 $I_1 = \frac{1}{k}I_2 = \frac{U_2}{U_1} \times I_2 = \frac{36}{220} \times 694.44 = 113.64(\text{A})$

（3）变压器向电阻性负载供电，满载时 $P_{2N}=S_N=50\text{kW}$，故效率为

$$\eta = \frac{P_2}{P_2 + \Delta P_{Fe} + \Delta P_{Cu}} = \frac{50 \times 10^3}{50 \times 10^3 + 400 + 1600} \times 100\% = 96.15\%$$

3. 变压器绕组极性

变压器绕组的极性是指原、副绕组的相对极性，也就是当原绕组的某一端的瞬时极性为正时，副绕组也必然有一个电位为正的对应端，这个对应端称为同极性端或同名端。线圈上标以记号"·"或"*"。当电流从两个同名端同时流进（或同时流出）时，产生的磁通方向一致。

如图 5.4.8(a)所示的变压器，原绕组为 1–2，两个副绕组 3–4 和 5–6。它们由主磁通 Φ 联系在一起。若电流从 1、4 和 5 端流入，那么铁心中产生的磁通方向一致，所以 1、4 和 5 端为同名端，如图 5.4.8(a)所示，当然 2、3 和 6 也是同名端。可以看出，同名端与线圈的绕向有关，在电路中只画出变压器符号的情况下，同名端的表示如图 5.4.8(b)所示。

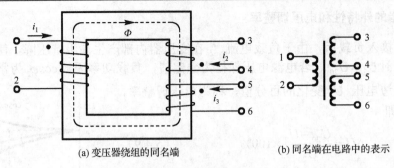

(a) 变压器绕组的同名端   (b) 同名端在电路中的表示

图 5.4.8   多绕组变压器

确定同名端是为了正确地连接变压器。如图 5.4.9 所示，设两线圈匝数相同，额定电压为 110V，若电源电压为 220V，两绕组应该串联，即把 2 与 3 相接（异名端相接），1、4 接电源，如图 5.4.9(a)所示。若不慎将 2 与 4 连接，1、3 接电源，两个绕组的磁通势就互相抵消，铁心中不产生磁通，绕组中也就没有感应电动势，绕组中将流过很大的电流，甚至将线圈烧坏。同样，若电源电压为 110V，两绕组应并联，必须将同名端分别相连，然后接电源，如图 5.4.9(b)所示。

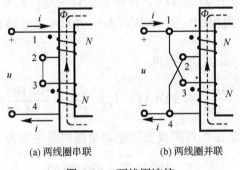

(a) 两线圈串联   (b) 两线圈并联

图 5.4.9   两线圈连接

5.4.4   特殊变压器

1. 自耦变压器

前面介绍的变压器都有两个绕组，绕组间互相绝缘，没有电的直接连接。图 5.4.10 所示的自耦变压器只有一个绕组，低压绕组是高压绕组的一部分。原绕组 AX 接入电源，匝数为 N_1，原绕组中的一部分 ax 兼作副绕组，其匝数为 N_2。可见，自耦变压器原、副绕组不仅有磁耦合，还存在电的直接连接。在磁路上原、副绕组自相耦合，故称自耦变压器。

原、副绕组电压与电流之比为

$$\frac{U_1}{U_2} = \frac{N_1}{N_2} = k \quad , \quad \frac{I_1}{I_2} = \frac{N_2}{N_1} = \frac{1}{k}$$

千万注意的是，自耦变压器的原、副边不能对调使用，否则会烧坏变压器。实验室中常用的调压器就是一种可以改变副绕组匝数的自耦变压器。

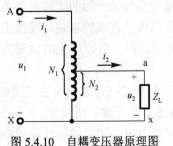

图 5.4.10   自耦变压器原理图

2．互感器

互感器是一种用于测量的小容量变压器，容量从几伏安到几百伏安。有电流互感器与电压互感器。采用互感器一是为了工作人员与仪表的安全，将测量回路与高压电网隔离；二是用小量程电流、电压表测量大电流和高电压。我国规定电流互感器副边额定电流为 5A 或 1A，电压互感器副边额定电压为 100V 或 $100/\sqrt{3}$ V。

（1）电压互感器

电压互感器是一种降压变压器，所以工作原理、结构与接线方式都与普通变压器相同，其接线图如图 5.4.11 所示。电压互感器的原边绕组匝数 N_1 多，直接并接在被测的高压线路上；副边匝数 N_2 少，与电压表或功率表的电压线圈相接。由于电压表的内阻抗很大，所以电压互感器的运行情况类似空载运行状态的降压变压器。这样利用原、副边不同的匝数关系将线路上的高电压变换为低电压来测量，原边电压 U_1 等于副边电压表的读数 U_2 乘以变比 k。为安全起见，副边绕组必须有一点可靠接地，并且副边绕组不能短路，一旦短路，电流将激增，会使线圈烧毁。

（2）电流互感器

电流互感器的接线图 5.4.12 所示。与电压互感器相反，原绕组的匝数 N_1 很少（只有一匝或几匝），串联在被测电路中。副绕组的匝数 N_2 较多，它与电流表或其他仪表及继电器的电流线圈相连接。作为电流互感器负载的电流表，其电流线圈的阻抗很小，所以电流互感器在正常运行时接近于短路状态。尽管电流互感器原边匝数很少，但是流过很大的负载电流，因此磁路中的磁动势 N_1I_1 和磁通都很大。所以为了安全起见，电流互感器在运行时不容许开路，否则会在副边产生过高的电压而危害操作人员的安全，另外，铁心和副绕组的一端应该做接地处理。电流表的读数 I_2 乘上电流互感器的变换系数 k 即为被测的大电流 I_1。

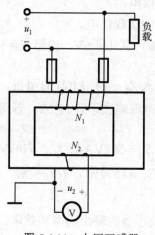

图 5.4.11　电压互感器

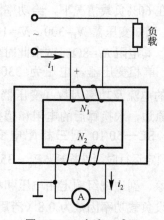

图 5.4.12　电流互感器

习　题　5

5.1　一空心环形螺旋线圈，其平均长度为 30cm，横截面积为 10cm^2，匝数等于 1000 匝，如果要在线圈中产生 5×10^{-5}Wb 大小的磁通，线圈中应该通入多大的直流电流？

5.2　5.1 题中同样尺寸的线圈，改为由铸钢绕制的铁心线圈，如果要在铁心中产生磁通 $\Phi = 0.001$Wb，线圈中应该通入多大的直流电流？

5.3　5.2 题中如果铁心材料改为硅钢片，产生同样的磁通，求线圈中直流电流的大小。

5.4　有一交流铁心线圈，为了测量其等效电阻和电感，将其接到电源电压 $U = 220$V 工频正弦电压源上，测得线圈的电流 $I = 5$A，功率 $P = 275$W，忽略漏磁通和线圈电阻，求铁心线圈的等效电阻和电感。

5.5　将5.4题中交流铁心线圈接在直流电源上，测得线圈的电阻为2Ω，求该线圈的铁损耗。

5.6　一个 40W 日光灯整流器的铁心截面积为 4.5cm^2，它的工作电压为 165V，电源频率为 50Hz，铁心中磁感应强度最大值为 1.18T，忽略线圈电阻和漏磁通，求线圈的匝数。

5.7　有一容量为 10 kVA 的单相变压器，电压为 3300 / 220V，变压器在额定状态下运行。求：（1）变压器原、副边额定电流；（2）副边可接 40W，220V 的白炽灯多少盏？（3）副边若改接 40W，220V，功率因数 $\lambda = 0.44$ 的日光灯，可接多少盏（镇流器损耗不计）？

5.8　有一台 10kVA，10000/230V 的单相变压器，如果在原边绕组加额定电压，在额定负载时，测得副边电压为 220V。求：（1）该变压器原、副边的额定电流；（2）电压调整率。

5.9　一台 50kVA，3300/220V 的单相变压器，高压绕组为 6000 匝，求：（1）低压绕组的匝数；（2）高压边和低压边的额定电流；（3）当原边保持额定电压不变，副边达到额定电流，输出功率为 38kW，功率因数为 0.8（滞后）时的电压 U_2 和电压调整率。

5.10　某台 10kVA 容量变压器，在额定负载下运行，已知铁损耗 $\Delta P_{Fe} = 280$W，铜损耗 $\Delta P_{Cu} = 340$W，求下列两种情况下变压器的效率：

（1）在满载情况下给功率因数为 0.9（滞后）的负载供电；

（2）在 60%负载情况下，给功率因数为 0.8（滞后）的负载供电。

5.11　已知变压器 $N_1 = 300$，$N_2 = 100$，原边连接信号源，其 $U_S = 6$V，内阻 $R_0 = 50Ω$，副边接扬声器，其电阻 $R_L = 8Ω$。试求此时信号源输出的功率。

5.12　单相变压器，电压为 3300 / 220V，副边接入 $Z_2 = 4 + j3\ (Ω)$ 的阻抗。求：（1）原、副边的电流及功率因数（变压器电阻、漏抗及空载电流略去不计）；（2）若将此负载阻抗换算到原边，求换算后的电阻和感抗值。

5.13　SL—50/10 型三相配电变压器，额定容量 $S_N = 50$kVA，$U_{1N} = 10$kV，$U_{2N} = 0.4$kV，额定运行时，铁损耗 $\Delta P_{Fe} = 350$W，满载时铜耗 $\Delta P_{Cu} = 1500$W，Y/Y$_0$接法。求：

（1）原、副边绕组额定相电压和相电流；

（2）设负载功率因数为 0.8（滞后），求额定负载下变压器的输出功率和效率。

5.14　图 5.1 所示的变压器有两组原边绕组，每组额定电压为 110V，匝数为 440 匝，副边绕组的匝数为 80 匝，频率 $f = 50$Hz。

（1）确定绕组的同名端；

（2）原边绕组串联使用，原边加额定电压时，变压器的变比、副边输出电压及磁通 Φ_m；

（3）原边绕组并联使用，原边加额定电压时，变压器的变比、副边输出电压及磁通 Φ_m。

5.15 某理想变压器的绕组如图 5.2 所示,试判断两个绕组的同名端,并用"*"表示,若已知变比为 4, $u_1 = 220\sqrt{2}\sin\omega t\,(\text{V})$, $i_1 = 100\sqrt{2}\sin(\omega t - 30°)(\text{mA})$。求 u_2 和 i_2。

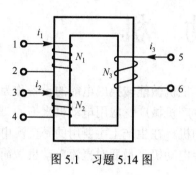

图 5.1 习题 5.14 图

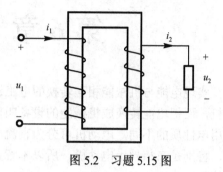

图 5.2 习题 5.15 图

第6章　电　动　机

实现电能与机械能相互转换的电工设备总称为电机。把机械能转换成电能的设备称为发电机，而把电能转换成机械能的设备叫做电动机。现代生产机械广泛应用电动机来拖动。根据用电性质的不同，电动机可分为直流电动机和交流电动机。在生产上主要用的是交流电动机，特别是三相异步电动机，所以本章主要介绍三相异步电动机，最后对直流电动机做简单介绍。

对于各种电动机，应该了解以下问题：①基本构造；②工作原理；③表示转速与转矩之间关系的机械特性；④启动、调速及制动的基本原理和基本方法；⑤应用场合及如何正确使用。

6.1　三相异步电动机的结构与工作原理

异步电动机是一种交流电动机，其电动机的转子转速总是落后于电动机的同步转速，故称为异步电动机。和其他电动机相比，因为它具有结构简单、坚固耐用、运行可靠、价格低廉、维护方便等优点，故被广泛地用来驱动各种金属切削机床、起重机、锻压机、传送带、铸造机械、功率不大的通风机及水泵等。因此，从应用的角度来讲，了解异步电动机的工作原理，掌握它的运行性能，是十分必要的。

6.1.1　三相异步电动机的结构和组成

异步电动机的两个基本组成部分为定子（固定部分）和转子（旋转部分）。此外还有端盖、风扇等附属部分，如图 6.1.1 所示。

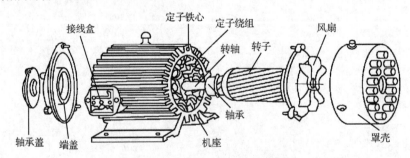

图 6.1.1　三相异步电动机结构图

1．定子

三相异步电动机的定子由三部分组成：机座、定子铁心和定子绕组。机座用铸铁或铸钢制成，其作用是固定铁心和绕组。定子铁心是电动机磁路的一部分，主要作用是建立旋转磁场，由 0.35～0.5mm 厚、相互绝缘的硅钢片叠成，硅钢片内圆上有均匀分布的槽，用于嵌放定子三相绕组，如图 6.1.2 所示。

定子绕组是电动机的电路部分，是三组用漆包线绕制好的、对称地嵌入定子铁心槽内的相同的线圈。定子三相绕组的 6 个出线端固定在机座外侧的接线盒内，首端分别标为 A_1、B_1、C_1，末端标为 X_2、Y_2、Z_2。根据铭牌规定，这三相绕组可接成星形或三角形，如图 6.1.3 所示。

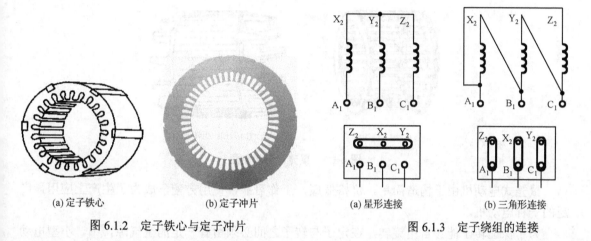

| (a) 定子铁心 | (b) 定子冲片 | (a) 星形连接 | (b) 三角形连接 |

图 6.1.2　定子铁心与定子冲片　　　　　　图 6.1.3　定子绕组的连接

2. 转子

三相异步电动机的转子由转子铁心、转子绕组和转轴三部分组成。转子铁心是由 0.5mm 厚的、相互绝缘的硅钢片叠压而成的，硅钢片外圆上有均匀分布的槽，作用与定子铁心相同，一方面作为电动机磁路的一部分，另一方面用来安放转子绕组。铁心装在转轴上，转轴两端支撑在轴承上，轴承承受机械负载。

转子绕组分为鼠笼式和绕线式两种，由此分为鼠笼式异步电动机和绕线式异步电动机。

绕线式绕组与定子一样也是三相绕组，一般接成星形。绕组的三个出线端分别连接到装于转轴上的滑环上，环与环、环与轴之间都相互绝缘，靠滑环与电刷的滑动接触和外电路中的可变电阻相连接，可改善电动机的启动和调速性能，如图 6.1.4 所示。

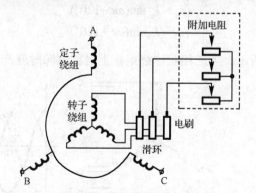

图 6.1.4　绕线式异步电动机定、转子绕组连接方式

鼠笼式转子绕组在铁心上也有槽，各槽里都有一根导体，在铁心的两端有两个端环，分

别把所有导条伸出槽外的部分连接起来，形成短接的回路。如果去掉铁心，整个绕组的外形就像一个"鼠笼"，如图 6.1.5 所示。导条所用材料有铜和铝两种，如果将铜条插入转子铁心槽中，再用铜做的端环套在两端铜条的头上并且焊接在一起，称为铜排转子，如图 6.1.5(a)所示。如果用铝做绕组，则是用融化了的铝液直接浇注在转子铁心槽内，连同端环和风扇叶一次铸成，称为铸铝转子，如图 6.1.5(b)所示。目前中、小型异步电动机一般采用铸铝转子。

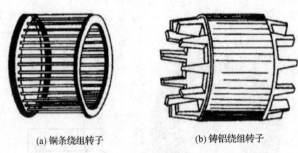

(a) 铜条绕组转子　　　(b) 铸铝绕组转子

图 6.1.5　鼠笼式转子绕组

鼠笼式电动机由于构造简单，价格低廉，工作可靠，使用方便，成为了生产上应用最广泛的一种电动机。

为了保证转子能够自由旋转，在定子与转子之间必须留有一定的空气隙，中、小型电动机的空气隙在 0.2～1.5mm 之间。

6.1.2　三相异步电动机的工作原理

三相异步电动机之所以能转动起来，是因为其电路中存在旋转磁场。

1. 旋转磁场的产生

三相异步电动机的定子绕组是由空间相隔 120° 的三个完全相同的线圈 AX、BY 和 CZ 组成的，将三相绕组的尾 X、Y、Z 接在一起形成星形连接，如图 6.1.6(a)和(b)所示，绕组的头 A、B、C 分别接在三相电源上。绕组内通以三相对称电流

$$\begin{cases} i_A = I_m \sin \omega t \\ i_B = I_m \sin(\omega t - 120°) \\ i_C = I_m \sin(\omega t + 120°) \end{cases}$$

其波形如图 6.1.6(c)所示。当三相对称绕组接上对称电源时就产生旋转磁场。

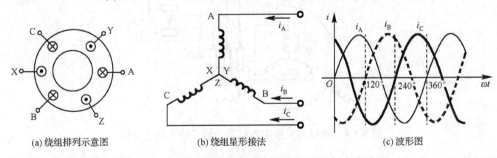

(a) 绕组排列示意图　　　(b) 绕组星形接法　　　(c) 波形图

图 6.1.6　三相定子绕组星形连接及对称三相电流波形

规定的参考方向是由首端流进、末端流出（流进用 ⊗ 表示，流出用 ⊙ 表示）。当电流为正时，实际方向与参考方向相同，当电流为负时，则相反，即末端流进，首端流出。为了分析定子磁场的情况，我们任选几个特定时刻 $\omega t = 0°$，$\omega t = 120°$，$\omega t = 240°$ 进行分析。

当 $\omega t = 0°$ 时，$i_A = 0$，AX 绕组中无电流；i_B 为负，BY 绕组中的电流从 Y 流入，从 B 流出；i_C 为正，CZ 绕组中的电流从 C 流入，从 Z 流出；由右手螺旋定则可得合成磁场的方向如图 6.1.7(a)所示。

当 $\omega t = 120°$ 时，$i_B = 0$，BY 绕组中无电流；i_A 为正，AX 绕组中的电流从 A 流入，从 X 流出；i_C 为负，CZ 绕组中的电流从 Z 流入，从 C 流出；由右手螺旋定则可得合成磁场的方向如图 6.1.7(b)所示。

当 $\omega t = 240°$ 时，$i_C = 0$，CZ 绕组中无电流；i_A 为负，AX 绕组中的电流从 X 流入，从 A 流出；i_B 为正，BY 绕组中的电流从 B 流入，从 Y 流出；由右手螺旋定则可得合成磁场的方向如图 6.1.7(c)所示。

根据这样的规律，在 $\omega t = 360°$ 时，旋转磁场回到 $\omega t = 0°$ 时图 6.1.7(a)的情形。

可见，当定子绕组中的电流变化一个周期时，合成磁场也按电流的相序方向在空间旋转一周。随着定子绕组中的三相电流不断地做周期性变化，产生的合成磁场也不断地旋转，因此称为旋转磁场。

2．旋转磁场的转向

旋转磁场的方向取决于通入三相绕组中电流的相序，从图 6.1.6 和图 6.1.7 可以看出，当通入三相绕组 AX、BY、CZ 中的电流相序依次为 $i_A \rightarrow i_B \rightarrow i_C$（正序电流），则旋转磁场按顺时针方向旋转，若想改变旋转磁场的方向，只要改变通入定子绕组的电流相序，即将三根电源线中的任意两根对调即可。这时，转子的旋转方向也跟着改变。

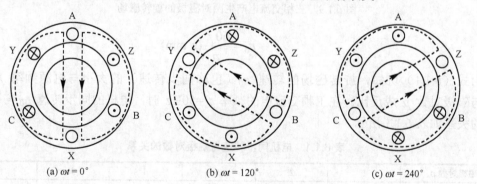

(a) $\omega t = 0°$　　　　　(b) $\omega t = 120°$　　　　　(c) $\omega t = 240°$

图 6.1.7　三相电流产生的旋转磁场

3．旋转磁场的极数与转速

三相异步电动机的极数就是旋转磁场的极数。旋转磁场的极数和三相绕组的安排有关。

当每相绕组只有一个线圈，绕组的始端之间相差 120° 空间角时，产生的旋转磁场具有一对极，即极对数 $p = 1$；由以上两极旋转磁场的分析可知，电流变化一周，磁场也正好在空间旋转一圈。若电流频率 f_1，则两极旋转磁场每分钟的转速为 $n_0 = 60 f_1 (r/min)$。

当每相绕组为两个线圈串联，绕组的始端之间相差 60° 空间角时，如图 6.1.8 所示，产生的旋转磁场具有两对极，即 $p = 2$，如图 6.1.9 所示。由图 6.1.9 可以看出，电流变化一个

周期 $360°$，磁场在空间只转了半圈 $180°$，比两极情况下的电动机转速慢了一半，即 $n_0 = \dfrac{60 f_1}{2}(\text{r/min})$。同理，当旋转磁场的极对数为 p 时，磁场的转速为

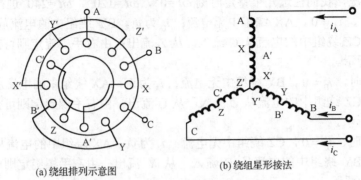

(a) 绕组排列示意图　　　　　　(b) 绕组星形接法

图 6.1.8　产生四极旋转磁场的定子绕组排列方式

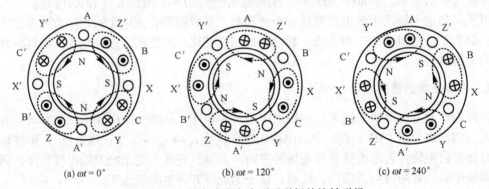

(a) $\omega t = 0°$　　　(b) $\omega t = 120°$　　　(c) $\omega t = 240°$

图 6.1.9　三相交流电产生两对磁极的旋转磁场

$$n_0 = \frac{60 f_1}{p}(\text{r/min}) \tag{6.1.1}$$

由式（6.1.1）可知，旋转磁场的转速 n_0（也称同步转速）的大小与电源频率 f_1 成正比，与磁极对数 p 成反比。在工频交流电的频率 $f_1=50\text{Hz}$ 时，电机的同步转速 n_0 与磁极对数 p 的关系如表 6.1.1 所示。

表 6.1.1　电机同步转速与磁极对数的关系

磁极对数 p	1	2	3	4	5	6
同步转速 n_0(r/min)	3000	1500	1000	750	600	500

4. 三相异步电动机的转动原理

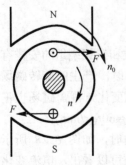

图 6.1.10　异步电动机转动原理图

三相异步电动机的定子绕组通入对称三相电流，在定、转子之间的气隙中会产生一个旋转磁场，用 N 和 S 表示两极旋转磁场，把笼形转子简化为由上下两根导体构成的闭合回路，转子如图 6.1.10 所示。设磁场以同步转速 n_0 顺时针旋转，若电机的转子原来是静止的，则磁通切割转子导条，在转子导条中产生感应电动势，在感应电动势作用下，闭合的导条中就有感应电流，其方向由右手螺旋定则确定，如

图 6.1.10 所示。同时，载流导体在磁场中也会受到电磁力的作用，其方向按左手螺旋定则确定，如图 6.1.10 中 F 所示，由电磁力产生电磁转矩，转子就转动起来了，转动的方向与旋转磁场的转动方向相同，当旋转磁场反转时，电动机也跟着反转。

异步电动机转子与定子间只有磁的耦合而无电的连接，能量的传递正是依靠这种电磁感应作用的，所以异步电动机也被称为感应电动机。

电动机转子转动方向与磁场旋转的方向相同，但转子的转速 n 总要略小于旋转磁场的同步转速 n_0，这是因为，如果两者相等，则转子与旋转磁场之间就没有相对运动，因而磁力线就不切割转子导体，转子电动势、转子电流及转矩也就都不存在。也就是说，旋转磁场与转子之间存在转速差，这就是异步电动机名称的由来。

为了衡量电机转速 n 与同步转速 n_0 相差程度，引入转差率 s 的概念，表示为

$$s = \frac{n_0 - n}{n_0} \tag{6.1.2}$$

转差率是异步电动机的一个重要的物理量。例如，电动机还没有转动起来时（启动初始瞬间），$n = 0$，$s = 1$，转差率最大；一般异步电动机额定负载下，转差率在 $0.015 \sim 0.06$ 之间。

根据式（6.1.2），可以得到电动机的转速常用公式

$$n = (1 - s) n_0 \tag{6.1.3}$$

【例 6.1.1】　一台三相异步电动机，其额定转速 $n_N = 720 \text{r/min}$，电源频率 $f = 50 \text{Hz}$，求电动机的极数和额定负载时的转差率 s。

解： 已知电动机的额定转速为 720r/min，因额定转速接近而略小于同步转速，而同步转速对于不同的极对数有一系列固定的数值。显然，与 720r/min 最相近的同步转速 $n_0 = 750 \text{r/min}$，由式（6.1.1）得

$$p = \frac{60 f_1}{n_0} = \frac{60 \times 50}{750} = 4$$

额定负载时的转差率为

$$s_N = \frac{n_0 - n}{n_0} = \frac{750 - 720}{750} = 0.04$$

6.2　三相异步电动机的电磁转矩与机械特性

电磁转矩是三相异步电动机的重要物理量，在使用电动机时，总是要求电动机的转矩与转速的关系满足机械负载的要求。机械特性则反映了一台电动机的运行性能。

为了深入了解三相异步电动机的电磁转矩与机械特性，有必要先对三相异步电动机的电路部分进行分析。

6.2.1　三相异步电动机的电路分析

三相异步电动机中的电磁关系同变压器类似，从电磁关系来看，定子绕组相当于变压器的原边绕组，而转子绕组（一般是短接的）则相当于副边绕组。一相的等效电路如图 6.2.1 所示。

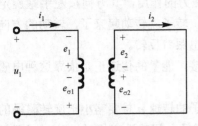

图 6.2.1　三相异步电动机的一相等效电路图

1. 定子电路

　　和变压器原边电路一样，电阻压降和漏磁电动势可以忽略不计，可得出

$$u_1 = -e_1, \quad \dot{U}_1 \approx -\dot{E}_1$$

$$U_1 \approx E_1 = 4.44 K_1 f_1 N_1 \varPhi_m \tag{6.2.1}$$

式中，N_1 为定子绕组每相匝数，f_1 为电源频率，$\varPhi_m$ 为通过每相绕组的磁通最大值，K_1 为定子绕组系数，与定子绕组结构有关，其值小于 1 但接近于 1。式（6.2.1）说明，当电源电压 U_1 和频率 f_1 一定时，其旋转磁场的每极磁通量基本不变。

2. 转子电路

　　当电动机旋转时，旋转磁场切割转子绕组导体，并在转子中产生感应电动势，其变化频率取决于旋转磁场与转子的相对转速和磁极对数。因为旋转磁场和转子间的相对转速为 $(n_0 - n)$，转子的频率 f_2 为

$$f_2 = \frac{p(n_0 - n)}{60} = \frac{n_0 - n}{n_0} \cdot \frac{pn_0}{60} = sf_1 \tag{6.2.2}$$

可以看出，转子频率与转差率 s 有关，也就是与转速 n 有关。异步电动机在额定负载时，转差率 s 只有 0.01～0.07，所以 f_2 只有几 Hz。

　　转子电动势 e_2 的有效值为

$$E_2 = 4.44 K_2 f_2 N_2 \varPhi_m = 4.44 K_2 sf_1 N_2 \varPhi_m = sE_{20} \tag{6.2.3}$$

式中，K_2 为转子绕组系数，N_2 为转子绕组每相匝数，E_{20} 为转子静止（刚启动）时每相绕组的感应电动势，为 E_2 的最大值。

　　转子感抗（漏磁感抗）$X_{2\sigma}$ 与转子频率 f_2 有关，即

$$X_{\sigma 2} = 2\pi f_2 L_{\sigma 2} = 2\pi sf_1 L_{\sigma 2} = sX_{\sigma 20} \tag{6.2.4}$$

式中，$L_{\sigma 2}$ 为转子绕组的漏磁电感，$X_{\sigma 20}$ 为转子静止时的漏感抗，即 $X_{\sigma 20} = 2\pi f_1 L_{\sigma 2}$，为 $X_{\sigma 2}$ 的最大值。

　　综合式（6.2.3）和式（6.2.4），在转子电路中每相电路的电流为

$$I_2 = \frac{E_2}{\sqrt{R_2^2 + X_{\sigma 2}^2}} = \frac{sE_{20}}{\sqrt{R_2^2 + (sX_{\sigma 20})^2}} \tag{6.2.5}$$

式中，R_2 是转子每相电阻。

　　由于转子有漏磁通，相应的漏感抗为 $X_{\sigma 2}$，所以 $\dot{I}_2$ 比 $\dot{E}_2$ 滞后 φ_2 角，因而转子电路的功率因数为

$$\cos \varphi_2 = \frac{R_2}{\sqrt{R_2^2 + X_{\sigma 2}^2}} = \frac{R_2}{\sqrt{R_2^2 + (sX_{\sigma 20})^2}} \tag{6.2.6}$$

　　由式（6.2.2）～式（6.2.6）可见，异步电动机转子电路的有关参数都与转差率 s 有关，即与电机转速 n 有关，这是异步电动机区别于变压器的最大特点。

6.2.2 三相异步电动机的电磁转矩

三相异步电动机的电磁转矩 T 是转子中各个载流导体在旋转磁场的作用下受到电磁力对转轴的转矩之总和，即电磁转矩 T 是由气隙中的主磁通 Φ_m 与转子电流的有功分量（$I_2\cos\varphi_2$）相互作用而产生的，经理论证明，它们的关系是

$$T = K_T\Phi_m I_2\cos\varphi_2 \qquad (6.2.7)$$

式中，K_T 为与电机结构有关的常数，称为转矩系数。把式（6.2.5）、式（6.2.6）代入式（6.2.7）得

$$T = K_T\Phi_m \frac{sE_{20}}{\sqrt{R_2^2+(sX_{\sigma20})^2}} \frac{R_2}{\sqrt{R_2^2+(sX_{\sigma20})^2}} = K_T\Phi_m E_{20}\frac{sR_2}{R_2^2+(sX_{\sigma20})^2}$$

由式（6.2.1）和式（6.2.3）有 $\Phi_m = \dfrac{U_1}{4.44K_1f_1N_1}$，$E_{20}=4.44K_2f_2N_2$　$\Phi_m=\dfrac{K_2N_2}{K_1N_1}U_1$，所以

$$T = K\frac{sR_2}{R_2^2+(sX_{\sigma20})^2}\cdot U_1^2 \qquad (6.2.8)$$

式中，K 为常数。由式（6.2.8）可知，转矩 T 还与定子每相电压 U_1 的平方成比例，所以当电源电压有所变动时，对转矩的影响很大，这是异步电动机的不足之处。此外，转矩 T 还受转子电阻 R_2 的影响。图 6.2.2 所示为异步电动机的转矩特性曲线。

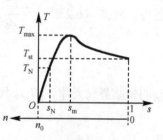

图 6.2.2　异步电动机转矩特性曲线

6.2.3 三相异步电动机的机械特性

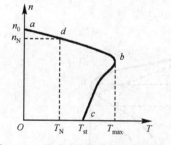

图 6.2.3　异步电动机机械特性曲线

在实际应用中，需要直接了解的是电源电压一定时转速与电磁转矩的关系，即 $n = f(T)$ 曲线。在图 6.2.2 中，将 s 轴变换为 n 轴，将 T 轴右移到 $s=1$ 处，再将曲线顺时针旋转 $90°$，便得到图 6.2.3 所示的机械特性曲线。在机械特性曲线上主要讨论三个重要转矩。

1. 额定转矩 T_N

电动机在额定电压下以额定转速运行、输出额定功率时，其转轴上的输出转矩为额定转矩 T_N。可以根据铭牌给出的额定功率 P_N、额定转速 n_N 来计算，有

$$T_N = \frac{P_N}{\omega_N} = \frac{P_N\times10^3}{\dfrac{2\pi n_N}{60}} = 9550\frac{P_N}{n_N} \qquad (6.2.9)$$

式中，P_N 的单位是千瓦（kW），n_N 的单位是转/分（r/min），T_N 的单位是牛·米（N·m）。

当忽略电动机本身机械摩擦转矩 T_0 时，阻转矩近似为负载转矩 T_L，电动机做等速旋转时，电磁转矩 T 必与负载转矩 T_L 相等，即 $T=T_L$。额定负载时，则有 $T_N=T_L$，对应图 6.2.3 曲线上的 d 点。

通常三相异步电动机都工作在图 6.2.3 所示曲线的 *ab* 段。因为工作在这一段的电动机，它所产生的电磁转矩 *T* 的大小能够在一定的范围内自动调整以适应负载的变化，这种特性称为自适应负载能力。例如，由于某种原因使 T_L 增大，由特性曲线可知

$$T_L \uparrow \rightarrow n \downarrow \rightarrow s \uparrow \rightarrow I_2 \uparrow \leftarrow T \uparrow$$

当转矩增加到 $T=T_L$ 时，达到新的平衡，此过程中，当 $I_2 \uparrow$ 时，$I_1 \uparrow$ 电源提供的功率自动增大。这时新的稳定状态的速度较前要低，但是，*ab* 段比较平坦，当负载在空载和额定值之间变化时，电动机的转速变化不大。这种特性称为硬特性，非常适合金属切削机床、通风机、压缩机等要求负载变化时，电动机转速变化较小的场合。

2. 最大转矩 T_{max}

T_{max} 又称为临界转矩，是电动机可能产生的最大电磁转矩，它反映了电动机的过载能力。对式（6.2.8），令 $\dfrac{dT}{ds}=0$ 可求出产生 T_{max} 时的转差率 s_m 为

$$s_m = \frac{R_2}{X_{\sigma 20}} \tag{6.2.10}$$

s_m 叫做临界转差率，将 s_m 代入式（6.2.8）可得最大转矩为

$$T_{max} = K \frac{U_1^2}{2X_{\sigma 20}} \tag{6.2.11}$$

由式（6.2.10）和式（6.2.11）可知，最大转矩与电源电压的平方成正比，而与转子电阻 R_2 无关，如图 6.2.4 所示。临界转差率与电压无关，与 R_2 有关，R_2 越大，s_m 越大。如图 6.2.5 所示，绕线式转子异步电动机转子电路外接电阻便可以改善电动机的启动性能和调速性能。

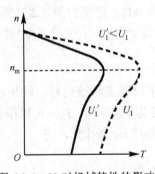

图 6.2.4　U_1 对机械特性的影响

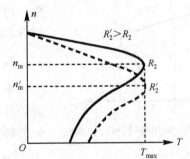

图 6.2.5　转子电阻不同时的机械特性

工作时，一般保证负载转矩 $T_L < T_{max}$，否则将会导致电动机堵转。通常用最大转矩 T_{max} 与额定转矩 T_N 的比值来描述电动机的过载能力，称为过载系数 λ_m，即

$$\lambda_m = \frac{T_{max}}{T_N} \tag{6.2.12}$$

一般三相异步电动机的过载系数在 1.8～2.2 之间。

3. 启动转矩 T_{st}

T_{st} 为电动机启动瞬间的转矩，即 $n=0$，$s=1$ 时的转矩。将 $s=1$ 代入式（6.2.8）得

$$T_{st} = K\frac{R_2}{R_2^2 + X_{\sigma20}^2}\cdot U_1^2 \tag{6.2.13}$$

由式（6.2.13）可见，启动转矩与电压的平方成正比，电压增大，启动转矩会增大，如图 6.2.4 所示。增大转子电阻，s_m 会增大，T_{st} 会随之增大，如图 6.2.5 所示。为确保电动机能够带额定负载启动，必须满足：$T_{st} > T_N$，通常用 T_{st} 与额定转矩 T_N 之比来表示电动机的启动能力，称为启动系数 λ_{st}，即

$$\lambda_{st} = \frac{T_{st}}{T_N} \tag{6.2.14}$$

一般的三相异步电动机的启动系数为 1～2.2。

6.3 三相异步电动机的使用

三相异步电动机的使用主要讨论它的启动、调速和制动等方面的问题，而了解它的铭牌是正确使用的前提。

6.3.1 三相异步电动机的额定数据

每台电动机的机座上都装有一块铭牌。铭牌上标注有该电动机的主要性能和技术数据。图 6.3.1 所示为某一三相异步电动机的铭牌。

三相异步电动机			
型号 Y160L—4	功率 15kW	频率 50Hz	电压 380V
电流 30.3A	接法 △	转速 1460r/min	绝缘等级 B
工作方式 连续	温升 75℃	质量 150kg	
	年 月 日	×××电机厂	

图 6.3.1 三相异步电动机的铭牌

1. 型号

型号是表示电机的类型、用途和技术数据的代号，国产电机的型号一般用大写字母和阿拉伯数字组成，字母和数字各具有一定的含义。图 6.3.1 所示铭牌的型号的含义如下。

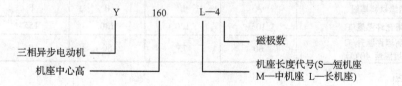

2. 额定功率与效率

额定功率 P_N（或 P_{2N}）是指电动机在规定的环境温度下，在额定运行时电动机轴上输出的机械功率值，单位为 kW。

电动机输出功率与电源输入功率之比为电动机的效率 η_N。η_N 的大小可以从产品目录中查到，也可以由铭牌数据求得

$$\eta_N = \frac{P_2}{P_1} \times 100\% = \frac{P_N}{\sqrt{3} U_N I_N \cos\varphi_N} \times 100\%$$

一般鼠笼式电动机在额定运行时的效率为 72%～93%。

3. 频率

额定频率是指电动机额定运行时，定子绕组所加交流电源的频率。我国工业交流电的频率为 50Hz。

4. 电压

电动机在额定运行时定子绕组上应加的线电压为电动机的额定电压，单位为 V。一般规定电动机的电压不应高于或低于额定值的 5%。电动机的额定电压有 380V、3000V 及 6000V 等多种。

5. 电流

铭牌上所标的电流值是指电动机在额定运行时定子绕组的最大线电流允许值，单位为 A。如果三相定子绕组有两种接法，就标有两种相应的电流值。

6. 接法

接法是指电动机在额定电压下三相定子绕组应该采用的连接方式。Y 系列三相异步电动机额定功率在 4kW 及以上的都采用 Δ 接法。

7. 转速

转速是指电动机在额定电压、额定频率及输出额定功率时的转速，称为额定转速 n_N，单位为 r/min。额定转速与同步转速相差很小，故根据额定转速可判断出电动机的极对数。

8. 绝缘等级

绝缘等级是按电动机绕组所用的绝缘材料在使用时容许的极限温度来分级的。所谓极限温度，是指电机绝缘结构中最热点的最高容许温度。常用绝缘材料的等级及其最高容许温度如表 6.3.1 所示。

表 6.3.1　绝缘等级与温升的关系

绝缘材料等级	A	E	B	F	H
极限允许温度/℃	105	120	130	155	180
最高容许温升/℃（环境温度 40℃）	60	75	80	105	125

9. 温升

温升是指电动机工作时其绕组温度与周围环境温度的最大温差。我国规定环境温度以 40℃ 为标准。电动机的容许温升与其所用绝缘材料有关，如表 6.3.1 所示。

6.3.2 三相异步电动机的启动

异步电动机与电源接通，转速由零上升到稳态值的过程称为电动机的启动。启动开始瞬间，由于转子转速 $n=0$，转差率 $s=1$，所以旋转磁场和静止的转子间的相对速度很大，因此转子中的感应电动势很大，转子电流达最大值，定子电流也达最大值。启动时的定子电流称为启动电流，以 I_{st} 表示。转子电流 I_2 虽然很大，但转子的功率因数 $\cos\varphi_2$ 很低，启动转矩 T_{st} 较小，通常只有额定转矩的 0.9～2 倍。

当电动机在额定电压的情况下启动时，称为直接启动，又称为全压启动。直接启动时的启动电流约为额定电流的 5～7 倍。因启动过程只有几秒的时间，且启动过程中电流不断减小，所以如果启动不频繁，发热问题并不严重，对电动机自身影响并不大。但是大的启动电流在输电线路上造成的电压降很大，引起电网电压的波动，会影响电网中其他电气设备的正常运行。直接启动设备简单，操作方便，启动过程短，只要电网电压容许，应尽量采用。

一台电动机能否直接启动，有一定的规定。在有独立变压器的场合，不经常启动的电动机的容量不超过变压器容量的 30%时才容许直接启动；经常启动的电动机的容量不超过变压器容量的 20%才容许直接启动。如果没有独立的变压器，则容许直接启动的电动机容量是以启动时电网电压降不超过额定电压的 5%为原则的。

不容许直接启动的场合，可采用启动设备把电源电压适当降低后加到电动机定子绕组（减小启动电流）进行启动，待转速升高到接近稳定时再把电压恢复到额定值，这种方法称为降压启动。三相笼型异步电动机常用的降压启动方法有两种：Y-△换接启动与自耦降压启动。

1．Y-△换接启动

启动时，将三相定子绕组接成星形，待转速上升到接近额定转速时，再换成三角形。这样，在启动时就把定子每相绕组上的电压降到正常工作电压的 $1/\sqrt{3}$。此方法只能用于正常工作时定子绕组为三角形连接的电动机。图 6.3.2 所示为一种利用开关控制的简单的 Y-△启动电路图。启动时，先合上电源隔离开关 Q_1，同时将双向开关 Q_2 投向下方"启动"位置，使定子绕组接成星形连接，待电动机的转速接近额定转速时，再迅速将 Q_2 投向上方"运行"位置，定子绕组即换接成三角形连接而全压运行。

设定子绕组每相阻抗为 Z，电源线电压为 U_N，三角形连接时直接启动的线电流为 $I_\triangle$，Y 连接时降压启动的线电流为 I_Y，则有

$$I_\triangle = \sqrt{3}\frac{U_N}{|Z|}, I_Y = \frac{U_N}{\sqrt{3}|Z|}$$

比较上两式可得

$$\frac{I_Y}{I_\triangle} = \frac{1}{3} \tag{6.3.1}$$

由式（6.3.1）可知，采用 Y-△换接启动时，启动电流是直接启动时的 1/3。由于电磁转矩与定子电压的平方成正比，所以启动转矩降为全压启动的 1/3。即

$$\frac{T_{stY}}{T_{st\triangle}} = \left(\frac{U_N/\sqrt{3}}{U_N}\right)^2 = \frac{1}{3} \qquad (6.3.2)$$

这种换接启动可采用星三角启动器来实现。星三角启动器体积小、成本低、寿命长、动作可靠。因此在轻载启动条件下，应该优先采用。但是因为 Y-△ 启动的电动机定子绕组有 6 个出线端，对于高压电机有一定的困难，所以一般用于额定电压为 380V、绕组是△接法的电动机。

2. 自耦降压启动

自耦降压启动是利用三相自耦变压器将电动机在启动过程中的端电压降低。如图 6.3.3 所示，启动时，先把开关 Q_2 扳到"启动"位置，使自耦变压器的高压侧与电网相连，低压侧与电动机定子绕组相连，电源电压经自耦变压器降压后加到电动机的定子绕组上，当转速接近额定值时，将 Q_2 扳向"运行"位置，切除自耦变压器。进入正常的全压运行状态。

设自耦变压器的变比为 k，采用自耦变压器启动时，电动机的启动电流和启动转矩均为直接启动时的 $1/k^2$。自耦变压器备有 40%、60%、80%等多种抽头，用户可根据对启动电流和启动转矩的要求加以选择。

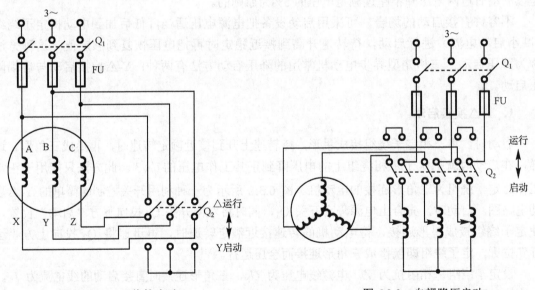

图 6.3.2　Y-△换接启动　　　　　　　图 6.3.3　自耦降压启动

自耦降压启动的优点是可以根据需要选择启动电压，但是自耦变压器体积大、成本高，而且需要经常维护。因此一般用于正常运行作星形连接或容量较大的鼠笼式异步电动机。

绕线式异步电动机启动时，只要在转子绕组中串接启动电阻，就可以达到减小启动电流、增大启动转矩的目的，如图 6.1.4 所示。启动过程中逐步切除启动电阻，启动完毕后将启动电阻全部短接，电动机正常运行。

【例 6.3.1】 已知 Y280M—4 型三相鼠笼式异步电动机的额定功率为 90kW，额定电压为 380V，△接法，额定转速为 1480r/min，启动能力 T_{st}/T_N=1.9，负载转矩为 300N·m。

（1）该电动机能否用 Y-△换接启动？

（2）如果采用 40%、60%、80%三抽头的自耦变压器启动，应选用哪个抽头？

解：（1）该电动机的额定转矩和启动转矩分别为

$$T_N = 9550 \frac{P_N}{n_N} = 9550 \times \frac{90}{1480} = 580.7(N \cdot m)$$

$$T_{st} = 1.9 T_N = 1.9 \times 589.7 = 1103.3(N \cdot m)$$

如果采用 Y-△换接启动，则启动转矩为

$$T_{stY} = \frac{1}{3} T_{st} = \frac{1}{3} \times 1103.3 = 367.7 > 300(N \cdot m)$$

该电动机正常运行时定子绕组为△接法，启动时采用 Y 连接的启动转矩大于负载转矩，因此可以采用 Y-△换接启动。

（2）当用 40%、60%、80%三抽头降压启动时的启动转矩分别为

$$T_{st1} = (0.4)^2 \times 1103.3 = 176.5 < 300(N \cdot m)$$

$$T_{st2} = (0.6)^2 \times 1103.3 = 397.19 > 300(N \cdot m)$$

$$T_{st3} = (0.8)^2 \times 1103.3 = 706.1 > 300(N \cdot m)$$

可见，不能采用 40%抽头，应采用 60%抽头。采用 80%抽头能启动，但启动电流比采用 60%抽头时大。

6.3.3 三相异步电动机的调速

调速就是在同一负载下能得到不同的转速，以满足生产过程的要求。

由 $s = \frac{n_0 - n}{n_0}$ 及 $n_0 = \frac{60 f_1}{p}$ 得

$$n = (1-s)n_0 = (1-s)\frac{60 f_1}{p}$$

可见，通过三个途径可以进行调速：改变电源频率 f，改变磁极对数 p，改变转差率 s。

1. 变频调速

改变电源频率可以改变旋转磁场的转速，同时也改变了转子的转速。此方法可获得平滑且范围较大的调速效果，且具有硬的机械特性，但须有专门的变频装置，如图 6.3.4 所示。变频装置由可控硅整流器和可控硅逆变器组成，通过整流器先将 50Hz 交流电变成电压可调的直流电，直流电再通过逆变器变成频率连续可调的三相交流电。随着电子器件成本的不断降低和可靠性不断的提高，这种调速方法的应用将越来越广泛。

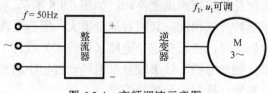

图 6.3.4 变频调速示意图

2．变极调速

采用变极调速的电动机一般每相定子绕组由两个相同的部分组成，这两部分可以串联，也可以并联，通过改变定子绕组接法可制作出双速、三速、四速等电动机。变极调速需要有一个较为复杂的转换开关，但整个装置相对来讲比较简单，常用于需要调速又要求不高的场合。此方法能做到分级调速，但不能实现无极调速，它简单方便，常用于金属切割机床或其他生产机械上。

变极调速方法只适合鼠笼式异步电动机，不适合绕线式异步电动机。因为鼠笼式异步电动机的转子磁极数是随定子磁极数改变而改变的，而要改变绕线式异步机的转子的磁极对数，必须相应改变转子绕组接法，所以绕线式异步电动机很少采用变极调速。

3．变转差率调速

改变转差率调速方法有改变电源电压和改变转子回路电阻两种方法。

改变异步电动机定子电压的机械特性如图 6.2.4 所示。从图中可见，n_0、s_m 不变，最大转矩与电压平方成正比。这种调速方法的调速范围是有限的，而且容易使电动机过电流。

转子电路串电阻的调速方法只适用于绕线式异步电动机，在转子电路中，串入一个三相调速变阻器进行调速。当改变电阻时，可以调节电动机的转速，如图 6.2.5 所示。此方法能平滑地调节绕线式电动机的转速，且设备简单、投资少；但变阻器增加了损耗，故常用于短时调速或调速范围不太大的场合。

综上可知，异步电动机的各种调速方法都不太理想，所以异步电动机常用于要求转速比较稳定或调速性能要求不高的场合。

6.3.4　三相异步电动机的制动

当生产机械需要停车时，如仅仅切断电源让其自行停车，则由于电动机本身及生产机械的惯性往往需要较长时间。为了缩短辅助工时，提高生产效率，往往要求电动机能迅速停车或反转。制动是给电动机一个与转动方向相反的转矩，促使它在断开电源后很快地减速或停转。

对电动机制动，也就是要求它的转矩与转子的转动方向相反，这时的转矩称为制动转矩。

常见的电气制动方法有下列几种。

1．反接制动

当电动机快速转动而需停转时，可将接到电源的三根导线中的任意两根的一端对调位置，从而改变电源相序，旋转磁场反向旋转，转子由于惯性的原因仍在原来方向上旋转，使转子受一个与原转动方向相反的转矩而迅速停转，如图 6.3.5 所示。

由于旋转磁场与转子旋转方向相反，其相对速度很大，因而电流很大。为了限制电流，对功率较大的电动机进行制动时，必须在定子电路（鼠笼式）或转子电路（绕线式）中接入电阻。这种方法比较简单，制动力强，效果较好，但制动过程中的冲击也强烈，易损坏传动器件，且能量消耗较大，频繁反接制动会使电机过热。

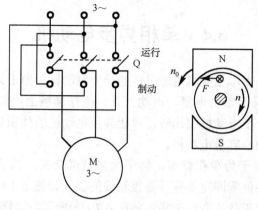

图 6.3.5 反接制动

2. 能耗制动

利用反接制动来准确停车有一定的困难，因为它容易造成反转。能耗制动则能较好地解决这个问题。能耗制动的方法就是当电动机脱离三相电源的同时，给定子绕组接入一直流电源，直流电流通入定子绕组，于是在电动机中便产生一个方向恒定的磁场，使转子受到一个与转子转动方向相反的 F 力的作用，于是产生制动转矩，实现制动，如图 6.3.6 所示。这种制动方法是把电动机轴上的旋转动能转变为电能，消耗在转子回路电阻上，故称为能耗制动。

这种制动能量消耗小，制动准确而平稳，无冲击，但需要直流电流。在有些机床中采用这种制动方法。

3. 回馈制动

当电动机在外力（如起重机下放重物）作用下，使其转子的转速 n 超过旋转磁场的转速 n_0 时，转子感应电动势反向，电机就由电动机状态变为发电机状态，这时电机的有功电流和电磁转矩都将倒转，从而制止转速进一步增大，起到了制动的作用。由于电流方向倒转，电功率回送到电网，故称为回馈制动，如图 6.3.7 所示。

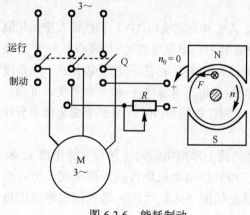

图 6.3.6 能耗制动

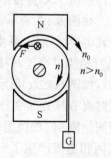

图 6.3.7 回馈制动

6.4　单相异步电动机

单相异步电动机就是由单相交流电源供电的异步电动机。由于只需要单相电源供电，使用方便，因此被广泛应用于家用电器、电动工具、医疗器械上，如电扇、电冰箱、洗衣机等。但与同容量的三相异步电动机相比较，单相异步电动机的体积较大，运行性能较差，因此只做成几十到几百瓦的小容量电动机。

单相异步电动机的定子为单相绕组，转子大多是鼠笼式。当单相绕组通入单相交流电时，会产生一个磁极轴线位置固定不变（磁极轴线的位置如图 6.4.1(a)中的虚线所示），而磁感应强度的大小随时间做正弦交变的磁场，如图 6.4.1(b)所示，这样的磁场称为脉动磁场。

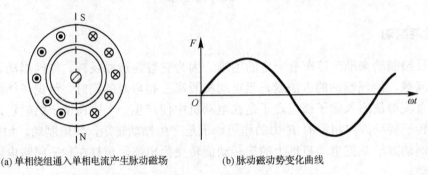

　　　(a) 单相绕组通入单相电流产生脉动磁场　　　　　　(b) 脉动磁势变化曲线

图 6.4.1　单相异步电动机的磁场

由于脉动磁场不是旋转的磁场，所以在转子导条中不能产生感应电流，也不会形成电磁转矩，因此单相电动机没有启动转矩。如果用外力使电动机转动起来，因为转子与脉动磁场之间的相对运动而产生的电磁转矩能使其继续沿原来的方向旋转，即电动机的转动方向由电机启动时的转向确定。

为了使单相异步电动机产生启动转矩，必须采取某些特殊启动方法，常用的方法有电容分相法和罩极法。

1. 单相电容分相式启动异步电动机

电容分相式电动机的定子上嵌装工作绕组 AX 和启动绕组 BY，两绕组在空间相隔 90°，其中工作绕组 AX 直接接到单相电源，启动绕组 BY 串联电容 C 与离心开关 S 后接到单相电源上，如图 6.4.2 所示。工作绕组为感性电路，其电流 i_A 滞后电源电压 u 一个角度。启动绕组串联电容 C 后，可使其为容性电路，电流 i_B 超前电源电压 u 一个角度。可见，如果电容 C 选择恰当，可使两相绕组中的电流 i_A、i_B 相位差接近 90°，即把单相交流电分相为两相交流电，如图 6.4.2(c)所示。

平时离心开关 S 处于闭合状态，当电动机接上单相电源时，两相交流电流 i_A 和 i_B 便通过在空间相隔 90°的绕组 AX 与 BY。参照三相异步电动机旋转磁场形成的分析方法，可以证明这两相电流产生了一个旋转磁场，其原理如图 6.4.3 所示，通入绕组电流的电角度变化了 90°，旋转磁场在空间上也转过 90°。

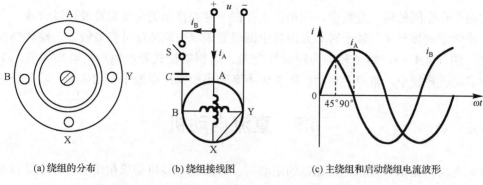

(a) 绕组的分布　　　　(b) 绕组接线图　　　　(c) 主绕组和启动绕组电流波形

图 6.4.2　电容分相式单相异步电动机的工作原理

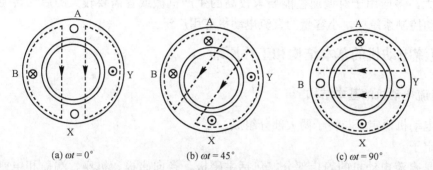

(a) $\omega t = 0°$　　　　(b) $\omega t = 45°$　　　　(c) $\omega t = 90°$

图 6.4.3　电容分相式单相异步电动机旋转磁场的形成

单相异步电动机启动后，转速达到一定数值时，离心开关 S 自动断开，把绕组 BY 从电源切断。转子一旦转起来，转子导条与磁场间就有了相对运动，转子导条中的感应电流和电动机的电磁转矩就能持续存在，所以启动绕组切断后，电动机仍能继续运转。

如果要改变电动机的转向，只要把电容 C 改接到绕组 AX 电路中，则电流 i_A 就超前电流 i_B，于是旋转磁场将逆时针旋转，从而实现电动机的反转。洗衣机中的电动机就是由定时器的转换开关来实现这种自动切换的。

2．单相罩极式异步电动机

单相罩极式异步电动机的结构有凸极式和隐极式两种，原理完全一样，只是凸极式结构更为简单一些，也最为常见，如图 6.4.4 所示。转子仍是普通的鼠笼转子，但定子做成凸极铁心，在凸极铁心上安装集中绕组，组成磁极，在每个磁极 1/3～1/4 处开一个小槽。槽中放置一个短路的铜环，把磁极的一小部分罩起来，故称为罩极式异步电动机。

罩极式异步电动机定子绕组通电后，将产生交变磁通 Φ，其中一部分磁通 Φ_1 不穿过短路环，而另一部分磁通 Φ_2 穿过短路环，将在短路环内产生感应电动势和电流。此感应电流对 Φ_2 变化起阻碍作用，因此 Φ_2 在相位上滞后于不穿过短路环的磁通 Φ_1。同时由于磁通 Φ_1 与 Φ_2 的中心位置也相隔一定角度，

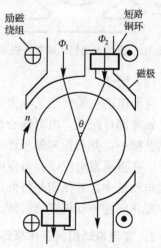

图 6.4.4　单相罩极式异步电动机示意图

这样的两个在空间相隔一定角度、在相位上存在一定相位差的交变磁通便可以合成一个旋转磁场，使转子旋转起来，转子转动方向是由磁极的未罩短路环部分向着被罩短路环部分的方向转动。图 6.4.4 中，转子转向为顺时针方向。单相罩极式异步电动机结构简单，工作可靠，但启动转矩较小，常用于启动转矩要求不高的小型家用电器中（如风扇、吹风机等）。

6.5　直流电动机

直流电动机是依靠直流电压运行的电动机，与三相异步电动机相比，直流电动机结构复杂，生产成本较高，维护不便，可靠性差，还需备有直流电源才能使用；但其调速性能好，启动转矩大，多应用于对调速性能要求较高的生产机械或者需要较大的启动转矩的生产机械。在自动控制系统中，小容量的直流电动机应用广泛。

6.5.1　直流电动机的基本结构和工作原理

1. 直流电动机的基本结构

直流电动机由定子与转子两大部分组成。

（1）定子

定子是直流电动机的静止部分，包括主磁极、换向磁极、机座、端盖和电刷装置等部件。主磁极的作用是产生主磁场，如图 6.5.1 所示，分为两种，一种是永磁式，由永久磁铁做成（永磁直流电机），另一种是励磁式，由带有直流励磁绕组的叠片铁心构成（电磁直流电机）。电磁直流电机的主磁极分为极心和极掌两部分，极心上放置励磁绕组，极掌的作用是使空气隙中的磁感应强度分布最为合适，同时也方便绕组的安装。换向磁极的作用是改善换向条件，使电动机运行时电刷下不产生有害的火花。机座通常用铸钢做成，也是磁路的一部分。

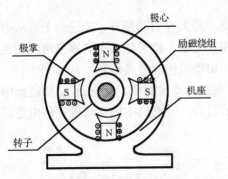

图 6.5.1　直流电动机的磁极及磁路示意图

（2）转子

直流电动机的转子又称为电枢，是电动机的旋转部分，由电枢铁心、电枢绕组、换向器和转轴等部件组成。电枢铁心是主磁路的一部分，外圆处均匀分布着齿槽，电枢绕组则嵌置于这些槽中，并与换向器相连，作用是产生感应电动势和电磁转矩。换向器是一种机械整流部件，在直流发电机中，电枢绕组发出的是交流电，通过换向器和电刷转换成直流电；而在直流电动机中，其作用是将外电路中的直流电转换成电枢绕组的交流电，以保证电磁转矩方向不变并能使电动机连续运转。

2. 直流电动机的工作原理

为了说明直流电动机的转动原理，先从一个最简单的直流电动机的模型开始介绍。如图 6.5.2 所示，假定电动机只有一对主磁极 N、S，它是固定不动的，直流电流由电刷 A

流入，经过线圈 abcd，从电刷 B 流出，载流导体 ab
和 cd 受到电磁力的作用，两段导体受到的力形成一
个转矩，使得线圈逆时针转动；当线圈转过 180° 时，
线圈的 cd 段位于 N 极下，ab 段位于 S 极下，直流电
流由电刷 A 流入，在线圈中流动的方向为 dcba，从
电刷 B 流出，载流导体 cd 和 ab 受到的电磁力形成的
转矩仍然使得线圈逆时针方向旋转。

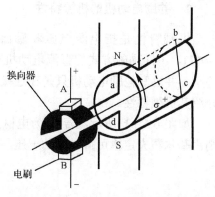

图 6.5.2　直流电动机的工作原理示意图

由电枢绕组中的电流 I_a 与磁通 Φ 相互作用，产生
电磁力和电磁转矩，电磁转矩常表示为

$$T = K_T \Phi I_a \qquad (6.5.1)$$

式中，T 为电磁转矩，单位是牛·米（N·m）；K_T 为
转矩常数，与电机结构有关；Φ 是磁极的磁通，单位是韦伯（Wb）；I_a 的单位是安（A）。
可见，当磁通 Φ 一定时，电磁转矩与电枢电流成正比，方向由磁通方向与电流方向决定，
改变其中任何一个的方向，电磁转矩的方向都随之改变。

若电动机输出机械功率是 P_2（kW），电枢转速是 n（r/min），则电磁转矩 T 与 P_2、n 的
关系为

$$T = 9550 \frac{P_2}{n}$$

当上式中取电动机的额定功率 P_{2N}、额定转速 n_N 时，计算所得即为额定转矩 T_N。

由于电枢在磁场中转动时，其绕组中必然产生感应电动势 E_a，而 E_a 总是阻碍电枢电流
的变化的，故称为反电动势。E_a 的大小为

$$E_a = K_E \Phi n \qquad (6.5.2)$$

式中，K_E 是与电动机结构有关的常数，Φ 是磁极的磁通，n 是电动机的转速。

6.5.2　直流电动机的工作特性

1. 直流电动机的励磁方式

励磁绕组与电枢绕组的连接方式称为励磁方式。按励磁方式的不同，直流电动机可分为
他励（励磁绕组与电枢绕组各有独立电源）、并励（励磁绕组和电枢绕组并联）、串励（励磁
绕组和电枢绕组串联）和复励（励磁绕组和电枢绕组一部分并联、一部分串联）等 4 种，如
图 6.5.3 所示。

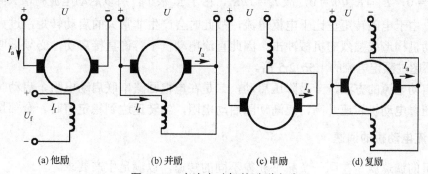

图 6.5.3　直流电动机的励磁方式

2．并励电动机的机械特性

机械特性是指电源电压和励磁电流不变时，转速与电磁转矩之间的变化规律，即 $n=f(T)$。不同励磁方式的直流电动机有着不同的特性，直流电动机的主要励磁方式为他励和并励。并励和他励电动机只是在连接上不同，两者的特性是一样的。下面以并励电动机为例介绍其机械特性。

如图 6.5.3(b)所示，若 E_a 为电枢反电动势，电枢回路总电阻为 R_a，励磁支路电阻为 R_f，则由基尔霍夫定律可得电机的电压与电流的基本关系

$$U = E_a + I_a R_a \tag{6.5.3}$$

$$I_f = U / R_f \tag{6.5.4}$$

由式（6.5.4）可知，并励电动机的励磁电流是不受负载影响的，当电源电压和励磁支路的电阻 R_f 一定时，励磁电流 I_f 及由它产生的磁通 Φ 为常数。因此并励直流电动机的转矩只与电枢电流成正比。

由式（6.5.1）、式（6.5.2）和式（6.5.3）可得

$$n = \frac{U}{K_E \Phi} - \frac{R_a}{K_E K_T \Phi^2} T = n_0 - \beta T \tag{6.5.5}$$

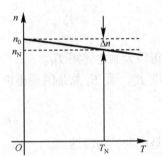

图 6.5.4　并（他）励电动机的机械特性

式中，$n_0 = \dfrac{U}{K_E \Phi}$ 是 $T=0$ 时的转速，称为理想空载转速；$\beta = \dfrac{R_a}{K_E K_T \Phi^2}$ 为机械特性的斜率，由于 R_a 很小，所以 β 是一个很小的常数，因此转速降 $\Delta n = \beta T$ 也很小，故并（他）励电动机的机械特性曲线是一条稍微向下倾斜的直线，如图 6.5.4 所示。这种机械特性称为硬特性，适合那些要求负载转矩变化而电动机转速基本不变的生产机械，如大型车床、龙门刨床。

6.5.3　直流电动机的启动和调速

1．直流电动机的启动

直流电动机的启动是指电动机从静止状态到稳定运行状态的运行过程。直流电动机在启动瞬间，$n = 0$，$E_a = K_E \Phi n = 0$，故 $I_a = U/R_a$，由于 R_a 很小，所以启动电流将增大到额定电流的几十倍，由于电磁转矩正比于电枢电流，故此时会产生非常大的启动转矩，过大的启动转矩会对传动机构造成强烈的机械冲击。因此直流电动机不容许直接启动，必须采取措施限制启动电流不超过额定电流的 1.5～2.5 倍。

限制启动电流的方法，一是降压启动，二是在电枢回路串联启动电阻，启动时将电阻调到最大，随着电动机转速升高，逐渐切除启动电阻，当转速达到稳定值时，全部切除。

2．直流电动机的调速

电动机的调速就是在同一负载下获得不同的转速，以满足生产要求。

由式（6.5.2）和式（6.5.3）可知并（他）励电动机的转速公式为

$$n = \frac{E_a}{K_E \Phi} = \frac{U - I_a R_a}{K_E \Phi}$$

可以看出，改变电枢电路的电阻 R_a、改变磁极磁通 Φ 或改变电枢电压 U 都可以改变直流电动机的机械特性，从而改变其转速。

图 6.5.5(a)所示为电枢电路内串接可变电阻调速的机械特性。当 R_a 增大时，在负载一定的情况下，转速下降，但在轻载时得不到低速。因此这种调速方法只适用于调速范围不大、调速时间不长的小功率电动机。

图 6.5.5(b)所示为改变励磁磁通的调速，在励磁支路中串联可变电阻，使得电动机的磁通 Φ 小于原来的额定值，因而能使电动机的转速升高。

图 6.5.5(c)所示为改变电源电压的调速。当电动机的电压减小时，机械特性向下移，硬度不变。这种方法的调速范围大。

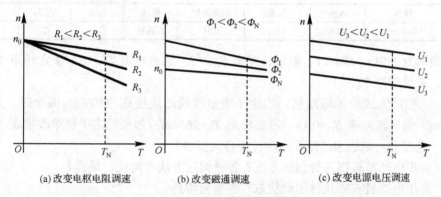

(a) 改变电枢电阻调速   (b) 改变磁通调速   (c) 改变电源电压调速

图 6.5.5　直流电动机的调速

习　题　6

6.1　有一台四极三相异步电动机，电源电压的频率为 50Hz，带额定负载时电动机的转差率为 0.02。求电动机的同步转速、转子转速和转子电流频率。

6.2　三相异步电动机的额定转速 n=2940r/min，电源频率为 50Hz。求：（1）磁极对数；（2）定子旋转磁场的转速；（3）额定转差率；（4）转子电流的频率；（5）定子旋转磁场和转子间的相对转速。

6.3　极对数为 2 的三相异步电动机，额定转速为 1425r/min，转子电阻 R_2= 0.02Ω，转子感抗 $X_{\sigma20}$ =0.08Ω，转子静止时每相绕组的感应电动势 E_{20} 为 20V，电源频率为 50Hz，试求电动机额定转速时转子的 E_2、I_2 和 $\cos\varphi_2$ 及启动时的 I_2、$\cos\varphi_2$。

6.4　当三相异步电动机的负载增大时，为什么定子电流会随转子电流的增大而增大？

6.5　Y180L—4 型电动机的额定功率为 22kW，额定转速为 1470r/min，频率为 50Hz，最大电磁转矩为 314.6N·m。试求电动机的转差率和过载系数。

6.6　额定电压为 380V 的三相异步电动机在某一负载下运行时测得输入功率为 4kW，

线电流为 10A。求：（1）这时电动机的功率因数；（2）若这时输出功率为 3.4kW，则电动机的效率为多少？

6.7　8 极三相异步电动机在额定电压 380V、频率 50Hz 的电网下运行，电动机的输入功率为 40kW，电流为 78A，转差率 0.02，轴上输出的转矩为 477N·m。求：（1）电动机转速；（2）输出的机械功率；（3）电动机效率；（4）电动机的功率因数。

6.8　三相异步电动机的额定数据如下：2.8kW，380/220V，Y/△，6.3/10.9A，1460r/min，$\cos\varphi_N$=0.84。电源电压为 380V 时，求：（1）额定转差率；（2）额定效率；（3）额定转矩。

6.9　已知某三相异步电动机的额定数据为：功率 P_N=4kW，频率 f_1=50Hz，电压 U_N=380V，效率 η_N=84%，功率因数 $\cos\varphi_N$=0.81，转速 n_N=1440r/min，△连接。求：（1）同步转速 n_0、极对数 P 和额定转差率；（2）额定电流 I_N；（3）额定转矩 T_N；（4）额定输入功率 P_{1N}。

6.10　一台 Y100L—4 型三相异步电动机，已知某些额定技术数据如下：

功率	转速	电压	效率	功率因数	接法	I_{st}/I_N	T_{st}/T_N	T_{max}/T_N
2.2kW	1440r/min	380V	83%	0.81	Y 连接	7	2	2.2

电源频率为 50Hz。求：（1）额定转差率 S_N；（2）额定电流 I_N；（3）额定转矩 T_N、最大转矩 T_{max}、启动转矩 T_{st}。

6.11　三相鼠笼式异步电动机，当定子绕组接成△连接在 380V 电源上时，最大转矩 T_{max}=60N·m，临界转差率 S_m=0.18，启动转矩 T_{st}=26N·m；如果把定子绕组改接成 Y 连接，再接在同一电源上，则最大转矩和启动转矩各为多少？

6.12　异步电动机有哪几种调速方法？各种调速方法有何优、缺点？

6.13　异步电动机有哪几种制动状态？各有何特点？

6.14　已知某他励直流电动机的铭牌数据如下：P_N=7.5kW，U_N = 220V，n_N = 1500r/min，η_N = 88.5%，试求该电机的额定电流和转矩。

6.15　为什么直流电动机直接启动时启动电流很大？

6.16　他励直流电动机直接启动过程中有哪些要求？如何实现？

第 7 章　继电接触器控制系统

采用继电器、接触器及按钮等控制电器来实现电动机的启动、停止、正反转、调速及制动的控制系统称为继电接触控制系统。本章首先介绍各种常用低压控制电器的结构、工作原理及其控制作用，在此基础上讨论对三相异步电动机的继电接触器控制。

7.1　常用低压电器

低压电器是指工作在交流 1000V、直流 1500V 以下的各种电器。按其动作方式，通常分为手动电器和自动电器两大类，手动电器是由人工手动操作的，如闸刀开关、组合开关、按钮等。自动电器则是按照指令、信号或某个物理量的变化而自动动作的，如各类继电器、接触器、行程开关等。

随着电子技术和计算机技术的发展，近几年又出现了利用集成电路和电子元器件构成的电子式电器、利用单片机构成的智能化电器，以及可直接与现场总线连接的具有通信功能的电器。

下面主要介绍用于电力拖动系统领域中的常用低压电器。

7.1.1　手动电器

1. 闸刀开关

闸刀开关是结构最为简单的一种手动电器，如图 7.1.1 所示。作为电源的隔离开关广泛应用于各种配电设备和供电线路中。

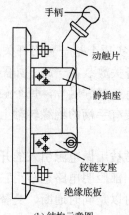
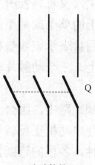

(a) 三极闸刀开关外形　　　　(b) 结构示意图　　　　(c) 电路符号

图 7.1.1　闸刀开关

按极数的不同，将闸刀开关分为单极（刀）、双极（刀）和三极（刀），每种又有单投和双投之别。图 7.1.1(b)所示为闸刀开关结构示意图，图 7.1.1(c)所示为其电路符号。

安装闸刀开关时，合上开关时手柄应在上方，不得倒装或平装。倒装时手柄有可能因自重下滑而引起误合闸，造成安全事故。接线时，要把电源进线接在静插座上，负载接在动触片上，这样，当断开电源时，动触片就不会带电。

2. 按钮

按钮通常用来接通或断开控制电路，从而控制电动机或其他电气设备的运行，如图 7.1.2 所示，图 7.1.2(b)是一种复合按钮的剖面图，图 7.1.2(c)为其电路符号。按钮开关由按钮帽、复位弹簧、固定触点、可动触点、外壳和配线等组成。按钮未被按下时的状态称为常态，在未按下按钮帽时，可动触点与上面的固定触点接通，这对触点称为常闭触点；可动触点与下面的固定触点是断开的，这对触点称为常开触点。当按下按钮帽时，上面的常闭触点断开，下面的常开触点接通。松开按钮帽后，在复位弹簧的作用下，动触点复位，使常闭和常开触点都恢复到原来的状态。可以看出复合按钮由一组常开和一组常闭触点组成，使用时，可视需要只选用其中的常开触点或常闭触点，也可以两者同时选用。

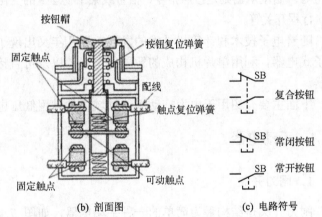

(a) 按钮外形　　　　(b) 剖面图　　　　(c) 电路符号

图 7.1.2　按钮

3. 组合开关

组合开关（又称转换开关），实质上是一种刀开关，不过它的动触片是转动式的，由装在同一跟轴上的单个或多个旋转开关叠装在一起，如图 7.1.3 所示，图 7.1.3(b)是它的结构示意图，三个圆盘表示绝缘垫板，有三对静触片，每个触片的一端固定在绝缘垫板上，另一端连在接线柱上。三个动触片套在装有手柄的绝缘转轴上，转动转轴就可以将三个触点同时接通或断开。

电气控制线路中，组合开关常被用做电源引入的开关，可以用它来直接启动或停止小功率电动机或使电动机正反转等，局部照明电路也常用它来控制。组合开关有单极、双极、三极、四极几种，各极的通断方式可以是同时通断、交替通断、多位转换等。额定持续电流有10、25、60、100A 等多种。

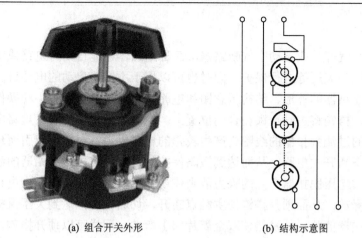

(a) 组合开关外形　　　　　　(b) 结构示意图　　　　　　(c) 电路符号

图 7.1.3　　组合开关

7.1.2　自动电器

1. 熔断器

熔断器（又称保险丝）是最简便、最有效的短路保护电器，由熔体和外壳两个部分组成。熔体由低熔点的金属丝或薄片组成。熔断器串联于被保护的电路中，当电路发生短路或严重过载时，其自身产生的热量使熔体熔化，从而切断电路，使导线和电气设备不致损坏。

图 7.1.4 所示为常用的熔断器及其电路符号。选择熔断器时，主要是确定熔体的额定电流，保护无启动过程的平稳负载如照明线路、电阻、电炉等时，熔体额定电流略大于或等于负荷电路中的额定电流。对于保护电动机的熔断器，熔体的额定电流可按电动机启动电流的 $1/3\sim1/2.5$ 选取。

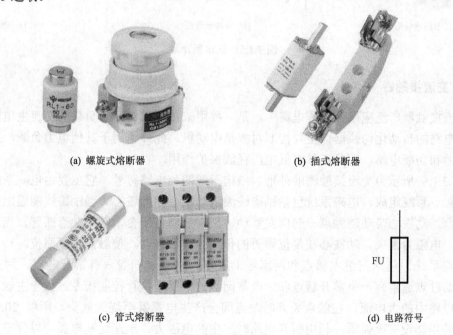

(a) 螺旋式熔断器　　　　　　　　　　(b) 插式熔断器

(c) 管式熔断器　　　　　　　　　　(d) 电路符号

图 7.1.4　　熔断器

2．低压断路器

低压断路器又称自动空气开关或自动空气断路器，简称断路器，能自动对电路或电气设备发生的短路、过载、失压和欠压等进行保护，同时也可以用于不频繁启动的电动机。

图 7.1.5 所示为低压断路器的外形、结构示意图和电路符号。主触点是靠手动操作或电动合闸的，主触点闭合后，搭钩将主触点锁在合闸位置上。当电路发生短路时，短路电流超过整定值，与主电路串联的过流脱扣器的线圈会产生较强的电磁吸力，衔铁被吸引而顶开搭钩，主触点在弹簧的作用下断开主电路，从而达到短路保护的目的。欠电压脱扣器的线圈和电源并联，电压正常时，欠电压脱扣器产生的吸力能吸住衔铁，主触点闭合，而当电路欠电压时，吸力减小，衔铁被释放，从而顶开搭钩使主触点断开，切断电源，达到欠压保护的目的。当电路过载时，热脱扣器的热元件发热使双金属片向上弯曲，同样可以顶开搭钩，切断电源，对电路起过载保护的作用。

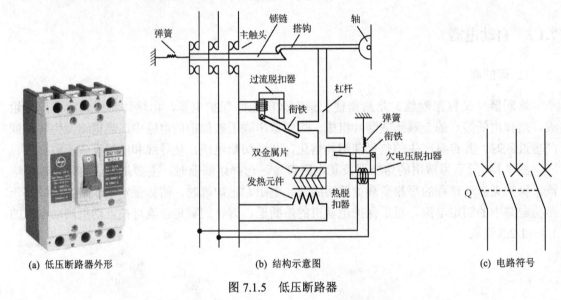

　　(a) 低压断路器外形　　　　　　(b) 结构示意图　　　　　　(c) 电路符号

图 7.1.5　低压断路器

3．交流接触器

交流接触器广泛应用于低压电路中，是一种用来接通或断开带负载的交流主电路或大容量控制电路的自动化切换器，主要控制对象是电动机，此外也用于其他电力负载，接触器不仅能接通和切断电路，而且还具有低电压释放保护作用。

图 7.1.6 所示为交流接触器的外形、结构示意图和电路符号。它主要由电磁系统、传动连杆和触点系统组成。电磁系统包括励磁线圈、动铁心和静铁心。当励磁线圈通电后，动铁心被吸合，动铁心带动动触点一起向左移动，使常开触点闭合，常闭触点断开。当励磁线圈断电时，电磁力消失，动铁心在复位弹簧的作用下向右移动，使触点恢复原位。

触点系统，包括三组主触点和两组辅助触点，主触点一般只有常开触点，用来开闭电路；辅助触点通常有一个常开触点和一个常闭触点，用来执行控制指令。由于主触点中通过的是主电路中的大电流，在触点断开时触点间会产生电弧甚至烧毁触头，所以 20A 以上的交流接触器都设有灭弧罩，利用断开电路时产生的电磁力，迅速切断电弧，以保护主触点。

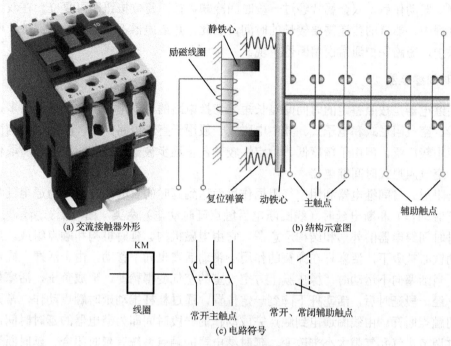

(a) 交流接触器外形　　　　　　　　　(b) 结构示意图

KM

线圈　　　　　　常开主触点　　　常开、常闭辅助触点

(c) 电路符号

图 7.1.6　交流接触器

4．热继电器

热继电器是利用电流的热效应原理，在出现电动机不能承受的过载时切断电动机电路，为电动机提供过载保护的保护电器。继电器的触点容量很小，只能接在控制电路中，不能接在电动机等大功率负载的主电路中，这是继电器与接触器的重要区别。

热继电器的外形、结构示意图和电路符号如图 7.1.7 所示。由电阻丝做成的发热元件，其电阻值较小，工作时将它串接在电动机的主电路中，电阻丝所围绕的双金属片是由两片热膨胀系数不同的金属片压合而成的，左端与外壳固定。当热元件中通过的电流超过其额定值而过热时，由于双金属片的上面一层热膨胀系数小，而下面的热膨胀系数大，使双金属片受热后向上弯曲，导致扣板脱扣，扣板在弹簧的拉力下将常闭触点断开。触点是串接在电动机的控制电路中的，使得控制电路中接触器的动作线圈断电，从而切断电动机的主电路。

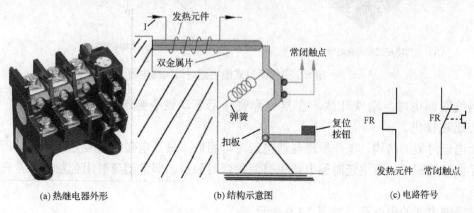

(a) 热继电器外形　　　　　　　(b) 结构示意图　　　　　　　(c) 电路符号

图 7.1.7　热继电器

　　热继电器动作后，双金属片经过一段时间冷却，按下复位按钮即可复位。在双金属片受热弯曲过程中，热量的传递需要较长的时间，因此，热继电器不能用做短路保护，而只能用做过载保护，短路保护通常由熔断器实现。

5．时间继电器

　　时间继电器是按照整定的时间间隔长短来切换电路的自动电器。它的种类很多，常用的有电磁式、空气阻尼式和电子式。其中电磁式一般用于直流电路；空气阻尼式结构简单、成本低，应用较广泛，但由于精度低、稳定性较差，正逐步被电子式时间继电器所取代。

　　（1）空气阻尼式时间继电器

　　空气阻尼式时间继电器利用空气阻尼作用而达到延时的目的。一般分为通电延时（通电后触点延时动作）和断电延时（线圈断电后触点延时动作）两类。图 7.1.8 所示为 JS7—A 通电延时时间继电器的外形和结构示意图。它由电磁机构、延时机构和触点组成。当线圈通电后，动铁心被吸下，活塞杆在弹簧的作用下带动活塞也向下移动，由于活塞上固定了一层橡皮膜，当活塞向下运动时，橡皮膜上方空气室的空气变得稀薄，形成负压，活塞杆只能缓缓下降。经一段延时后，活塞杆下降到一定位置，通过杠杆推动延时触点动作，常开触点闭合，常闭触点断开。由线圈通电到触点完成动作的一段时间即为继电器的延时时间，其大小可以通过调节进气孔气隙大小来改变。延时继电器的触点系统有延时闭合、延时断开、瞬时闭合和瞬时断开 4 种触点类型。

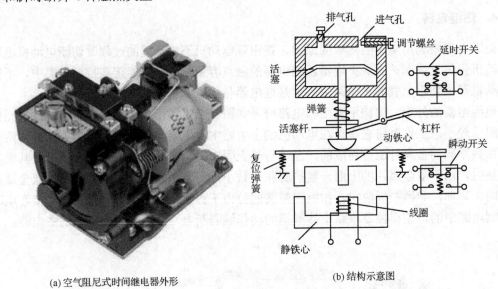

(a) 空气阻尼式时间继电器外形　　　　　　　　(b) 结构示意图

图 7.1.8　空气阻尼式通电延时时间继电器

　　当线圈断电时，衔铁释放，在复位弹簧作用下动铁心弹起，触点立即复位，空气由出气孔迅速排出。

　　断电延时型的结构、工作原理与通电延时型相似，只是电磁铁安装方向不同，即动、静铁心互换位置即可。断电延时继电器也有两种延时触点，即常闭延时闭合触点和常开延时断开触点。

　　时间继电器的电路符号如图 7.1.9 所示。

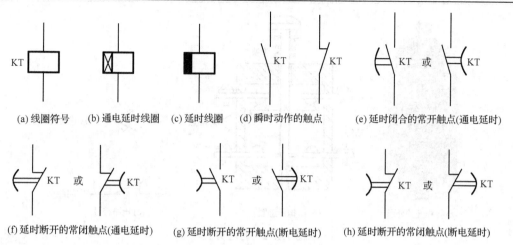

(a) 线圈符号　(b) 通电延时线圈　(c) 延时线圈　(d) 瞬时动作的触点　(e) 延时闭合的常开触点(通电延时)

(f) 延时断开的常闭触点(通电延时)　(g) 延时断开的常开触点(断电延时)　(h) 延时断开的常闭触点(断电延时)

图 7.1.9　时间继电器的电路符号

（2）电子式时间继电器

电子式时间继电器分为晶体管式和数字式，具有体积小、重量轻、耗电少、定时准确度高等优点。图 7.1.10 所示为电子式时间继电器的外形。

晶体管式时间继电器又称为半导体式时间继电器，它是利用 RC 电路的电容器充电时，电容电压不能跃变，只能按指数规律逐渐变化的原理获得延时的。因此只要改变 RC 充电回路的时间常数就可以改变延时时间，图 7.1.11 所示为阻容式延时电路的基本结构形式，图中的半导体器件将在本书下册中介绍。

数字式时间继电器采用先进的数控技术、集成电路和 LED 显示技术，具有工作稳定可靠、精度高、显示准确直观、结构新颖等特点。

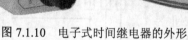

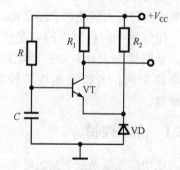

图 7.1.10　电子式时间继电器的外形　　　　　图 7.1.11　阻容式延时电路基本结构形式

6. 行程开关

行程开关又称为限位开关，是依照机械部件的行程发出命令以控制其运动方向或行程长短的自动电器，按其结构可分为直动式、滚轮式、微动式和组合式。

图 7.1.12 所示为直动式行程开关。其结构和动作原理同按钮类似，所不同的是按钮是手动，而行程开关则是由运动部件的撞块来碰撞的。当运动部件上的撞块碰压按钮使其触点动作时，常开触点闭合，常闭触点断开；当运动部件离开后，就像按钮被松开一样，在弹簧作用下，其触点自动复位。

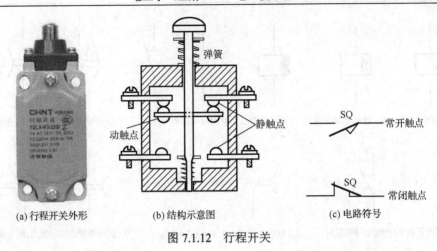

(a) 行程开关外形　　　　(b) 结构示意图　　　　(c) 电路符号

图 7.1.12　行程开关

7.2　三相异步电动机的直接启动控制

由按钮、开关、接触器、继电器等有触点的低压控制电器组成的控制电路称为继电接触控制系统，将这些电器元件及它们之间的连接关系用规定的电器图形符号和文字符号表达出来，就是电器控制系统的电气原理图。电气原理图分为主电路和控制电路，主电路是电源与负载相连的电路，流过较大的负载电流，一般画在原理图的左边。流过较小电流的电路称为控制电路，如继电器、接触器线圈、时间继电器线圈等，一般画在原理图的右边。电器原理图中的所有电器均用国家统一标准的图形和文字符号表示，同一电器上的各组成部分可能分别画在主电路和控制电路中，但要使用相同的文字符号。所有电器元件的触点状态都按没有通电或没有外力作用的状态画出，机械上有联系的元件用虚线连接起来。

任何复杂的控制电路都是由一些基本的控制电路组成的，掌握一些基本的控制单元电路，是阅读和设计复杂控制电路的基础。下面以工业生产中最常见的三相异步电动机的控制电路为例，介绍继电接触控制的基本环节及其工作原理。

7.2.1　点动控制

点动控制就是按下按钮时电动机就转动，松开按钮时电动机就停止。在设备的安装调试或维护调试过程中，常常要对工作机构做微量调整或瞬间运动，这就要求电动机按照操作指令做短时或瞬间运转，即点动。

图 7.2.1 所示为三相异步电动机的点动控制电路原理图。主电路包括一个电源开关 Q、熔断器 FU、接触器 KM 的主触点、热继电器 FR 的热元件和一台电动机 M，控制电路包括常开按钮 SB、接触器的吸引线圈 KM 和热继电器的常闭触点 FR。操作时，先合上电源开关 Q，再按下 SB，接触器 KM 的吸引线

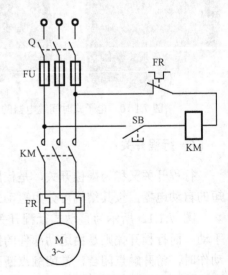

图 7.2.1　三相异步电动机的点动控制电路

圈接通得电，衔铁吸合，其主电路中接触器的常开主触点闭合，电动机便运转起来；松开 SB 后，接触器 KM 的吸引线圈失电，动铁心在弹簧作用下复位，接触器主触点断开，电动机因为失电而停转。

主电路中的熔断器 FU 起短路保护作用，一旦发生短路，其熔丝立即熔断，切断主电路。热继电器 FR 起过载保护作用，当过载时，其串接在主回路中热元件发热，将控制回路中的常闭触点 FR 断开，使接触器线圈 KM 断电，主触点断开，电动机停转。

7.2.2　直接启停连续运转控制

大多数的生产机械需要连续运转工作，如机床、水泵、通风机等。为了使图 7.2.1 所示点动控制电路的电机在按钮松开后不停车而连续运转，需要把接触器的一对辅助常开触点与按钮 SB 并联，当然还需要增加一个停止按钮 SB$_1$ 用来使电动机停车，由此得到图 7.2.2 所示的三相异步电动机的单向直接启动、停止控制电路。

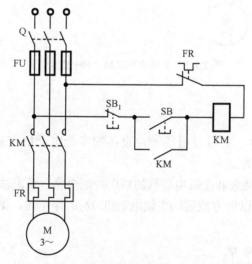

图 7.2.2　电动机单向直接启动、停止控制电路

手动合上电源开关 Q，按下 SB，接触器 KM 的线圈接通得电，衔铁吸合，其主触点闭合，电动机便运转起来，与此同时，KM 的辅助常开触点也闭合，并将启动按钮 SB 短路，这样当松开 SB 时，接触器线圈仍然接通，电动机便可连续运转，像这样利用电器自身的触点保持自己的线圈得电，从而保持线路继续工作的环节称为自锁（自保）环节，这种触点称为自锁触点。电动机启动后，SB 被短路将不再起作用，所以称 SB 为启动按钮。按下停止按钮 SB$_1$，KM 的线圈断电，其主触点打开，电动机便停转，同时 KM 的辅助触点也打开，故松开按钮后，SB$_1$ 虽复位而闭合，但 KM 的线圈已经不能继续得电，从而保证了电动机不会自行启动，若要使电动机再次工作，可再按 SB。

同点动控制电路一样，该电路也具有短路保护和过载保护等功能，另外，在电动机正常运行时，如突然停电或电压过低，则接触器没有足够的吸合力而复位，电动机会停止运转，当电源恢复正常，后电路不会自行启动，避免意外事故的发生，这样的保护功能称为失压或欠压保护，也就是说，接触器除了用于通、断电动机外，还具有失压或欠压保护的功能。

对于大型生产机械，为了操作的方便，常常要求在两个或两个以上的地点都能进行操作。实现这种要求的电路如图 7.2.3 所示。即在各操作地点各安装一套按钮，其接线的原则是各启动按钮的常开触点并联，而各停止按钮的常闭触点串联。

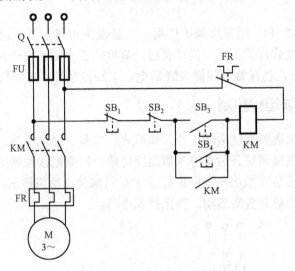

图 7.2.3 多地点独立启、停控制电路

7.2.3 顺序控制

在生产机械的加工中，有时会出现一台设备的多台电动机在启动和停止时有一定的顺序，这就需要采用顺序控制。

图 7.2.4 所示为车床油泵和主轴电动机的顺序控制电路，要求油泵电动机 M_1 先启动，使润滑系统有足够的润滑油以后方能启动主轴电动机 M_2；停车时，则先停主轴电动机 M_2，再停油泵电动机 M_1。

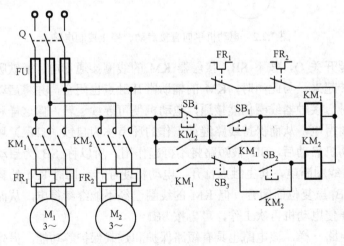

图 7.2.4 电动机顺序控制电路

在图 7.2.4 所示电路中，按下 M_1 的启动按钮 SB_1 后，接触器 KM_1 得电并自锁，M_1 回路接通并运转，且 KM_1 的辅助常开触点闭合，为 KM_2 得电做好了准备。这时可按 SB_2 使 KM_2

得电并自锁，来启动 M_2 运行。如果在按下 SB_1 之前按下 SB_2，由于 KM_1 的辅助常开触点串联在 KM_2 线圈的控制回路中，所以 KM_2 是不会通电的。

停车时，先按下 SB_3 让接触器 KM_2 断电，让 M_2 先停，再按下 SB_4 使 KM_1 断电，M_1 才能停车。由于 KM_2 的辅助常开触点并联在 KM_1 的停止按钮 SB_4 两端，所以在按下 SB_3 之前按下 SB_4，KM_1 和 KM_2 都不会断电。

7.3　三相异步电动机的正反转控制

许多负载机械的运动部件，经常需进行正反方向两种运动，正反方向的运动大多借助于电动机的正反转来实现。由异步电动机的工作原理可知，要实现电动机的正反转，只要将电动机的三相供电电源的任意两相对调即可。

图 7.3.1 所示为三相异步电动机的正反转控制电路。采用两个接触器，按下正转按钮 SB_F 时，正转接触器 KM_F 接通并自锁，三相电源的相序按 A—B—C 接入电动机，电动机正转；按下反转按钮 SB_R，反转接触器 KM_R 接通并自锁，由于对调了两根电源线，电动机反转。按下停车按钮 SB，接触器 KM_F 和 KM_R 都断电，电动机停转。

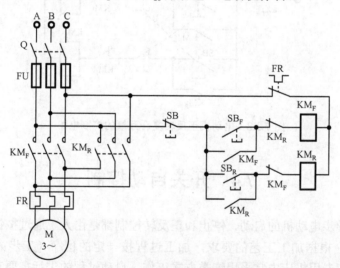

图 7.3.1　电动机正反转控制电路

从电动机的主电路来看，要求接触器 KM_F 和接触器 KM_R 不能同时接通电源，否则它们的主触点将同时闭合，造成 A、C 两相电源短路。在图 7.3.1 所示的控制电路中，在 KM_F 和 KM_R 线圈各自支路中相互串联对方的一对辅助常闭触点，便可避免由于误操作引起的两个接触器同时通电。当按下正转按钮 SB_F 后，正转接触器 KM_F 动作，使电动机正转，KM_F 除有一常开触点将其自锁外，另有一常闭触点串联在接触器 KM_R 线圈的控制回路内，此时断开，这时即使按下反转按钮 SB_R，反转接触器 KM_R 也不会通电。同样，当反转接触器 KM_R 线圈通电时，其常闭触头断开，即使按下正转按钮，也不能使正转接触器 KM_F 线圈通电。两个接触器利用各自的触头封锁对方控制电路的作用称为互锁。控制电路中加入互锁环节后就能避免两个接触器同时通电，从而防止相间短路事故的发生。

图 7.3.1 所示电路中，当电动机正转时，如要改变电动机的转向，必须先按停止按钮 SB，待互锁触点 KM_F 闭合后，再按反转按钮 SB_R，才能使电机反转。如果不先按 SB，而是直接按 SB_R，电动机是不会反转的，若要实现正反向直接切换，可采用复合按钮接成如图 7.3.2 所示的控制电路（主电路同图 7.3.1 所示电路）。在电动机正转时，按下反转按钮 SB_R，它的常闭触点断开，使正转接触线圈 KM_F 断电，同时它的常开触点闭合，使反转接触线圈 KM_R 通电，电动机由正转直接变为反转。同理，当电动机反转时，按下 SB_F，可以使电动机由反转直接变为正转，操作比较方便。但这种电路仅适用于小容量电机控制，而且拖动的机械负载装置转动惯量较小并且允许有冲击的场合。对于大功率的电动机及频繁改变转向的电动机不适用，因为当电动机直接从正转改为反转或反转改为正转时，不仅会产生大的冲击电流，还会造成大的机械冲击，所以对于大功率或频繁改变方向的电动机一般不能直接改变转向，而要采用图 7.3.1 所示的控制电路。

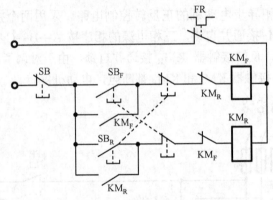

图 7.3.2　电动机正反转复合互锁的控制电路

7.4　开关自动控制

前面介绍的异步电动机的启动、停止和正反转控制都是由人工通过按钮发出命令的，而在自动化生产中，根据加工工艺的要求，加工过程按一定的程序（工步）进行自动循环工作，在组合机床和专用机床中常采用这类方式工作。自动过程的进行需要有条件来触发，根据触发条件的不同，自动控制电路常用的有按行程控制和按时间控制两种形式。

7.4.1　行程控制

行程控制，就是根据运动部件的行程或位置的变化来对生产机械进行控制，行程控制一般采用行程开关来实现。

图 7.4.1 所示为按行程控制的自动控制电路。工作台由电动机拖动，图 7.4.1(a) 为工作台的运行流程。行程开关 SQ_A 和 SQ_B 分别安装在行程两端的 A、B 处，由装在工作台上的挡块来撞动。电动机主电路与图 7.3.1 相同。控制电路如图 7.4.1(b) 所示。实际上与按钮组成的多处控制相似。

按下正向启动按钮 SB_F，接触器 KM_F 得电并自锁，M_1 回路接通运转并带动工作台前进。当工作台前进到右端位置 B 时，撞块压下行程开关 SQ_B，使串接在正转接触器线圈回路中的 SQ_B 常闭触点断开，KM_F 线圈失电，电动机正转停止，工作台停止前进。同时 SQ_B 的常开触点闭合使 KM_R 得电并自锁，接通反向回路，电机反转带动工作台后退。退至位置 A 时撞块压下行程开关 SQ_A，使得反向回路断开，工作台停止后退。同时 SQ_A 的常开触点闭合使 KM_F 又得电并自锁，接通正向回路，电机又一次正转带动工作台前进，依次往复实现自动循环。

在实际应用中，为了安全，防止工作台冲出滑道，一般还要设置位置极限开关 SQ_C、SQ_D 进行终端保护。

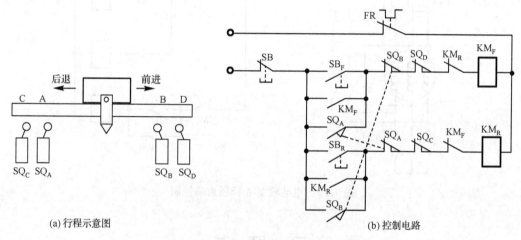

(a) 行程示意图　　　　　　　　　　　　(b) 控制电路

图 7.4.1　电动机自动往复行程控制电路

7.4.2　时间控制

时间控制，就是采用时间继电器进行延时控制，按照预定的时间间隔依次控制电动机启动或制动的方法。

大功率三相异步电动机，启动电流很大（额定电流的 5～7 倍），会对供电系统产生巨大的冲击，所以一般不采用直接启动，通常采用降压方式启动。因大功率三相鼠笼式异步电机正常运行时均为△接法，故采用 Y-△降压启动可有效限制启动电流。在启动时将正常时为△接法的三相定子绕组改为 Y 接法以减小启动电流，待电动机转速上升到接近额定值时，再换接为△接法运行。利用通电延时继电器实现的 Y-△降压启动控制电路如图 7.4.2 所示。

启动时，按下按钮 SB_1 启动，接触器 KM 通电并自锁，同时 KM_Y 和 KT 也通电，电动机定子绕组以 Y 形接法开始启动运转，这样加到电动机每相绕组上的电压为额定值的 $1/\sqrt{3}$，而电流只有额定值的 1/3，从而显著减小启动电流。经过一定的时间，电机转速逐渐上升接近额定值时，时间继电器 KT 的常闭延时触点断开，常开延时触点闭合而接通 $KM_\triangle$ 并自锁，使电动机定子绕组切换成三角形接法，转为额定电压下的正常运行。

Y-△降压启动控制电路中，接触器 KM_Y 和 $KM_\triangle$ 的辅助常闭触点还起到互锁作用，以防止接触器 KM_Y 和 $KM_\triangle$ 同时接通而造成主电路短路。停车时，只要按下按钮 SB，就会使 KM 和 $KM_\triangle$ 的线圈断电，其主触点断开，电动机停止运行。

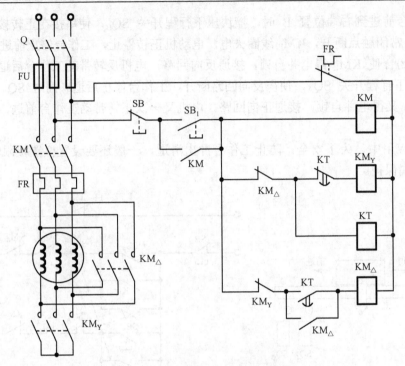

图 7.4.2　电动机 Y-△降压启动控制

习　题　7

　　7.1　设计一个既能连续工作，又能点动工作的三相鼠笼式异步电动机的继电接触器控制电路。

　　7.2　继电接触控制电路对电动机都有哪些保护作用？这些保护是如何实现的？

　　7.3　图 7.1 所示电路能否控制电动机的启停？

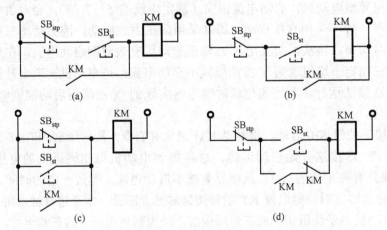

图 7.1　习题 7.3 电路图

　　7.4　设计一个驱动银行金库大门的电动机控制电路，要求必须当两处的启动按钮都按下时才可以启动电动机，当两处的停止按钮都按下时才可以停止电动机。试画出控制电路。

7.5　两条皮带运输机分别由两台鼠笼式电动机 M_1 和 M_2 拖动，用一套启停按钮控制它们的启停。为了避免物体堆积在运输机上，要求 M_1 启动后，M_2 才可以启动；M_2 可以单独停止，但 M_1 停车时 M_2 会同时被停止。试画出控制电路。

7.6　在图 7.2 所示电路中有几处错误？请改正。

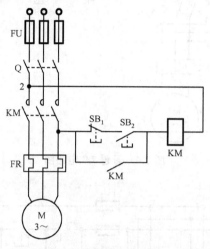

图 7.2　习题 7.6 电路图

7.7　图 7.3 所示为两台三相异步电动机按顺序启、停的控制电路，试分析其工作过程。

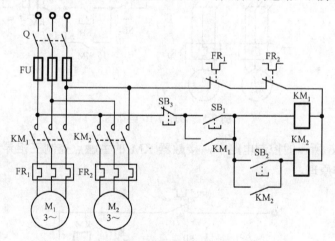

图 7.3　习题 7.7 电路图

7.8　按下列要求分别设计控制电路：

（1）两台电动机不许同时工作，只能单独工作；

（2）两台电动机必须同时工作，不许单独工作；

（3）甲、乙两台电动机同时启动，甲停止后，乙才能停止。

7.9　用文字说明图 7.4 所示的电动机正反转电路中存在的错误之处，并画出正确电路。

7.10　图 7.5 所示为电动机 M_1 和 M_2 的互锁控制电路，试分析其工作过程，说明 M_1 和 M_2 之间的互锁关系。

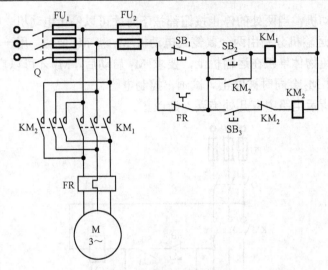

图 7.4　习题 7.9 电路图

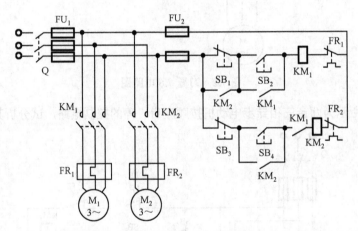

图 7.5　习题 7.10 电路图

7.11　在图 7.6 所示的控制电路中，接触器 **KM** 的主触点控制三相异步电动机，试分析其功能，说明工作原理。

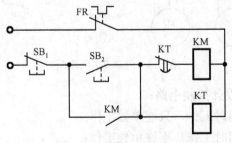

图 7.6　习题 7.11 电路图

7.12　图 7.7 所示为三相异步电动机直接启动、反接制动的控制电路，试分析其工作过程。

7.13　对图 7.8 所示控制电路，回答下列问题：

（1）简述电路的控制过程；

（2）指出其控制功能；

（3）说明电路有哪些保护措施，并指出由何种电器实现。

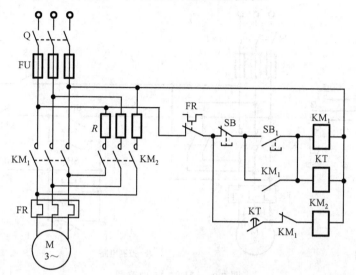

图 7.7　习题 7.12 电路图

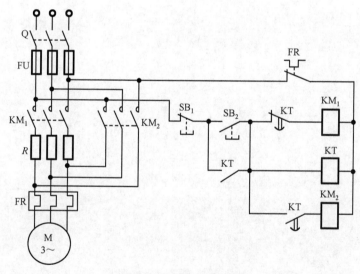

图 7.8　习题 7.13 电路图

7.14　按下列要求分别设计完成三相异步电动机 M_1 和 M_2 的时间控制电路：

（1）M_1 先启动，经过延时 t 秒后，M_2 自动启动；

（2）M_1 先启动，经过延时 t 秒后，M_2 自动启动，当 M_2 启动时，M_1 自动停转；

（3）M_1 启动后，M_2 才能启动，M_2 启动后经过延时 t 秒后，M_1 自动停转。

7.15　行程示意图如图 7.9(a)所示，试说明图 7.9(b)所示电路的功能及所具有的保护作用。若 D 在途中突然断电，再来电时，会不会自行启动？

7.16　设计仿真题

（1）通过 Multisim 仿真软件设计并实现三相异步电动机正反转控制电路的仿真，并通过虚拟示波器观察正反转三相电压波形。

（2）通过 Multisim 仿真软件设计并实现三相异步电动机 Y-△降压启动控制电路的仿真。

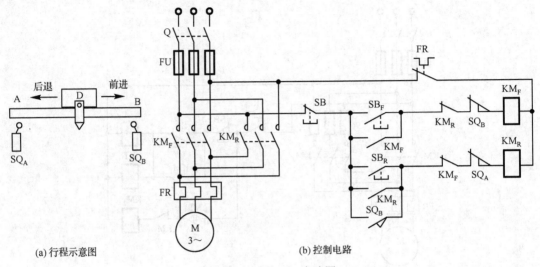

图 7.9　习题 7.15 电路图

第 8 章　可编程控制器及应用

继电接触器控制系统具有结构简单、价格便宜、易于掌握等优点，因而在电工技术与控制领域中一直占主导地位。但是这种控制系统也存在着功能简单、接线复杂、体积大、可靠性低、功耗高、通用性差的缺点，所以难以满足现代生产过程中复杂多变的控制要求。

随着微处理技术的发展，出现了继电接触控制和计算机技术相结合且不断发展完善的通用控制器——可编程逻辑控制器（PLC：Programmable Logic Controller）。随着微电子技术的发展，PLC 采用了通用微处理器，这种控制器就不再局限于当初的逻辑运算了，功能不断增强。因此，实际上应称之为可编程控制器（PC：Programmable Controller）。但由于 PC 容易和个人计算机（PC：Personal Computer）混淆，故人们仍习惯用 PLC 作为可编程控制器的缩写。PLC 具有通用性强、可靠性高、抗干扰能力强、体积小、编程简单、使用方便等优点，在自动控制领域得到广泛应用，成为工业控制领域的主流控制设备。

虽然不同厂家 PLC 的编程语言不尽相同，但其工作原理与编程方法基本类似，本章以三菱公司的 FX 系列 PLC 为例介绍 PLC 的基础知识，首先介绍其基本组成和工作原理，然后讨论 PLC 程序设计基础和简单的程序编制方法，最后结合应用实例介绍 PLC 梯形图控制程序的设计方法。

8.1　可编程控制器的组成和工作原理

8.1.1　可编程控制器的基本结构

目前 PLC 的产品大约有 400 种，我国应用较多的有：美国 AB 公司生产的 SLC-5 系列（SLC-500、SLC-501、SLC-502、SLC-5/10）；通用电气公司生产的 GE 系列；西门子公司生产的 S5 系列（S5-100U）、S7 系列（S7-200、S7-300、S7-400）；日本三菱公司生产的 FX 系列、A 系列、Q 系列；欧姆龙公司生产的 CQMI 系列、C200H 系列、CVM1 系列等产品。

各种 PLC 的具体结构虽然多种多样，但其结构和工作原理大同小异，主要由中央处理模块（CPU）、输入/输出模块、存储器模块和电源模块等组成，图 8.1.1(a)所示为三菱公司 FX 系列外形图，PLC 的结构框图如图 8.1.1(b)所示。

1. 中央处理器

中央处理器简称 CPU，由集成在一个芯片内的控制器、运算器和寄存器等组成，是 PLC 的核心部分，一切逻辑运算及判断都是由其完成的，并控制所有其他部件的操作。其主要功能是执行用户程序、监控输入接口状态、做出逻辑判断、进行数据处理、实时输出控制和执行各种诊断程序。

CPU 芯片的性能关系到 PLC 处理控制信号的功能与速度，CPU 位数越多，PLC 所能处理的信息量越大，运算速度也越快。目前，PLC 中的 CPU 主要采用单片机，如 Z80A、8051、8039、AMD2900 等，小型 PLC 大多数采用 8 位单片机，中型 PLC 大多数采用 16 位甚至 32 位单片机。

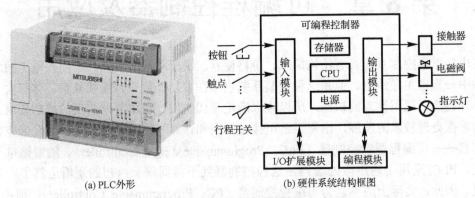

(a) PLC外形　　　　　　　　　　(b) 硬件系统结构框图

图 8.1.1　PLC 的外形及硬件系统结构图

2. 存储器

PLC 的内部存储器分为系统程序存储器和用户程序存储器两部分。

系统程序相当于个人计算机的操作系统，由 PLC 的制造厂家编写，在 PLC 使用过程中不会变动，所以是由制造厂家直接固化在只读存储器（ROM）中的，用户不能访问和修改。

用户程序存储器主要存放用户编写的应用程序及各种暂存数据和中间结果。应用程序是使用者为 PLC 完成某一具体控制任务编写的程序，在设计和调试过程中要经常进行读/写操作，为了便于调试，用户程序一般存储在随机存储器（RAM）中。

由于系统程序及工作数据与用户无直接联系，所以在 PLC 产品样本或使用手册中所列存储器的形式及容量是指用户程序存储器。许多 PLC 还提供存储器扩展功能，以解决用户存储器容量不够用的问题。

3. 输入/输出（I/O）接口

输入/输出接口是 PLC 与工业生产现场之间的连接部件。PLC 通过输入接口可以检测被控对象的各种数据，如按钮、限位开关、传感器信号等，以这些数据为依据，经过逻辑运算，形成控制信号，并通过输出接口输出，实现对被控制对象，如电磁阀、接触器、信号灯等的控制。

（1）PLC 输入接口电路

图 8.1.2 所示为 PLC 的直流输入型的内部电路和外部设备之间接线示意图，图中只画出了一路输入电路。图中虚线框内为 PLC 内部电路，框外为外部接线，COM 为公共端，外加的直流 24V 电源极性可正可负。图中的 R_1 和 C 构成滤波电路，输入信号通过光电耦合传到内部电路，可以提高 PLC 的抗干扰能力。用发光二极管指示工作状态，直观可靠，便于维护。

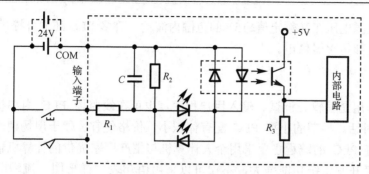

图 8.1.2　直流输入接口电路

（2）PLC 输出接口电路

按照所用开关器件的不同，接口电路分为场效应管（或晶体管）输出、继电器输出和晶闸管输出三种形式，图 8.1.3 和图 8.1.4 所示分别为前两种结构输出口接线示意图。场效应管（或晶体管）输出只能驱动直流负载，因为无接触触点，所以其响应速度快；由于换相的需要，晶闸管输出一般用于驱动交流负载；而继电器输出既可以驱动交流负载，也可以驱动直流负载，但其响应速度慢。

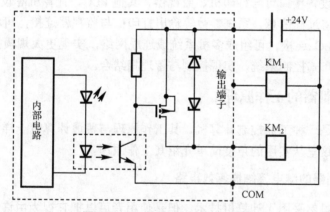

图 8.1.3　场效应管输出接口电路

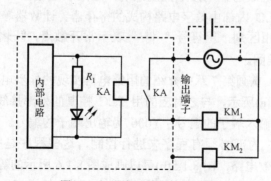

图 8.1.4　继电器输出接口电路

4. 电源

PLC 配有开关电源，将外部提供的交流电转换成 PLC 内部正常工作所需的直流电。与普通电源相比，PLC 电源的稳定性好、抗干扰能力强。对电网提供的电源稳定度要求不高，一般允许电源电压在其额定值±15%的范围内波动。许多 PLC 还向外提供直流 24V 稳压电源，用于对外部传感器供电。

5. 编程器

编程器的作用是编辑、调试、输入用户程序，也可在线监控 PLC 内部状态和参数，与 PLC 进行人机对话。早期的小型 PLC 配有体积小、价格便宜、便于现场调试和维护的手持式编程器；目前 PLC 的编程主要采用个人计算机与生产厂家提供的计算机辅助编程软件来实现，这种程序开发系统功能强大，不仅可以采用语句表、梯形图、流程图等多种形式编程，还可以随时监控系统运行并进行系统的离线仿真。

6. 输入/输出扩展接口

I/O 扩展接口用于扩充外部输入/输出端子数，当 PLC 点数不够用时，可以通过扩展 I/O 接口连接扩展单元，以增加输入和输出点数。

7. 外部设备接口

PLC 通过外部设备接口可与打印机、监视器、其他 PLC、计算机等设备实现通信。PLC 与打印机连接，可将过程信息、系统参数等输出打印；与监视器连接，可将控制过程图像显示出来；与其他 PLC 连接，可组成多机系统或连成网络，实现更大规模控制；与计算机连接，可组成多级分布式控制系统，实现控制与管理相结合。

8.1.2　可编程控制器的工作原理

可编程控制器是一种工业控制计算机，其工作原理与普通计算机一样，也是通过执行用户程序来完成的。这里从实用的角度简单介绍其工作原理。

1. 可编程控制器的继电接触器等效电路

可编程控制器虽然采用了计算机技术，但是使用者可以把它视为由许多软件实现的继电器、定时器、计数器等组成的继电接触控制系统，这些软继电器、定时器、计数器等称为 PLC 的编程元件，与 PLC 内部由数字电路构成的寄存器、计数器等相对应。为了与实际继电接触器的触点和线圈相区别，用符号"╢╟"表示常开触点，"╫"表示常闭触点，用"╶( )╴"表示继电器的线圈。

为了便于讨论比较，重画第 7 章中介绍的用继电器实现的异步电动机直接启动连续运转的控制电路，如图 8.1.5(a)所示，与之对应的用 PLC 控制的外部接线图如图 8.1.5(b)所示，图中的 X000、X001 为输入端子的编号，Y000 为输出端子的编号。要想完成输入端对输出端的控制作用，在 PLC 内部必须有程序来进行控制，这些程序是用户按照控制要求编写的，考虑 PLC 的内部等效电路，图 8.1.5(b)可以画成图 8.1.6 所示的等效电路。

由图 8.1.6 可知，PLC 等效电路分为三部分，即输入部分、输出部分和 PLC 内部控制部分。

（1）输入部分的作用是收集被控制设备的信息和操作指令，等效为一系列的输入继电器，每个输入继电器与一个输入端子相对应，有无数对常开、常闭软触点供内部控制电路使用。输入继电器由接到输入端子的开关、传感器等外部设备驱动。图 8.1.6 电路中按钮开关 SB_1 和 SB_2 驱动输入继电器 X000 和 X001。

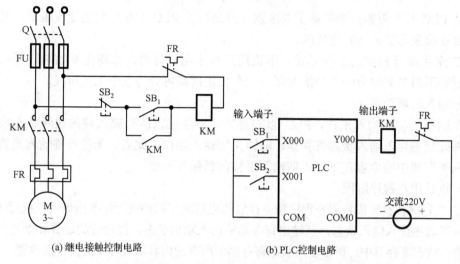

(a) 继电接触控制电路   (b) PLC控制电路

图 8.1.5 异步电动机直接启动连续运转的控制电路

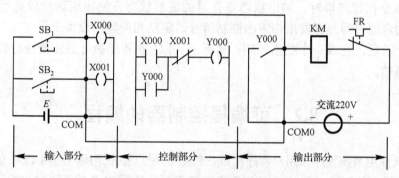

图 8.1.6 PLC 的继电接触器等效电路

（2）输出部分的作用是驱动负载，在 PLC 内部有多个输出继电器，每个继电器与一个外部输出端子相对应，也有无数对常开、常闭软触点供内部控制电路使用，但只有一对常开硬触点用来驱动外部负载。图 8.1.6 中的 Y000 为实际硬触点，它驱动外接的继电器线圈 KM。

（3）内部控制部分就是用户根据控制要求编写的控制程序，它的作用是根据输入条件进行逻辑运算以确定输出状态。图 8.1.6 中的控制部分是用梯形图表示的，梯形图是 PLC 的一种编程语言，可以看出与继电接触器控制电路很相似。该电路的运行过程为：按下启动按钮 SB₁ 输入继电器 X000 通电，它的常开触点闭合，由梯形图可知，输出继电器 Y000 通电，驱动继电器线圈 KM 带电，电动机启动，同时 Y000 实现自锁控制，电动机启动后连续运转。当按下停止按钮 SB₂ 时，X001 通电，常闭触点断开，Y000 断电，使得 KM 断电，电动机停转。

2. 可编程控制器的工作方式

继电器控制电路采用并行工作方式，满足导通条件的所有线圈会同时通电。而 PLC 是采用"顺序扫描，不断循环"的方式进行工作的。在 PLC 执行程序时，CPU 对梯形图自上而下、自左至右地逐次进行扫描，程序的执行是按照语句排列的先后顺序进行的，所以 PLC 梯形图中的各线圈状态变化在时间上是串行的，不会出现多个线圈同时改变状态的情况，这是 PLC 与继电器控制的最主要区别。但是由于 PLC 的循环扫描速度很快，其外部的输出结果看起来几乎是同时完成的。

PLC 采用循环扫描的工作方式，不论用户程序运行与否，都周而复始地进行扫描。每个循环所经历的时间称为一个扫描周期，一个扫描周期可分为三个工作阶段。

（1）输入刷新阶段

输入刷新也称为输入采样，PLC 以扫描方式顺序读入所有输入端的通断状态或输入数据，并将此状态存入输入状态寄存器，随即关闭输入端口，此后，无论外部输入是否发生变化，输入寄存器中的内容在下一周期输入采样前都保持不变。

（2）执行用户程序阶段

PLC 在程序执行阶段按用户程序指令存放的先后顺序扫描执行每条指令，在执行过程中，从输入寄存器中读入输入状态，从输出寄存器中读入输出状态，经相应的运算和处理后，其结果写入输出状态寄存器中，所以输出状态寄存器中所有的内容随着程序的执行而改变。

（3）输出刷新阶段

当所有指令执行完毕时，输出状态寄存器的通断状态在输出刷新阶段送至输出锁存器中，并向各物理继电器并行发出相应的控制信号，驱动相应输出设备工作。

经过三个阶段，完成一个扫描周期。实际上 PLC 在程序执行后还要进行自诊断并与外部设备进行通信。

8.2　可编程控制器的编程

PLC 的软件由系统程序和用户程序组成。PLC 的用户程序是用户利用 PLC 的编程语言，根据控制要求编制的程序。在 PLC 的应用中，最重要的是用 PLC 编程语言来编写用户程序，以实现控制目的。

8.2.1　可编程控制器的编程语言

PLC 编程语言是多种多样的，对于不同生产厂家、不同系列的 PLC 产品，采用的编程语言的表达方式也不相同，但基本上可归纳为两种类型：一是采用字符表达方式的编程语言，如指令语句表和高级语言等；二是采用图形符号表达方式编程语言，如梯形图等。两者之间一一对应，可以相互转换。

1. 梯形图

梯形图语言是在传统电器控制系统中常用的接触器、继电器等图形表达符号的基础上演变而来的。它与电器控制线路图相似，继承了传统电器控制逻辑中使用的框架结构、逻辑运算方式和输入/输出形式，具有形象、直观、实用的特点。因此，这种编程语言很容易被工厂熟悉继电接触控制的电器人员所掌握，是应用最广泛的 PLC 的编程语言，是 PLC 的第一编程语言。

由图 8.1.6 所示电路可以看出，梯形图以左右两条竖直线为界，相当于继电接触控制电路中的电源线，称为母线。在母线中间自上而下有多个阶梯，每个阶梯称为一个逻辑行，相当于一个逻辑方程。输入是一些触点的串并联组合，画在左母线与线圈之间。体现逻辑输出的是线圈，输出线圈是一个逻辑行的最后一个元件。与继电接触器控制电路比较，梯形图有以下特点。

（1）梯形图沿用继电接触器电路的一些名称，如输入继电器、辅助继电器等，但不是真正的物理继电器，而是存储单元，是"软继电器"，通过存储单元的状态变化来表示相应继电器的"通"或"断"。当相应的存储器位为"1"时，表示继电器接通，其常开触点闭合、常闭触点断开，所以梯形图中继电器的触点可以无限多次地引用，不存在触点数量有限的问题。梯形图的设计应主要考虑程序结构的简化，而不是设法用复杂的结构来减少触点的使用次数。

（2）梯形图只是 PLC 形象化的编程方法，其母线并不接任何实际的电源，但在分析梯形图的逻辑关系时，为了借用继电器电路的分析方法，可以想象左右两侧母线之间有一个左正右负的直流电源电压，当图中的触点接通时，有一个假想的"概念电流"或"能流"自左向右流动，这一方向与执行用户程序时的逻辑运算的顺序是一致的。

（3）梯形图按从左至右、自上而下的顺序排列，每个支路从左母线开始，经过触点到线圈或其他输出单元结束。

（4）输入继电器仅用于接收外部输入的信号，它不能由 PLC 内部其他继电器的触点来驱动。输出继电器用于将程序执行结果输出给外部输出设备，要在输出刷新阶段通过输出接口的硬继电器、晶体管或晶闸管来实现。

2. 指令语句表

指令语句表简称语句表，是一种与汇编语言类似的助记符编程表达方式，它是用语句助记符来编程的。不同的机型有不同的语句助记符，但都要比汇编语言简单得多，很容易掌握，也是目前用得最多的编程方法。

图 8.2.1(a)和(b)所示为电动机直接启动连续运转的梯形图和时序图，所谓时序图，也称为循序图或顺序图，它描述多个对象之间的行为顺序，图中用高电平表示 1 状态（线圈通电，按钮按下），低电平表示 0 状态（线圈断电，按钮放开）。对应的指令语句表如图 8.2.1(c)所示，其功能与图 8.1.5(a)一致。指令表编程语言与梯形图编程语言图一一对应，在 PLC 编程软件中可以相互转换。

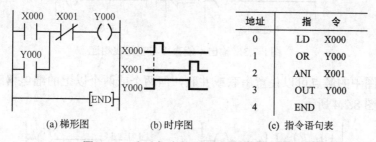

地址	指	令
0	LD	X000
1	OR	Y000
2	ANI	X001
3	OUT	Y000
4	END	

(a) 梯形图　　　　(b) 时序图　　　　(c) 指令语句表

图 8.2.1　电动机直接启动连续运转控制

可以看出，命令语句是指令语句表的基本单元，命令语句主要使用逻辑语言建立 PLC 输入和输出的关系。每个语句和微机一样也由地址（步序号）、操作码（指令）和操作数（数据）三部分组成。

LD　起始指令（也称取指令）：常开触点逻辑运算起始指令，图中取用 X000。

OR　触点并联指令（也称或指令）：用于单个常开触点的并联，图中并联 Y000。

ANI　触点串联反指令（也称与非指令）：用于单个常闭触点的串联，图中串联 X001。

OUT　输出指令：用于将运算结果驱动指定线圈，图中驱动输出继电器线圈 Y000。

END　程序结束指令。

3．高级语言

随着 PLC 技术的发展，为了增强 PLC 的运算、数据处理及通信等功能，以上编程语言无法很好地满足要求。近年来推出的 PLC，尤其是大型 PLC，都可用高级语言，如 BASIC 语言、C 语言、PASCAL 语言等进行编程。采用高级语言后，用户可以像使用普通微型计算机一样操作 PLC，使 PLC 的各种功能可以更好地发挥。

计算机通用语言可以实现梯形图法和指令语句表法难以实现的复杂逻辑控制功能，但它没有梯形图法形象，比指令语句表编程复杂，因此较难掌握。

8.2.2　可编程控制器梯形图的编程原则

尽管梯形图与继电器电路图在结构形式、元件符号及逻辑控制功能等方面相类似，但它们又有许多不同之处，梯形图具有自己的编程原则。

（1）梯形图每一逻辑行都始于左母线，终于右母线，如图 8.2.2 所示。每行的左边是触点组合，表示驱动逻辑线圈的条件，而表示结果的逻辑线圈只能接在右边的母线上，触点不能出现在线圈右边。

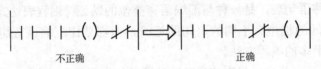

图 8.2.2　触点不能出现在线圈右边

（2）线圈不能直接与左母线相连，也就是说线圈输出作为逻辑结果必须有条件。可以使用一个内部继电器的常闭触点或内部特殊继电器来实现，如图 8.2.3 所示。

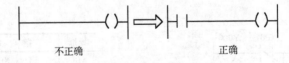

图 8.2.3　输出不能直接与左母线相连

（3）梯形图中的触点可以任意串联或并联，但两个或两个以上的继电器线圈只能并联而不能串联，如图 8.2.4 所示。

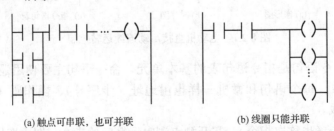

(a) 触点可串联，也可并联　　　　　　(b) 线圈只能并联

图 8.2.4　继电器触点与线圈的接法

（4）编制梯形图时，应尽量做到"上重下轻"，以符合"自上而下"的执行程序的顺序，并易于编写指令语句表。有几个串联电路相并联时，应将串联触点多的回路放在上方，称为"上重下轻"，如图 8.2.5 所示。

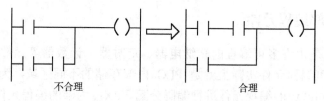

图 8.2.5　"上重下轻"原则

（5）编制梯形图时，应尽量做到"左重右轻"，以符合"从左到右"的执行程序的顺序。在有几个并联电路相串联时，应将并联触点多的回路放在左方，称为"左重右轻"，如图 8.2.6 所示。

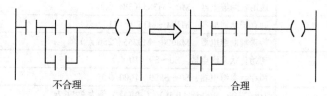

图 8.2.6　"左重右轻"原则

（6）在梯形图中应将触点画在水平线上，避免画在垂直线上。图 8.2.7 左图所示桥式梯形图无法用指令语句编程，应按从左到右，从上到下的单向性原则，改为右图能够编程的形式。

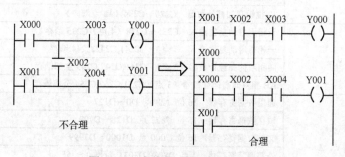

图 8.2.7　应将触点画在水平线上

（7）在同一梯形图中，同一组件的线圈使用两次或两次以上，则称为双线圈输出。它很容易引起误操作，应尽量避免。

（8）在设计梯形图时，输入继电器的触点状态最好按输入设备全部为常开进行设计更为合适，不易出错。如果某些信号只能用常闭输入，可先按输入设备为常开来设计，然后将梯形图中对应的输入继电器触点取反（常开改成常闭、常闭改成常开）。在图 8.1.5(a)所示的电动机直接启动控制电路的继电接触器控制电路中，其停止按钮 SB_2 为常闭按钮，在图 8.1.6 所示的 PLC 控制电路中，SB_2 接成常开按钮，梯形图中 X001 接成常闭触点即可。

（9）热继电器 FR 的触点只能接成常闭的，通常不作为 PLC 的输入信号。而将其触点接在输出电路中直接通断接触器线圈，如图 8.1.5(b)所示。

8.3　PLC 的内部编程元件和指令系统

8.3.1　PLC 的内部编程元件

PLC 可以看成是由许多可编程的软继电器、定时器、计数器等元件组成的一个继电接触控制系统，这些可编程元件实际上就是 PLC 内部存储的不同区域，为了使用这些可编程元件，就必须对不同区域的编程元件进行编码分配。FX_{1N} 内部的编程元件如表 8.3.1 所示。

表 8.3.1　FX_{1N} 内部的编程元件

	FX_{1N}-40MR PLC 软元件分配
输入继电器 X	X000～X027（24 点）
输出继电器 Y	Y000～Y017（16 点）
辅助继电器 M	通用辅助继电器　M0～M383（384 点）
	锁存辅助继电器　M384～M1535（1152 点）
	特殊辅助继电器　M8000～M8255（256 点）
状态继电器 S	初始化状态继电器　S0～S9（10 点）
	锁存状态继电器　S0～S999（1000 点）
定时器 T	T0～T199　100ms（0.1s）（200 点）最大 3276.7s
	T200～T245 10ms（0.01s）（46 点）最大 327.67s
	T246～T249 1ms（0.001s）（4 点）最大 32.767s
计数器 C	16 位通用加计数器　C0～C15（16 点）
	16 位锁存加计数器　C16～C199（184 点）
	32 位通用加减计数器　C200～C219（20 点双向）
	32 位锁存加减计数器　C220～C234（15 点双向）
高速计数器 C	一相无启动复位输入　C235～C238（4 点）C235 锁存
	一相带启动复位输入（3 点）　C241,C242,C244 锁存
	两相双向高速计数器（3 点）C246,C247,C249 全部锁存
	AB 相双向高速计数器（3 点）C251,C252,C254 全部锁存
数据寄存器 D、V、Z	通用数据寄存器　16 位 128 点 D0～D127
	锁存数据寄存器　16 位 7872 点 D128～D799
	文件数据寄存器　16 位 7000 点 D1000～D7999
	外部调节寄存器　2 点 D8030,D8031 范围 0～255
	特殊寄存器　16 位 256 点 D8000～D8255
	变址寄存器 V, Z　16 位 2 点

1．输入继电器（X）

PLC 的输入端子是从外部开关接收信号的窗口，输入继电器 X 的编号与接线端子编号一致（按八进制数）。FX_{1N}-40MR PLC 输入为 X000～X007，X010～X017，X020～X027，共 24 点。当外接的输入电路接通时，它对应的输入寄存器为 1 状态，断开时为 0 状态。

2．输出继电器（Y）

PLC 的输出端子是向外部负载输出信号的窗口。输出继电器的线圈由程序控制，输出继电器的外部输出主触点接到 PLC 的输出端子上供外部负载使用，其余常开/常闭触点供内部程序使用。各基本单元都是八进制数输出，FX_{1N}-40MR PLC 输出为 Y000～Y007, Y010～Y017，共 16 点。

3. 辅助继电器（M）

辅助继电器是一种假想的内部继电器，实质上只是寄存器的一位，用于存储中间状态及控制信息，由 PLC 内部各软元件的触点驱动。相当于继电接触控制中的中间继电器。注意辅助继电器不直接接受输入信号的控制，其触点不能直接驱动外部负载，外部负载的驱动必须通过输出继电器来实现。

4. 定时器（T）

PLC 中的定时器相当于继电器系统中的时间继电器，FX_{1N}-40MR 定时器通道范围如下：

100ms 定时器 T0～T199，共 200 点，设定值：0.1～3276.7s；

10ms 定时器 T200～T245，共 46 点，设定值：0.01～327.67s；

1ms 定时器 T245～T249，共 4 点，设定值 0.001～32.767s；

100ms 积算定时器 T250～T255，共 6 点，设定值：0.1～3276.7s。

16 位定时器，所以设定值在 K1～K32767 范围内有效。

通常定时器指令符号及应用如图 8.3.1 所示。T200 为定时器编号，K 后面的数值"123"为定时设置值。定时时间等于定时设置值与定时单位的乘积，图 8.3.1 中，定时时间为 10ms×123=1.23s。当 T200 的定时器线圈驱动输入 X000 接通时，定时开始，1.23s 后，定时时间到，定时器的输出触点 T200 闭合，线圈 Y000 接通输出。当驱动输入 X000 断开或发生停电时，定时器就复位，输出触点也复位。

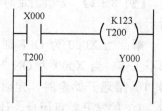

图 8.3.1 通用定时器的应用梯形图

每个定时器只有一个输入，它与常规定时器一样，线圈通电时，开始计时；断电时，自动复位，不保存中间数值。

【例 8.3.1】 试设计延时 2s 接通、延时 5s 断开的电路的梯形图和时序图。

解： 利用两个 100ms 定时器 T0 和 T1，其定时设定值 K 分别设为 20 和 50，则其延时时间分别为 2s（100ms×20=2s）和 5s（100ms×50=5s）。梯形图如图 8.3.2(a)所示。

当 X000 闭合 2s 后 Y000 接通；当 X000 断开 5s 后 Y000 断开。时序图如图 8.3.2(b)所示。

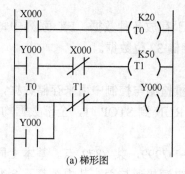

(a) 梯形图

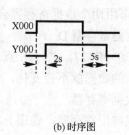

(b) 时序图

图 8.3.2 例 8.3.1 的图

5. 计数器（C）

内部计数器（C）用来对 PLC 内部寄存器（X，Y，M，S）提供的信号计数，计数脉冲为 ON 或 OFF 的持续时间，应大于 PLC 的扫描周期。通用计数器的通道号：C0～C15，共 16 点；保持用计数器的通道号：C16～C199，共 184 点。

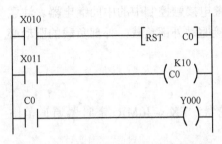

图 8.3.3　16 位加法计数器应用梯形图

16 位加法计数器用法如图 8.3.3 所示。图中 C0 为计数器的编号，K 后面的数值"10"为计数设置值，其设定值在 K1～K32767 范围内有效。有两个输入，一个用于复位，一个用于计数。

当计数输入 X011 每次驱动 C0 线圈时，计数器的当前值加 1。当第 10 次执行线圈指令时，计数器 C0 的输出触点即动作，线圈 Y000 接通。之后即使计数器输入 X011 再动作，计数器的当前值也保持不变，当复位输入 X010 接通（ON）时，执行 RST 指令，计数器的当前值为 0，输出触点也复位。

应注意的是，计数器 C16～C199，即使发生停电，当前值与输出触点的动作状态或复位状态也能保持不变。

【例 8.3.2】 分析由定时器和计数器组成的长延时电路的工作过程，其梯形图如图 8.3.4 所示。

解：当 X000 为 OFF 时，T0 与 C0 为复位状态，都不工作。当 X000 为 ON 时，其常开触点闭合，定时器 T0 接通开始定时，定时时间为 100ms×60=6s，6s 后，T0 的常开触点闭合，计数器 C0 计数一次，同时 T0 的常闭触点断开，T0 自己复位，复位后 T0 的当前值变为 0，同时它的常闭触点接通，T0 又开始定时，不断循环。当计数器计到 10 次时，C0 闭合，接通线圈 Y000 输出。可见从 X000 闭合到 Y000 接通所需的时间为 10×6s=60s。所以该电路为由定时器和计数器组成的长延时电路，计数 10 次，延时时间为 60s。

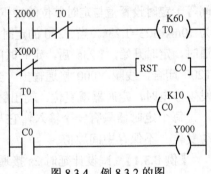

图 8.3.4　例 8.3.2 的图

6. 数据寄存器（D）

数据寄存器是计算机必不可少的元件，用于存放各种数据。FX 系列中每个数据寄存器都是 16 位，也可用两个数据寄存器合并起来存储 32 位数据。

（1）通用数据寄存器 D

通道分配 D0～D127，共 128 点。在模拟量检测与控制中用来存储数据，只要不写入其他数据，已写入的数据就不会变化。但是，由 RUN 到 STOP 时，全部数据均清零。

（2）锁存数据寄存器

也叫停电保持用寄存器，通道分配 D128～D7999，共 7872 点。基本上同通用数据寄存器。除非改写，否则原有数据不会丢失，不论电源接通与否，其内容都不会变化。

（3）文件寄存器

通道分配 D1000～D7999，共 7000 点。文件寄存器是在用户程序寄存器（RAM、EEPROM、EPROM）内的一个存储区，以 500 点为一个单位，最多可在参数设置时到 2000 点。用外部设备口进行写入操作。

（4）特殊寄存器

通道分配 D8000～D8255，共 256 点。是写入特定目的的数据或已经写入数据的寄存器，其内容在电源接通时，写入初始化值（一般先清零，然后由系统 ROM 来写入）。

（5）外部调整寄存器

用小螺丝刀调节电位器，可以改变指定数据寄存器 D8030 或 D8031 的值（0～255）。

（6）变址寄存器 V 和 Z

变址寄存器 V/Z 实际上是一种特殊用途的数据寄存器，用于改变元件的编号（变址）。

8.3.2　PLC 的指令系统

各种型号 PLC 的基本指令都大同小异，FX 系列 PLC 的编程指令丰富，这里只介绍一些基本编程指令，更详细的编程指令参见可编程控制器系统手册。

1. 起始指令 LD、LDI 与输出指令 OUT

LD（Load）为常开触点起始指令；LDI（Load Inverse）为起始反指令（也称取反指令），也就是常闭触点起始指令。这两条指令可以用于 X、Y、M、T、C 和 S，对应的触点一般与左侧母线相连。

OUT（Out）为线圈驱动指令。可以用于 Y、M、T、C 和 S，但不能用于 X，也不能用于左母线。OUT 指令可用于并行输出，能连续使用多次。

用法如图 8.3.5 所示。

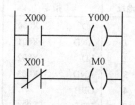

地址	指令	
0	LD	X000
1	OUT	Y000
2	LDI	X001
3	OUT	M0

图 8.3.5　LD、LDI、OUT 指令的用法

2. 触点串联指令 AND、ANI 与触点并联指令 OR、ORI

（1）触点串联指令（AND/ANI）

AND（And）为触点串联指令（也称与指令）；ANI（And Inverse）为触点串联反指令（也称与非指令），也就是常闭触点串联指令。这两条指令用于单个触点与左边的电路串联，串联触点的数量不限，可连续使用，可以用于 X、Y、M、T、C 和 S。

（2）触点并联指令（OR/ORI）

OR（Or）为触点并联指令（也称或指令）；ORI（Or Inverse）为触点并联反指令（也称或非指令），也就是常闭触点并联指令。可以用于 X、Y、M、T、C 和 S。

触点串联和并联指令用法如图 8.3.6 所示。

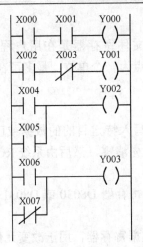

地址	指令	
0	LD	X000
1	AND	X001
2	OUT	Y000
3	LD	X002
4	ANI	X003
5	OUT	Y001
6	LD	X004
7	OR	X005
8	OUT	Y002
9	LD	X006
10	ORI	X007
11	OUT	Y003

图 8.3.6　AND、ANI、OR、ORI 指令的用法

3. 块串联指令 ANB 与块并联指令 ORB

（1）块并联指令 ORB（Or Block）

含有两个以上触点串联连接的电路称为"串联连接块"，串联连接块并联时，支路的起点用 LD 或 LDI 指令开始，而支路的终点要用 ORB 指令，用这种方法编程时，并联电路块的个数没有限制。ORB 是一种独立指令，因此 ORB 指令不表示触点，不带任何编程元件，可以看成电路块之间的一段连接线，其用法如图 8.3.7 所示。

（2）块串联指令 ANB（And Block）

将并联支路块相串联时使用 ANB 指令，各个并联电路块的起点使用 LD 或 LDI 指令。与 ORB 指令一样，ANB 也不带任何编程元件。用这种方法编程时，串联电路块的个数没有限制，其用法如图 8.3.8 所示。

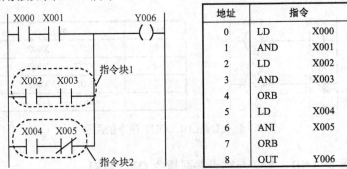

地址	指令	
0	LD	X000
1	AND	X001
2	LD	X002
3	AND	X003
4	ORB	
5	LD	X004
6	ANI	X005
7	ORB	
8	OUT	Y006

图 8.3.7　ORB 指令的用法

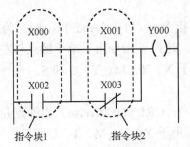

地址	指令	
0	LD	X000
1	OR	X002
2	LD	X001
3	ORI	X003
4	ANB	
5	OUT	Y000

图 8.3.8　ANB 指令的用法

【例 8.3.3】 写出图 8.3.9(a)所示梯形图的指令语句表。

解： 指令语句表如图 8.3.9(b)所示。

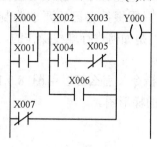

地址	指令		地址	指令	
0	LD	X000	6	ORB	
1	OR	X001	7	OR	X006
2	LD	X002	8	ANB	
3	AND	X003	9	ORI	X007
4	LD	X004	10	OUT	Y000
5	ANI	X005			

(a) 梯形图　　　　　　　　　　　　　(b) 指令语句表

图 8.3.9　例 8.3.3 的梯形图和指令语句表

4. 取反指令 INV

INV（Inverse），取反指令（也称非指令），它将执行该指令之前的运算结果取反，无操作元件。用法如图 8.3.10 所示，当 X000 接通时，Y000 接通、Y001 断开；反之，则相反。

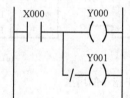

地址	指令	
0	LD	X000
1	OUT	Y000
2	INV	
3	OUT	Y001

图 8.3.10　INV 指令的用法

5. 堆栈指令 MPS、MRD、MPP

MPS（压入堆栈），MRD（读出堆栈），MPP（弹出堆栈）这三条指令常用于梯形图中多个动作连于同一点的分支通路，并要用到同一运算结果的场合。堆栈是一组能够存储和读出数据的暂存单元，其特点是"先进后出"，每进行一次入栈操作，新值放入栈顶，栈底数据丢失；每进行一次出栈操作，栈顶值弹出，栈底值补充随机数。

堆栈指令的用法如图 8.3.11 所示，它是一种组合指令，不能单独使用，由图 8.3.11 可知，在一个分支开始处用 MPS 指令；分支结束时用 MPP 指令来读出和清除 MPS 指令存储的运算结果；在 MPS 指令和 MPP 指令之间用 MRD 指令。

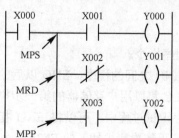

地址	指令		地址	指令	
0	LD	X000	6	OUT	Y001
1	MPS		7	MPP	
2	AND	X001	8	AND	X003
3	OUT	Y000	9	OUT	Y002
4	MRD		10	END	
5	ANI	X002			

图 8.3.11　MPS、MRD、MPP 指令的用法

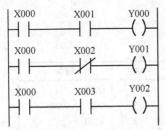

图 8.3.12　图 8.3.11 的等效梯形图

在用编程软件将梯形图转换成指令表时，编程软件会根据电路的结构自动地在程序中加入堆栈指令来处理堆栈操作，所以用户只需根据自己的要求编制出梯形图即可，无须知道 PLC 是如何进行堆栈操作的，只做一般了解即可。

如果不使用堆栈指令，那么可以用图 8.3.12 所示的梯形图等效图 8.3.11 的梯形图。

6. 置位指令 SET 与复位指令 RST

SET（Set）：置位指令，使操作保持 ON 的指令。用于置位 Y、M、S。

RST（Reset）：复位指令，使操作保持 OFF 的指令。用于复位 Y、M、S、T、C，或将 D、V 和 Z 清零，用法如图 8.3.13 所示。

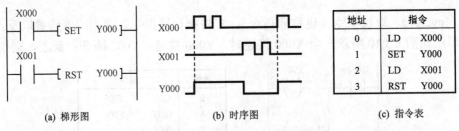

(a) 梯形图　　　　　　　　(b) 时序图　　　　　　　　(c) 指令表

图 8.3.13　SET、RST 指令的用法

当触发信号 X000 一接通时，即执行 SET 指令，不管 X000 随后如何变化，Y000 将接通并保持。X001 接通后，即执行 RST 指令，即使 X001 再断开，Y000 也将保持断开。对于 M、S 也是同样道理。

对同一继电器 Y（或 M），可以使用多次 SET 和 RST 指令，次数不限。当使用 SET 和 RST 指令时，输出线圈的状态随程序运行过程中每一阶段的执行结果而变化。当输出刷新时，外部输出的状态取决于最大地址处的运行结果。

7. 空操作指令 NOP

NOP（Non Processing）：空操作指令，指令不完成任何操作。主要用于改变电路功能及程序调试时使用。程序中加入 NOP 指令，在修改程序时可以减少步序号的改变，但占用扫描周期。

8. 程序结束指令 END

END（End）：程序结束指令，是一条无目标元件的程序指令。

在程序结束处写入 END 指令，PLC 只执行第一步至 END 之间的程序，END 以后的程序就不再执行，并立即进行输出处理。若不写 END 指令，PLC 将以用户存储器的第一步执行到最后一步，因此，使用 END 指令可缩短扫描周期。在程序调试过程中，可以将 END 指令插在各程序段之后，分段检查各程序段的动作，确认无误后，再依次删去插入的 END 指令。

【例 8.3.4】 试设计一个 2 线-4 线译码电路，该电路对输入信号 A（X000）和输入信号

B（X001）进行译码，符合某一条件接通某一输出，其关系如表 8.3.2 所示，请画出梯形图与指令语句表。

表 8.3.2　例 8.3.4 的表

	A（X000）	B（X001）
Y000	接通	接通
Y001	不接通	不接通
Y002	不接通	接通
Y003	接通	不接通

解：实现该译码电路的梯形图与指令语句表如图 8.3.14 所示。

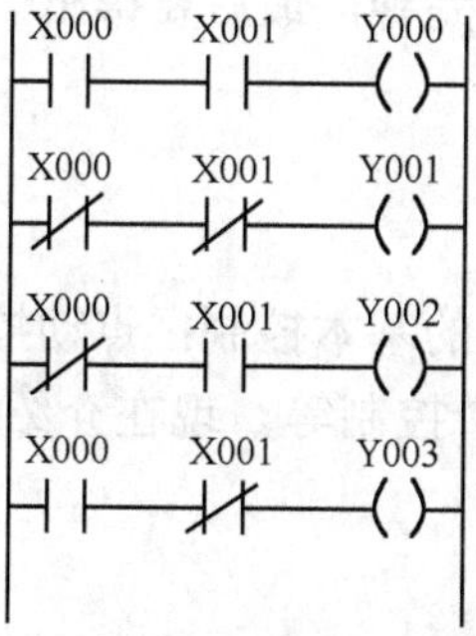

地址	指令		地址	指令	
0	LD	X000	7	AND	X001
1	AND	X001	8	OUT	Y002
2	OUT	Y000	9	LD	X000
3	LDI	X000	10	ANI	X001
4	ANI	X001	11	OUT	Y003
5	OUT	Y001	12	END	
6	LDI	X000			

(a) 梯形图　　　　　　　　　　　　　　　　　(b) 指令语句表

图 8.3.14　2 线-4 线译码电路

8.4　PLC 的梯形图程序设计方法和应用

梯形图程序设计是可编程控制器应用中最关键的问题，应用程序的设计方法有多种，常用的设计方法有经验设计法、顺序功能图法和逻辑代数设计法等，本书介绍最常用的经验设计法及相应的应用实例。

8.4.1　经验设计法

PLC 梯形图程序用"经验设计法"编写，是沿用了设计继电器电路图的方法来设计梯形图，即在某些典型电路的基础上，根据被控对象对控制系统的具体要求，不断地修改和完善梯形图。有时需要多次反复地进行调试和修改梯形图，不断地增加中间编程元件和辅助触点，最后才能得到一个较为满意的结果。

这种设计方法没有普遍的规律可以遵循，具有很大的试探性和随意性，最后的结果也不是唯一的，设计所用的时间、设计质量与设计者的经验有很大的关系，因此有人就称这种设计方法为经验设计法，它是其他设计方法的基础，用于较简单的梯形图程序设计。

1."经验设计法"编程步骤

（1）控制模块划分。在准确了解控制要求后，合理地对控制系统中的事件进行划分，得出控制要求由几个模块组成、每个模块要实现什么功能、因果关系如何、模块与模块之间怎样联络等内容。划分时，一般可将一个功能作为一个模块来处理，一个模块完成一个功能。

（2）功能及端口定义。对控制系统中的主控元件和执行元件进行功能定义、代号定义与I/O 口的定义（分配），画出 I/O 接线图。对于一些要用到的内部元件，也要进行定义，以方便后期的程序设计。在进行定义时，可用资源分配表的形式来进行合理安排元器件。

（3）功能模块梯形图程序设计。根据已划分的功能模块，进行梯形图程序的设计，一个模块对应一个程序。这一阶段工作的关键是找到一些能实现模块功能的典型控制程序，对这些控制程序进行比较，选择最佳控制程序，并进行一定的修改补充，使其能实现所需功能。这一阶段可由几个人一起分工编写程序。

（4）程序组合，得出最终梯形图程序。对各个功能模块的程序进行组合，得出总的梯形图程序。组合以后的程序，它只是一个关键程序，而不是一个最终程序，在这个关键程序的基础上，需要进一步对程序进行补充、修改。经过多次反复完善，最后要得出一个功能完整的程序。

2．典型控制程序

在前面章节中介绍了用传统继电器来实现对异步电动机的基本控制：点动控制、直接启动连续运转控制、顺序控制、互锁控制、多地控制及正反转控制等，现在介绍如何用 PLC来实现这些控制。

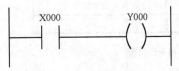

图 8.4.1 点动控制梯形图

（1）点动控制

梯形图如图 8.4.1 所示，触点 X000 闭合，线圈 Y000 得电；X000 断开，Y000 失电。

（2）直接启动连续运转控制

图 8.1.5(a)所示的继电器控制电路，其梯形图在图 8.2.1(a)中已经画出，其输入按钮都是按常开触点设计的，这样不易出错。

（3）顺序控制

输入/输出接线图如图 8.4.2(a)所示。

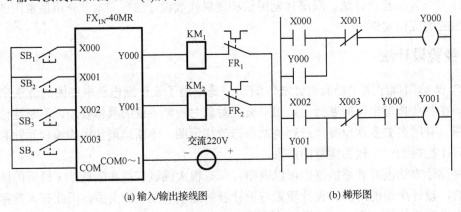

(a) 输入/输出接线图　　　(b) 梯形图

图 8.4.2 顺序控制

输入：电动机 1 启动按钮 SB$_1$—X000，停止按钮 SB$_2$—X001；电动机 2 启动按钮 SB$_3$—X002，停止按钮 SB$_4$—X003。

输出：电动机 1 接触器线圈 KM$_1$—Y000，电动机 2 接触器线圈 KM$_2$—Y001。

梯形图如图 8.4.2(b)所示，线圈 Y000 的辅助常开触点串在线圈 Y001 的控制回路中，

Y001 的接通是以 Y000 的接通为条件的。这样，只有 Y000 接通才允许 Y001 通。Y000 关断后 Y001 也被关断停止，而且 Y000 接通条件下，Y001 可以自行控制接通和停止。

（4）互锁控制

输入/输出接线图如图 8.4.3(a)所示。

输入：电动机 1 启动按钮 SB$_1$—X000，电动机 2 启动按钮 SB$_2$—X001，停止按钮 SB$_3$—X002。

输出：电动机 1 接触器线圈 KM$_1$—Y000，电动机 2 接触器线圈 KM$_2$—Y001。

梯形图如图 8.4.3(b)所示，由于线圈 Y000、Y001 每次只能有一个接通，所以将 Y000、Y001 的常闭触点分别串联到另一个线圈的控制电路中。

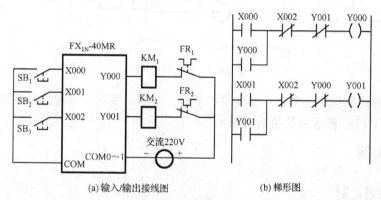

图 8.4.3　互锁控制

（5）多地控制

两个地方控制一个继电器线圈，输入/输出接线图如图 8.4.4(a)所示。

输入：一个地方的启动按钮 SB$_1$—X000，停止按钮 SB$_2$—X001；另一个地方的启动按钮 SB$_3$—X002，停止按钮 SB$_4$—X003。

输出：电动机接触器线圈 KM$_1$—Y000。梯形图如图 8.4.4(b)所示。

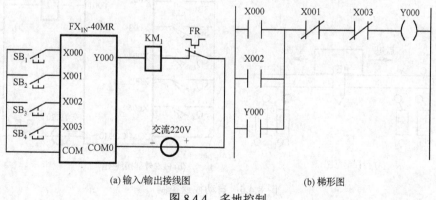

图 8.4.4　多地控制

（6）正反转控制

输入/输出接线图如图 8.4.5(a)所示。

输入：正转按钮 SB$_1$—X000，反转按钮 SB$_2$—X001，停止按钮 SB—X002。

输出：电动机正转接触器线圈 KM$_1$—Y000，反转接触器线圈 KM$_2$—Y001。此外，外部电路中还接入了"硬"件互锁电路 KM_1 和 KM_2，以确保正转和反转继电器不会同时接通，避免电源短路。梯形图如图 8.4.5(b)所示。

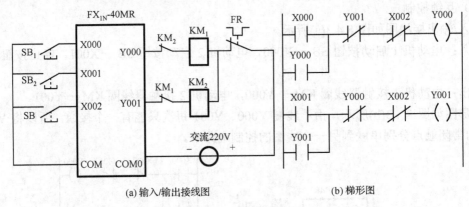

(a) 输入/输出接线图　　　　　　　　　　(b) 梯形图

图 8.4.5　正反转控制

这类典型的控制程序非常多，需要平时多看、多想、多记，掌握的程序越多，对用"经验设计法"设计 PLC 梯形图的帮助就越大。

8.4.2　应用实例

1. 自动往返控制

自动往返行程示意图如图 8.4.6(a)所示，与继电接触控制电路相比，保持主回路不变，控制回路采用 PLC 模块控制，输入/输出接线图如图 8.4.6(b)所示。

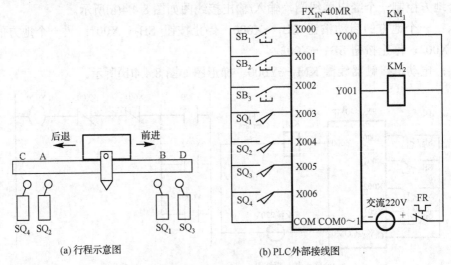

(a) 行程示意图　　　　　　　　　　(b) PLC外部接线图

图 8.4.6　自动往返控制

输入：正转按钮 SB_1—X000，反转按钮 SB_2—X001，停止按钮 SB_3—X002，正向前进限位开关 SQ_1—X003，反向后退限位开关 SQ_2—X004，前进极限限位开关 SQ_3—X005，后退极限限位开关 SQ_4—X006。

输出：电动机正转接触器线圈 KM_1—Y000，反转接触器线圈 KM_2—Y001。

　　梯形图如图 8.4.7 所示。按下启动按钮 SB₁ 后，接触器 KM₁ 得电并自锁，电动机正向回路接通运转并带动工作台右行，一直到机械撞块压下行程开关 SQ₁ 使得正向回路断开，工作台停止右行。同时 SQ₁ 的常开触点闭合使 KM₂ 得电并自锁，接通反向回路，电机反转带动工作台左行。当机械撞块压下行程开关 SQ₂ 使得反向回路断开，工作台停止左行。同时 SQ₂ 的常开触点闭合使 KM₁ 得电并自锁，接通正向回路，电机正转带动工作台右行，依次往复实现自动循环。

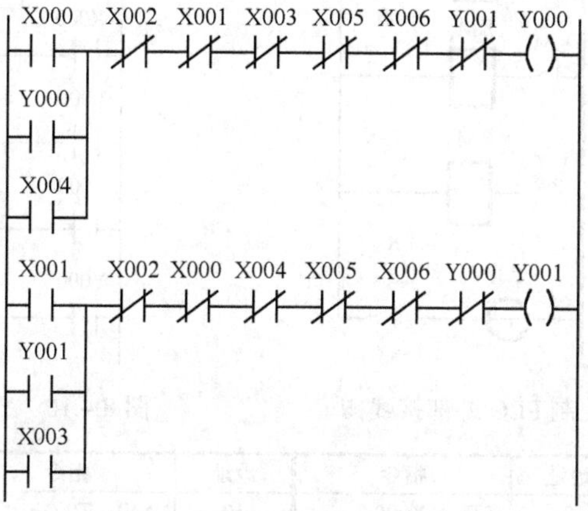

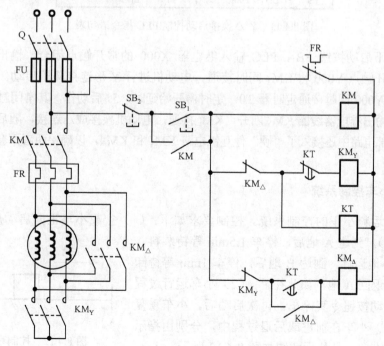

图 8.4.7　自动往返控制的梯形图

2. 三相异步电动机 Y-△ 换接启动电路

　　图 8.4.8 所示为三相异步电动机 Y-△ 换接启动的控制主回路和继电接触器控制电路，现采用 PLC 控制。输入/输出接线图如图 8.4.9 所示。

图 8.4.8　Y-△ 换接启动控制主回路和继电接触器控制电路

输入：启动按钮 SB$_1$—X000，停止按钮 SB$_2$—X001。

输出：主电路接触器线圈 KM—Y000，Y 接法接触器线圈 KM$_Y$—Y001，△接法接触器线圈 KM$_\triangle$—Y002。

梯形图及指令语句如图 8.4.10 和图 8.4.11 所示。

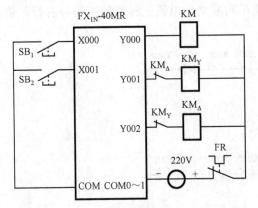

图 8.4.9　Y-△换接启动控制 PLC 外部接线图

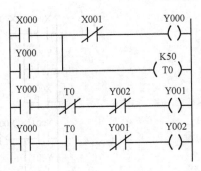

图 8.4.10　Y-△换接启动控制 PLC 梯形图

地址	指令	地址	指令
0	LD　X000	10	ANI　T0
1	OR　Y000	11	ANI　Y002
2	MPS	12	OUT　Y001
3	ANI　X001	13	LD　Y000
4	OUT　Y000	14	AND　T0
5	MPP	15	ANI　Y001
6	OUT　T0　K50	16	OUT　Y002
9	LD　Y000	17	END

图 8.4.11　Y-△换接启动控制 PLC 指令语句表

启动时按下启动按钮 SB$_1$，PLC 输入继电器 X000 的常开触点闭合，输出继电器 Y000 接通 KM，常开触点 Y000 将 KM$_Y$ 同时接通，电动机进行 Y 形连接降压启动。

常开触点 Y000 同时接通定时器 T0，定时器开始延时，5s 后动作，其常闭触点断开，常开触点闭合，使输出继电器线圈 KM$_Y$ 断开，KM$_\triangle$ 接通，电动机换接成△连接，随后正常运行。

此外，外部电路中还接入了"硬"件互锁电路 KM$_Y$ 和 KM$_\triangle$，以确保两者不会同时接通而使电源短路。

3．运料小车控制系统

设计一个运料小车的控制系统。控制要求如下：（1）空载小车正向启动后自动驶向 A 地（正向行驶），到达 A 地后，停车 1.5min 等待装料，之后自动向 B 地运行。到达 B 地后，停车 1min 等待卸料，然后自动返回 A 地，如此往复；（2）小车运行过程中，可以用手动按钮令其停车。再次启动后，小车重复过程（1）；（3）小车在前进或后退过程中，分别由指示灯显示行进的方向。具体示意图如图 8.4.12 所示。

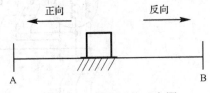

图 8.4.12　控制系统示意图

表 8.4.1　运料小车控制电路的 I/O 分配表

输入设备	输入点编号	输出设备	输出点编号
启动按钮 SB$_1$	X000	正向运行继电器 KM$_1$	Y000
停止按钮 SB$_2$	X001	反向运行继电器 KM$_2$	Y001
A 地行程开关 SQ$_1$	X002	装料继电器 KM$_3$	Y002
B 地行程开关 SQ$_2$	X003	卸料继电器 KM$_4$	Y003
		正向指示灯 HL$_1$	Y004
		反向指示灯 HL$_2$	Y005

PLC 梯形图如图 8.4.13 所示。

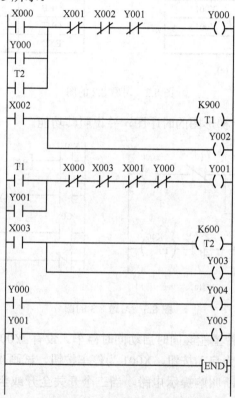

图 8.4.13　小车控制的 PLC 梯形图

习　题　8

8.1　按梯形图编程原则对图 8.1 所示梯形图进行化简，然后写出指令语句表。

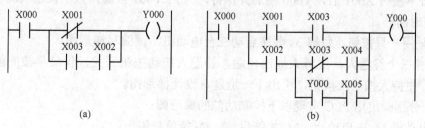

图 8.1　习题 8.1 的图

8.2　根据图 8.2 所示的指令语句表画出梯形图。

指令	数据
LD	X000
OR	Y000
ANI	X001
OUT	Y000
OUT	T0　K100
LD	T0
OR	Y001
ANI	X001
OUT	Y001
END	

(a)

指令	数据
LD	X000
AND	X001
LD	X002
AND	X003
ORB	
LDI	X004
AND	X005
ORB	
OUT	Y000
END	

(b)

图 8.2　习题 8.2 的图

8.3　试分析图 8.3 所示梯形图的时序图，并说明其功能。

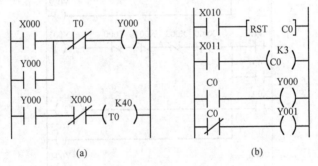

(a)　　　　　　　　　　(b)

图 8.3　习题 8.3 的图

8.4　有三台电动机，希望能够同时启动同时停车。设有 Y000、Y001、Y002 分别为驱动电动机的接触器。X000 为启动按钮，X001 为停车按钮，试画出 PLC 梯形图。

8.5　设计一个全通全断叫响提示电路，当三个开关全开或全闭时，信号灯发光。画出梯形图。

8.6　试设计用两个开关控制一个电灯的电路，要求任何一个开关都能控制电灯的亮、灭。分别用梯形图和指令语句表来实现这个电路。

8.7　按下列要求设计其梯形图：

（1）按下按钮 X000 后，Y000 接通并保持，10s 后 Y000 自动断开；

（2）按下按钮 X001 后，Y000 接通并保持，5s 后 Y001 接通，按下按钮 X000 后，Y000 和 Y001 同时断开。

8.8　采用一只按钮，每隔 3s 顺序启动三台电动机，试编写梯形图。

8.9　有三个答题人，主持人提出问题，答题人按动按钮开关，仅最早按的能输出，其指示灯亮。主持人按一次按钮，引出下一道题，设计梯形图。

8.10　分别画出用 PLC 实现以下控制功能的梯形图：

（1）电动机 M_1 先启动后，M_2 才能启动，M_2 能单独停车；

（2）电动机 M_1 先启动后，M_2 才能启动，M_2 停车后，M_1 才能停车；

（3）M_1 启动 20s 后，M_2 自行启动；

（4）M_1 启动 20s 后，M_2 自行启动，同时 M_1 停车。

8.11　用接在输入端的光电开关 SB_1 检测传送带上通过的产品，有产品通过时 SB_1 为常开状态，如果在 15s 内没有产品通过，由输出电路发出报警信号，用外接的开关 SB_2 解除报警信号，按照上述工作要求设计其梯形图。

8.12　某车间排风系统采用 PLC 控制。排风系统共有三台风机，并利用指示灯指示其工作状态，指示灯状态输出的控制要求：两条及以上风机运行，指示灯 1 亮；没有风机运行，指示灯 2 亮；只有一台风机运行，指示灯 3 亮。按照上述工作要求：（1）分配 I/O 通道；（2）画出梯形图。

8.13　仿真设计题

（1）试用 GX developer 软件对题 8.12 编写梯形图并仿真调试结果。

（2）图 8.4 所示为四节传送带控制系统。按下启动按钮后，先启动皮带机 M1，每隔 1s 依次启动皮带机 M2、M3、M4；按下停止按钮，先停止皮带机 M1，每隔 1s 依次停止皮带机 M2、M3、M4；当某条皮带机发生故障时，该机及前面的应立即停止，后面的皮带机每隔 1s 顺序停止；当某条皮带机有重物时，该皮带机前面的应立即停止，该皮带机运行 1s 后停止，再每隔 1s 后面的皮带机依次停止，以此类推。试用 PLC 实现控制功能，用 GX developer 软件设计梯形图并仿真调试结果。

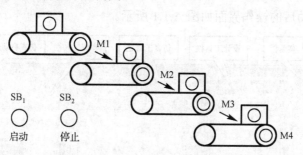

图 8.4　习题 8.13 的图

附录 A　Multisim 软件简介

20 世纪 80 年代加拿大 Interactive Image Technologies 公司（简称 IIT 公司）推出了 EWB 5.0（Electronics Workbench）。20 世纪 90 年代，EWB 5.0 在我国得到迅速推广。21 世纪初，IIT 公司改进了 EWB 5.0 调用虚拟仪器有数量限制的缺陷，更新推出了 EWB 6.0，并取名 Multisim（意为多重仿真），也就是 Multisim 2001。2005 年以后，美国国家仪器公司（NI：National Instrument）合并了 IIT 公司，于 2006 年推出 Multisim 9.0 版本。2007 年年初，推出 NI Multisim 10 版本，在原来 Multisim 前冠以 NI，这也是目前应用最为广泛的一个版本。2010 年 1 月，NI 公司推出了 NI Multisim 11 版本，2012 年 3 月推出 NI Multisim 12 版本，2013 年 8 月推出 13 版本，目前最新的是 2015 年 5 月推出的 14 版本。

下面以 NI Multisim 12 版本为基础进行相关介绍。

A.1　Multisim 的操作界面

NI Multisim 启动后的操作界面如图 A.1.1 所示。

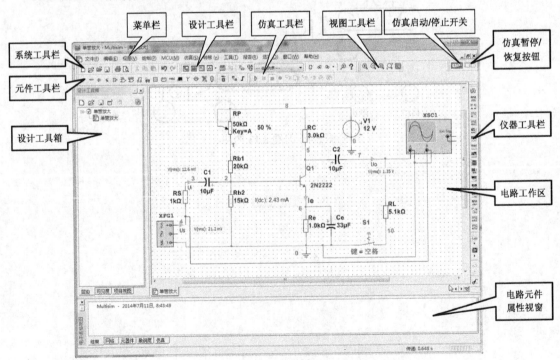

图 A.1.1　NI Multisim 12 的基本界面

从图 A.1.1 可以看出，Multisim 12 的主窗口如同一个实际的电子实验台。屏幕中央最大的窗口是电路工作区，其上可将各种电子元器件和测试仪器仪表连接成实验电路。电路工作区的上方是菜单栏和各种快捷工具栏，其右侧是仪器工具栏。常用元器件工具栏和仪器工具栏分别如图 A.1.2 和图 A.1.3 所示。

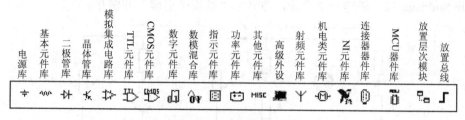

图 A.1.2　元器件工具栏

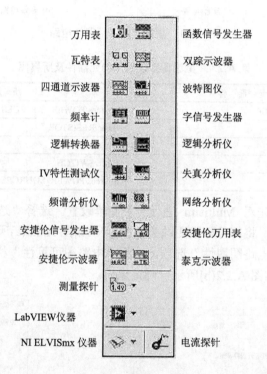

图 A.1.3　仪器工具栏

下面通过两个具体使用例子来说明如何利用 Multisim 来进行电路的模拟仿真和分析。

A.2　利用 Multisim 验证戴维南定理

1. 仿真要求

（1）构建图 A.2.1(a)所示的实验电路原理图，测量有源线性二端网络的等效参数；

（2）由二端网络的等效参数构建图 A.2.1(b)所示的戴维南等效电路；

（3）分别测试二端网络的外特性和等效电路的伏安特性，验证戴维南定理。

2. 用 Multisim 绘制二端口实验电路图

本仿真实验所用元器件及所属库如表 A.2.1 所示。

（1）新建一个设计

打开 Multisim 12，新建一个设计，命名为"戴维南定理"并保存。

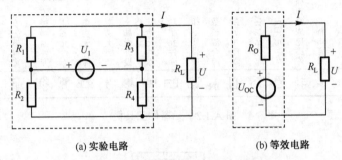

(a) 实验电路　　　　　　　　(b) 等效电路

图 A.2.1　被测有源二端网络电路

表 A.2.1　戴维南定理所用的元器件及所属库

	元 器 件	所 属 库
1	直流电源 DC_POWER	Sources/POWER_SOURCES
2	电阻	Basic/RESISTOR
3	单刀单掷开关 SPST	Basic/SWITCH
4	单刀双掷开关 SPDT	Basic/SWITCH
5	接地 GROUND	Sources/POWER_SOURCES

在绘制原理图前，先对 Multisim 进行一个简单设置。选择"选项"→"参数选择"选项，选择"元器件"栏，将符号标准更改为"DIN"，如图 A.2.2(a)所示，确定退出。

选择"选项"→"电路图属性"选项，选择"电路图可见性"栏，将"网络名称"标签更改为"全部显示"，如图 A.2.2(b)所示，确定退出。

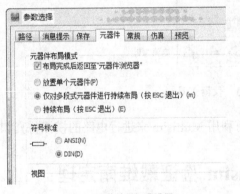

(a) 元件符号标准设置　　　　　　　　(b) 网络名称显示设置

图 A.2.2　Multisim 设置

（2）添加电阻 R_1（设取 R_1 为 220Ω）

单击元器件工具栏的基本工具按钮，在出现的选择元器件窗口中选择 Basic/RESISTOR 库下的 220，单击"确认"按钮，如图 A.2.3 所示。

　　将鼠标移入电路工作区，单击鼠标，即可将此电阻放于工作区，如图 A.2.4(a)所示。选择此电阻，右击鼠标，可以对电阻进行翻转旋转操作，如图 A.2.4(b)所示。选定电阻，按住鼠标左键拖动，可以移动电阻，如图 A.2.4(c)所示。

（3）添加其他元器件和万用表

　　用相同的方法放置其他元器件和万用表，并整理，如图 A.2.5 所示。

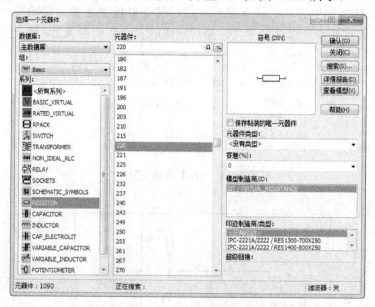

图 A.2.3　选择元器件窗口

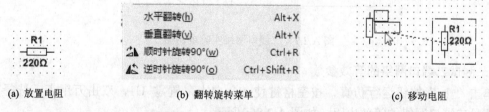

(a) 放置电阻　　　　　　　　　　(b) 翻转旋转菜单　　　　　　　　　　(c) 移动电阻

图 A.2.4　电阻的放置、旋转和移动

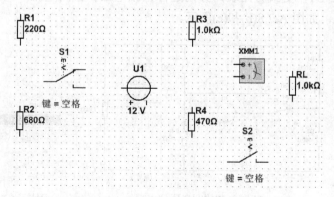

图 A.2.5　添加所有元器件和万用表

（4）连接电路

双击每个元器件可以打开元器件的属性窗口，在此窗口可以对元器件的属性进行修改。例如，在这里修改 S2 的快捷键（如图 A.2.5 所示，它和 S1 的快捷键冲突，必须改掉）为 A，如图 A.2.6 所示。

将鼠标放在元器件的引脚处，当光标变成十字"✛"时，按下鼠标左键，然后拖动鼠标，在需要连线转折的地方单击一下鼠标，最后移动鼠标到需要连接的另一个元器件引脚处，单击鼠标，完成两个元器件的连接，最后完成的实验图如图 A.2.7 所示。

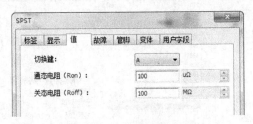

图 A.2.6　SPST 的属性窗口

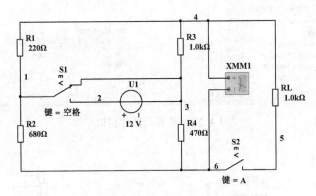

图 A.2.7　二端口网络实验电路图

3．测试二端口网络的等效参数

单击"▷"按钮运行仿真，按空格键使 S1 向上，置零 U1，双击万用表，选择欧姆挡，测量二端口网络的等效电阻，如图 A.2.8(a)所示。

按空格键接入 U1，更改万用表，分别选择直流电压和直流电流，测量二端口网络的开路电压和短路电流，如图 A.2.8(b)和(c)所示。

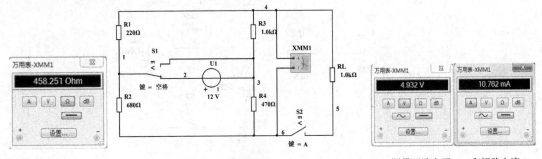

(a) 测量等效电阻 R_O　　　　(b) 接入 U1 作用测量　　　　(c) 测量开路电压 U_{OC} 和短路电流 I_{SC}

图 A.2.8　测量二端口网络的等效参数

4．用参数扫描分析二端口网络的外特性

（1）添加测量探针

单击"■"按钮停止仿真，将万用表更改为直流电压测量状态，按"A"键，接入负载 R_L 支路，并在电路中添加测量探针，双击测量探针，在其属性窗口的参数栏中设置测量参数为直流电流，在其显示栏中将标识改为"IL"，如图 A.2.9 所示。

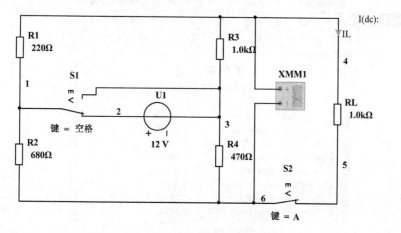

图 A.2.9　添加测量探针

（2）参数扫描分析电路的外特性

由图 A.2.9 可见，测量二端网络的外特性就是测量 U_{45} 和 I_L 的关系。所以，在此选择"仿真"菜单下的"分析"→"参数扫描"，在分析参数栏设置扫描参数为"RL"，扫描范围为线性 $100\Omega\sim1k\Omega$，步进为 100Ω，待分析量为"直流工作点"，并将扫描结果"在表格中显示"。

在"输出"栏设置测量量为"IL"和表达式"V(4)-V(5)"。整个设置如图 A.2.10 所示。最后，单击"仿真"按钮，得到图 A.2.11 所示的结果。注意，进行此项仿真时，万用表需改为电压测量状态或从电路中断开。

(a) 扫描参数设置

(b) 输出参数设置

图 A.2.10　参数扫描设置

5．用 Multisim 绘制等效戴维南电路

绘制的等效戴维南电路如图 A.2.12 所示。

6． 对等效戴维南电路进行参数扫描分析，此处设置扫描参数为"RL2"，输出设置为"V(UL2_IL2)"和"I(UL2_IL2)"，得到的结果如图 A.2.13 所示。

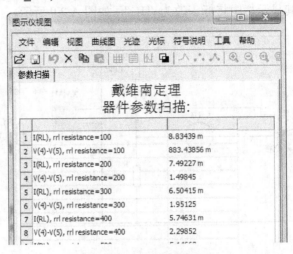

图 A.2.11　参数扫描输出

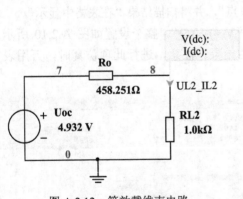

图 A.2.12　等效戴维南电路

图 A.2.13　等效戴维南电路参数扫描输出

7．比较两个电路的输出结果，验证戴维南定理

将图 A.2.11 与图 A.2.13 所示的结果进行比较可以看出，二端网络和它的戴维南等效电路的外特性完全重合，即说明了对于负载电阻来说，二端网络和戴维南电路是等效的。

A.3　Multisim 仿真共射极放大电路

1．仿真要求

（1）构建图 A.3.1 所示的实验电路原理图；

（2）调整静态工作点，得到正常放大正弦波信号输出，测量此时的静态工作点；

（3）测量放大电路的动态性能指标：电压增益 A_u、输入电阻 R_i、输出电阻 R_o、通频带 f_{BW}；

（4）调节静态工作点，观察三种失真波形：截止失真、饱和失真和既饱和又截止失真。

2．用 Multisim 绘制共射极放大电路原理图

绘制出的共射极放大电路原理图如图 A.3.2 所示。

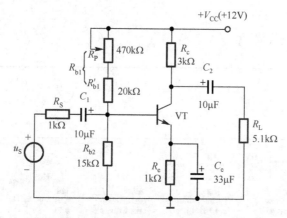

图 A.3.1　共射极放大电路原理图

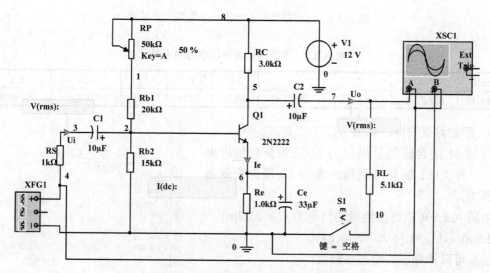

图 A.3.2　共射极放大电路实验电路图

设置信号源为 1kHz、Vp=15mV 的正弦波，调节电位器 R_P，观察示波器，使之得到图 A.3.3 所示的正常放大的正弦波形输出。

表 A.3.1　共射放大电路所用的元器件

	元器件	所属库
1	直流电源 DC_POWER	Sources/POWER_SOURCES
2	电阻	Basic/RESISTOR
3	电解电容	Basic/CAP-ELECTROLIT
4	单刀单掷开关 SPST	Basic/SWITCH
5	接地 GROUND	Sources/POWER_SOURCES

3．用直流分析分析放大电路的静态工作点

选择"仿真"→"分析"→"静态工作点"选项，输出量选择如表 A.3.2 所示。分析结果如图 A.3.4 所示。

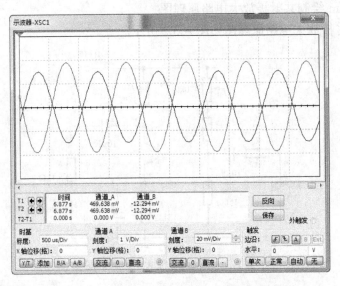

图 A.3.3　示波器显示输出为一正常放大正弦波

表 A.3.2　直流工作点分析中的输出量

输出量	I_B	I_C	I_E	V_B	V_C	V_E	U_{BE}	U_{CE}
变量名称	@qq1[ib]	@qq1[ic]	@qq1[ie]	V(2)	V(5)	V(6)	V(2)-V(6)	V(5)-V(6)

4．添加测量探针，测量 U_S、U_i、U_o/U_{oL}

开关 S1 闭合时测量出来的 U_o 值为带载输出电压 U_{oL}，开关 S1 断开时测量出来的 U_o 值为空载输出电压 U_o。

由图 A.3.5 可以得出测量的结果为 U_S= 21.2mV，U_i=12.6mV，U_{oL}=1.35V，U_o=1.84V。

由此可以计算出其动态参数为

图 A.3.4　直流工作点分析结果

$$\dot{A}_u = -\frac{U_{oL}}{U_i} = -\frac{1.35}{0.0126} = -107.14$$

$$R_i = \frac{U_i}{(U_S - U_i)/R_S} = \frac{12.6}{(21.2 - 12.6)/1} = 1.47(\text{k}\Omega)$$

$$R_O = \left(\frac{U_o}{U_{oL}} - 1\right)R_L = \left(\frac{1.84}{1.35} - 1\right) \times 5.1 = 1.85(\text{k}\Omega)$$

5．交流分析得到放大电路的幅频特性和相频特性

选择"仿真"→"分析"→"交流分析"选项，在其设置页中将频率参数设置为对数

10Hz～1GHz，输出量设置为电压放大倍数 "V(U$_O$)/V(U$_i$)"，运行仿真，得到输出结果如图 A.3.6 所示。

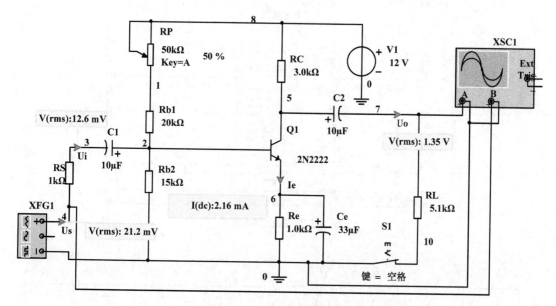

图 A.3.5　交流参数测量结果

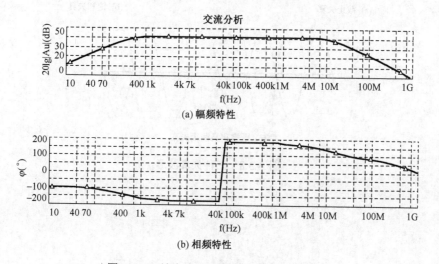

(a) 幅频特性

(b) 相频特性

图 A.3.6　放大电路的幅频特性和相频特性

　　借助于光标标记线，如图 A.3.7 所示，可以在幅频特性曲线图上读出截止频率：f_L=322.99Hz，f_H=11.785MHz，所以其通频带宽 $f_{BW}≈f_H$=11.785MHz。

　　6. 观察三种失真波形

　　适当增大信号源的峰值，调节电位器，用示波器观察失真波形，如图 A.3.8 所示。

　　从图 A.3.8 可以看出，截止失真是一种输出波形上半周变扁平的非线性失真，饱和失真是一种输出波形下半周被削平的失真，当输入信号过大时，则会出现既饱和又截止失真。

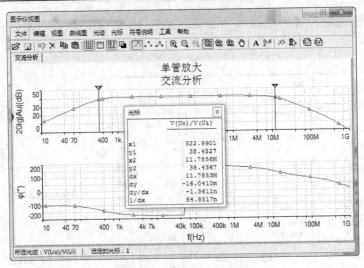

图 A.3.7　截止频率测量

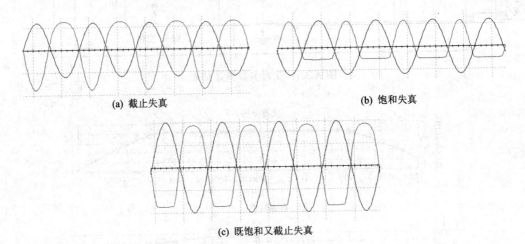

(a) 截止失真　　　　　　　　　　　　　　(b) 饱和失真

(c) 既饱和又截止失真

图 A.3.8　三种失真波形

附录 B 部分习题答案

第 1 章

1.1 $P_1 = -24(W)$; $P_2 = 24(W)$

1.2 $U = 2(V)$; $I = -2(A)$; $P = -3(W)$

1.3 (a) $I_2 = 3(A)$; (b) $I_3 = 3(A)$, $I_6 = 4(A)$

1.4 (a) $U_3 = 6(V)$, $U_4 = -2(V)$, $U_6 = 7(V)$; (b) $U_2 = -3(V)$, $U_5 = 13(V)$, $U_6 = 7(V)$, $U_7 = 15(V)$

1.5 $5(\Omega)$; $2(k\Omega)$; $16.8(\Omega)$; $4(k\Omega)$

1.6 (a) $12(V)$; (b) $27.36(V)$, $1.2(A)$

1.7 $400(V)$

1.8 $9(k\Omega)$; $0.111(k\Omega)$

1.11 $2(V)$

1.12 $-1(A)$, $4(W)$

1.13 (a) $V_A = 3.69(V)$, $V_B = 4.69(V)$; (b) $V_A = -44(V)$, $V_B = -20(V)$

1.14 $I_1 = 0.75(A)$, $I_2 = 2.75(A)$

1.15 $I_1 = 0.25(A)$, $I_2 = 3.25(A)$

1.16 $3(A)$, $42(V)$

1.17 $4(mA)$, $4(V)$, $P_5 = 180(mW)$, $P_8 = 18(mW)$

1.18 $I_x \leqslant 42.48(mA)$

1.19 $0.1(A)$

1.20 $7.5(V)$

1.21 $1.4(A)$

1.22 $I_1 = -0.4(A)$, $I_2 = -0.8(A)$, $P = -5.76(W)$

1.23 $16(V)$, $-2(A)$

1.24 $R_L = 10(\Omega)$时，$I_L = 0.75(A)$，$P_L = 5.6(W)$；$R_L = 30(\Omega)$时，$I_L = 0.5(A)$，$P_L = 7.5(W)$

1.25 $16.75(k\Omega)$

第 2 章

2.1 $i(t) = 0.5 + 0.15e^{-2t}(A)$

2.2 $u_C(0_+) = 0(V)$，$i_C(0_+) = 0(A)$，$u_L(0_+) = 10(V)$，$i_L(0_+) = 0(A)$

2.3 $u_C(0_+) = 7.5(V)$，$i_C(0_+) = 0.3(A)$，$u_L(0_+) = -7.5(V)$，$i_L(0_+) = 0.5(A)$，$u(0_+) = 2.7(V)$

2.4 $u_C(0_+) = 2(V)$，$i_C(0_+) = 0(A)$，$u_L(0_+) = -2(V)$，$i_L(0_+) = 1(A)$

2.5 $w_C(0_+) = 4.836(J)$，$u_C(t) = 311e^{-\frac{t}{500}}(V)$，$i_R(t) = 62.2e^{-\frac{t}{500}}(\mu A)$，$\Delta t = 1078(s)$

2.6 $-0.44(\mathrm{A})$

2.7 $i_{\mathrm{L}}(t)=0.2\mathrm{e}^{-100t}(\mathrm{A})$，$u(t)=-60\mathrm{e}^{-100t}(\mathrm{V})$

2.8 $u_{\mathrm{C}}(t)=48\mathrm{e}^{-t}(\mathrm{V})$，$i(t)=0.8\mathrm{e}^{-t}(\mathrm{mA})$

2.9 $u_{\mathrm{C}}(t)=10(1-\mathrm{e}^{-0.1t})(\mathrm{V})$，$i(t)=0.5-0.22\mathrm{e}^{-0.1t}(\mathrm{A})$

2.10 $i_{\mathrm{L}}(t)=0.5(1-\mathrm{e}^{-33.3t})(\mathrm{A})$，$u(t)=5+1.67\mathrm{e}^{-33.3t}(\mathrm{V})$

2.11 $u_{\mathrm{C}}(t)=6+12\mathrm{e}^{-t}(\mathrm{V})$，$i(t)=2(1-\mathrm{e}^{-t})(\mathrm{A})$

2.12 $u_{\mathrm{C}}(t)=6+1.2\mathrm{e}^{-t}(\mathrm{V})$，$i_{\mathrm{L}}(t)=2.4\mathrm{e}^{-2t}(\mathrm{A})$，$i(t)=3+0.6\mathrm{e}^{-t}+2.4\mathrm{e}^{-2t}(\mathrm{A})$

2.13 $i_{\mathrm{L}}(t)=0.8+1.2\mathrm{e}^{-1.25t}(\mathrm{A})$，$u(t)=2.4-2.4\mathrm{e}^{-1.25t}(\mathrm{V})$

2.14 $i(t)=\dfrac{6}{R_{\mathrm{p}}+250}(1-\mathrm{e}^{\frac{(R_{\mathrm{p}}+250)t}{14.4}})(\mathrm{A})$，$16.6(\mathrm{ms})\leqslant\Delta t\leqslant 20.0(\mathrm{ms})$

2.15 (1) $\Delta t=0.368(\mathrm{ms})$；(2) $\Delta t=12.26(\mathrm{s})$

2.16 $5(\mathrm{mV})$

第3章

3.1 $i(t)=14.14\sin(314t-30°)(\mathrm{A})$，$u(t)=311\sin(314t+45°)(\mathrm{V})$

3.2 $u(t)=110\sqrt{2}\sin(377t-18°)(\mathrm{V})$

3.3 电流 i_1 滞后 i_2 $75°$

3.4 以余弦函数为参考相量，$\dot{U}_1=5\angle-40°(\mathrm{V})$；$\dot{I}_1=1.77\angle-160°(\mathrm{A})$；
     $\dot{U}_2=3\angle20°(\mathrm{V})$；$\dot{I}_2=2.8\angle70°(\mathrm{A})$

3.5 $i_2(t)=2\sqrt{2}\sin(2t+135°)(\mathrm{A})$

3.6 $u(t)=10\sqrt{2}\sin(t+15°)(\mathrm{V})$

3.7 $u(t)=40\sqrt{2}\sin(10t+120°)(\mathrm{V})$

3.8 $f=50(\mathrm{Hz})$，$\dot{I}=2.2\angle90°(\mathrm{A})$；$f=1(\mathrm{MHz})$，$\dot{I}=44\angle90°(\mathrm{kA})$

3.9 (a) $2.24(\mathrm{A})$，(b) $1(\mathrm{A})$，(c) $2.24(\mathrm{V})$，(d) $1(\mathrm{V})$

3.10 (a) $Z_{\mathrm{ab}}=5.59\angle26.57°(\Omega)$，$Y_{\mathrm{ab}}=0.179\angle-26.57°(\mathrm{S})$；
      (b) $Z_{\mathrm{ab}}=7.07\angle-45°(\Omega)$，$Y_{\mathrm{ab}}=0.141\angle45°(\mathrm{S})$

3.11 $R=11(\Omega)$，$C=166.7(\mu\mathrm{F})$

3.12 $R=30(\Omega)$，$L=127.3(\mathrm{mH})$

3.13 $u(t)=7.5\sqrt{2}\sin(10t-45°)(\mathrm{V})$

3.14 $\dot{I}_1=0.4(\mathrm{A})$，$\dot{I}_2=0.8\angle90°(\mathrm{A})$，$\dot{I}_3=0.89\angle-63.4°(\mathrm{A})$

3.15 $\dot{I}=14.14\angle45°(\mathrm{A})$，$\dot{U}_{\mathrm{S}}=\mathrm{j}100(\mathrm{V})$

3.16 $\dot{I}=\mathrm{j}0.5(\mathrm{A})$，$\dot{U}_{\mathrm{S}}=2.828\angle45°(\mathrm{V})$

3.17 $R=14.14(\Omega)$，$X_{\mathrm{L}}=7.07(\Omega)$，$X_{\mathrm{C}}=4.7(\Omega)$

3.18 $I_1=1.58\angle-71.6°(\mathrm{A})$，$I_2=1.58\angle71.6°(\mathrm{A})$

3.19 $\dot{U}=21.21\angle19.47°(\mathrm{V})$

3.20 $\dot{I}_{\mathrm{L}}=2.22\angle-63.54°(\mathrm{A})$

3.21 $u(t)=3.162\sqrt{2}\sin(t-18.4°)(\mathrm{V})$，$i(t)=1.4\sqrt{2}\sin(t+135°)(\mathrm{A})$，$P=-8(\mathrm{W})$

3.22　(1)　$P_L = 14.21(\text{kW})$，　$Q_L = 2.84(\text{kvar})$；

　　　(2)　$P_R = 2.13(\text{kW})$；　(3)　$P = -16.34(\text{kW})$，　$S = 16.588(\text{VA})$；

　　　(4)　$\lambda = 0.985(滞后)$

3.23　$R = 187.5(\Omega)$，　$L = 1.65(\text{H})$，　$\lambda = 0.34$

3.24　$P = 7.5(\text{W})$，　$Q = 2.5(\text{var})$，　$S = 7.9(\text{VA})$，　$\lambda = 0.95(滞后)$

3.25　$N = 384$，　$\lambda = 0.83$

3.26　(1)　$\dot{I}_L = 10\angle -56.63°(\text{A})$，　$Z_L = 22\angle 56.63°(\Omega)$；

　　　(2)　$I = 5.79(\text{A})$，　$C = 94.7(\mu\text{F})$

3.28　318.3Hz

3.30　$0 \sim 180°$

3.31　$f_0 = 318.3(\text{Hz})$，　$Q = 25$，　$I = 1(\text{A})$，　$U_R = 4(\text{V})$，　$U_L = U_C = 100(\text{V})$

3.32　$\omega_0 = 2(\text{rad/s})$，　$Q = 5$，　$I_R = 3(\text{A})$，　$I_L = I_C = 15(\text{A})$

3.33　$R = 1(\Omega)$，　$L = 10(\text{mH})$，　$C = 100(\mu\text{F})$

第 4 章

4.3　$U_{NG} = 10.5(\text{kV})$，　10.5/38.5(kV)，　35/10.5(kV)，　10/0.4(kV)

4.4　$\dot{I}_{AB} = 134.35\angle -15°(\text{A})$，　$\dot{I}_{BC} = 134.35\angle -135°(\text{A})$，　$\dot{I}_{CA} = 134.35\angle 105°(\text{A})$

　　　$\dot{I}_A = 232.7\angle -45°(\text{A})$，　$\dot{I}_B = 232.7\angle -165°(\text{A})$，　$\dot{I}_C = 232.7\angle 75°(\text{A})$

　　　$P = 108.3(\text{kW})$，　$Q = 108.3(\text{kvar})$，　$S = 153.2(\text{kVA})$

4.5　$\dot{I}_A = 44\angle -83.13°(\text{A})$，　$\dot{I}_B = 44\angle 156.87°(\text{A})$，　$\dot{I}_C = 44\angle 36.87°(\text{A})$

4.6　$Z = 92 + j39.2(\Omega)$

4.7　$I_P = I_L = 6.1(\text{A})$，　$P = 3.2(\text{kW})$

4.8　$I_L = 19.2(\text{A})$，　$I_p = 11.1(\text{A})$

4.9　$I_L = 65.82(\text{A})$，　$I_p = 44(\text{A})$

第 5 章

5.1　$I = 11.95(\text{A})$

5.2　$I = 2.1(\text{A})$

5.3　$I = 1.05(\text{A})$

5.4　$R_m = 11(\Omega)$，　$L = 0.136(\text{H})$

5.5　$\Delta P_{Fe} = 225(\text{W})$

5.6　$N = 1400(匝)$

5.7　(1)　$I_1 = 3.03(\text{A})$，　$I_2 = 45.46(\text{A})$；　(2)　$n = 250(盏)$；　(3)　$n = 110(盏)$

5.8　(1)　$I_{1N} = 1(\text{A})$，　$I_{2N} = 43.48(\text{A})$；　(2)　$\Delta U\% = 4.3\%$

5.9　(1)　$N_2 = 400(匝)$；　(2)　$I_{1N} = 15.2(\text{A})$，　$I_{2N} = 227.3(\text{A})$；　(3)　$U_2 = 209(\text{V})$，

　　　$\Delta U\% = 5\%$

5.10　(1)　$\eta = 94\%$；　(2)　$\eta = 92\%$

5.11　$P_o = 0.174(\text{W})$

5.12　(1)　$I_1 = 2.93(\text{A})$，$I_2 = 44(\text{A})$，$\lambda = 0.8$

　　　　(2)　$R_2' = 900(\Omega)$，$X_{L2}' = 675(\Omega)$

5.13　(1)　$U_{1p} = 5.78(\text{kV})$，$I_{1p} = 2.88(\text{A})$，$U_{2p} = 231(\text{V})$，$I_{2p} = 72.2(\text{A})$

　　　　(2)　$P_2 = 40(\text{kW})$，$\eta = 95.6\%$

5.14　(2)　$\varPhi_m = 0.001\,13\,(\text{Wb})$；（3）$\varPhi_m = 0.001\,13\,(\text{Wb})$

5.15　$u_2 = -55\sqrt{2}\sin\omega t(\text{V})$，　$i_2 = 400\sqrt{2}\sin(\omega t + 150°)(\text{mA})$

第6章

6.1　$n_0 = 1500(\text{r/min})$，$n = 1470(\text{r/min})$，$f_2 = 1(\text{Hz})$

6.2　(1) $P=1$；(2) $n_0 = 3000(\text{r/min})$；(3) $s_N = 0.02$

　　　(4) $f_2 = 1(\text{Hz})$；(5) $(n_0 - n) = 60(\text{r/min})$

6.3　$E_2 = 1(\text{V})$，$I_2 = 49(\text{A})$，$\cos\varphi_2 = 0.98$，$I_2 = 242.5(\text{A})$，$\cos\varphi_2 = 0.24$

6.5　$s_N = 0.02$，$\lambda_m = 2.2$

6.6　$\cos\varphi_1 = 0.61$，$\eta = 80\%$

6.7　(1) $n = 735(\text{r/min})$；(2) $P_2 = 36.7(\text{kW})$；(3) $\eta = 91.7\%$；(4) $\cos\varphi_1 = 0.78$

6.8　(1) $s_N = 0.027$；(2) $\eta_N = 80.4\%$；(3) $T_N = 18.3(\text{N}\cdot\text{m})$

6.9　(1) $P=2$，$n_0 = 1500\text{r/min}$，$s_N = 0.04$；(2) $I_N = 8.93(\text{A})$；

　　　(3) $T_N = 26.5(\text{N·m})$；(4) $P_{1N} = 4.76(\text{kW})$

6.10　(1) $I_N = 4.97(\text{A})$

　　　　(2) $T_N = 14.6(\text{N·m})$，$T_{max} = 32.1(\text{N·m})$，$T_{st} = 29.2(\text{N·m})$

6.11　$T_{maxY} = 20(\text{N·m})$，$T_{stY} = 12(\text{N·m})$

6.14　$I_N = 38.5(\text{A})$，$T_N = 47.75(\text{N·m})$

第7章

7.2　短路保护，过载保护，失压或欠压保护。

7.3　(a)(c)可以启动，不能停车；(b)不能启动，电源短路；(d)只能点动。

7.4　两个启动按钮串联，两个停车按钮并联。

7.5　KM_1 的辅助触点串联在 KM_2 线圈回路中。

7.6　4 处错误。

7.7　先启动 M_1，后启动 M_2 的顺序启动控制，同时停。

7.8　（1）两线圈常开辅助触点互锁；（2）两线圈并联；（3）KM_1 常开辅助触点与乙的停止按钮并联

7.9　5 处错误。

7.10　M_1 先启动，M_2 后启动；M_2 先停转，M_1 后停转的控制电路。

7.11　电动机在工作一段时间后自动停车。

7.12　按下停止按钮 SB，进入反接制动，经过一定的时间，电机彻底断电停车。

7.13　电动机定子绕组串联电阻降压启动控制电路；短路，过载，失压或欠压保护。

7.14　（1）时间继电器线圈与 KM_1 并联，时间继电器触点与 KM_2 串联。

（2）KM$_2$ 常开辅助触点并联启动按钮自锁，KM$_2$ 常闭辅助触点串联 KM$_1$ 线圈。

（3）KM$_1$ 常开辅助触点串联 KM$_2$ 线圈，KM$_2$ 常开辅助触点串联 KT 线圈，KT 常闭辅助触点串联 KM$_1$ 线圈。

7.15　（1）D 在 A 点时，启动后只能前进不能后退；D 前进到 B 点时，立即后退，退回到 A 点自动停车；D 在途中，可以停车；再启动时，既可前进也可后退。

（2）短路保护；过载保护；失压或欠压保护；限位保护。

（3）D 在运行途中如果停电，线圈断电停车，再通电时，D 不会自行启动。

第8章

8.1　左重右轻，上重下轻原则。

8.3　(a) 在 X000 接通的同时 Y000 接通，在 X000 断开时，延时 4s Y000 断开。

(b) 计数输入 X011 驱动 C0 线圈计数器加 1，同时 Y001 有输出，三次计数后 C0 的输出触点动作，线圈 Y000 接通，同时 Y001 断开。复位输入 X010 接通时，执行 RST 指令，计数器的当前值为 0，Y000 断开，Y001 接通。

8.4　三个线圈并联。

8.5　三个启动按钮常开触点串联在一起，三个常闭触点串联在一起，然后并联。

8.6　两开关的常开触点分别与另一开关的常闭触点串联，然后并联。

8.7　(a) T0 线圈并联 Y000 线圈，T0 常闭触点串联 Y000 线圈。

(b) T0 常开触点串联 Y001 线圈。

8.8　前一时间继电器常开触点作为后一电动机启动按钮，后一电动机线圈接通后，前一时间继电器应无效。

8.9　任一答题者常开按钮与另两答题者常闭辅助触点及主持人常闭按钮串联。

8.10　（1）M$_1$ 常开辅助触点串联 M$_2$ 线圈中，两个停止按钮分别串联各自线圈。

（2）M$_2$ 常开辅助触点并联 M$_1$ 停止按钮。

（3）T0 线圈并联 M$_1$ 线圈，T0 常开触点串联 M$_2$ 线圈。

（4）M$_2$ 常闭辅助触点串联 M$_1$ 线圈，M$_2$ 常开辅助触点并联 T0 常开触点。

8.11　SB$_1$ 常闭触点与 T0 线圈串联，T0 常开触点、SB$_2$ 常闭触点与报警线圈串联。

8.12　风机运行状态串联，组合块并联。

参 考 文 献

[1] William H. Hat，Jr，Jack E. Kemmerly, Steven M. Durbin. 工程电路分析（第八版）. 周玲玲，蒋乐天. 北京：电子工业出版社，2012.

[2] James W. Nilsson, Susan A. Riedel. 电路（第九版）. 周玉坤，冼立勤，李莉，宿淑春. 北京：电子工业出版社，2012.

[3] 王卫. 电工学上册——电工技术. 北京：机械工业出版社，2003.

[4] 陈晓平，殷春芳. 电路原理试题库与题解. 北京：机械工业出版社，2012.

[5] 王文槿，张绪光. 电工技术. 北京：高等教育出版社，2003.

[6] 刘介才. 工厂供电（第4版）. 北京：机械工业出版社，2004.

[7] 秦曾煌. 电工学（第七版）. 北京：高等教育出版社，2009.

[8] 秦曾煌. 电工学（第七版）学习辅导与习题选解. 北京：高等教育出版社，2009.

[9] 秦曾煌. 电工学简明教程（第二版）. 北京：高等教育出版社，2008.

[10] 王鸿明. 电工技术与电子技术. 北京：清华大学出版社，2001.

[11] 毕淑娥. 电工学. 哈尔滨：哈尔滨工业大学出版社，2001.

[12] 徐淑华. 电工电子技术（第三版）. 北京：电子工业出版社，2013.

[13] 林红，张鄂亮，周鑫霞. 电工电子. 北京：清华大学出版社，2010.

[14] Giorgio, Rizzoni. Principles and Applications of Electrical Engineering. McGraw Hill Higher Education，2006.

[15] 刘晔. 电工技术（电工学 I）. 北京：电子工业出版社，2010.

[16] 田慕琴，陈慧英. 电工电子技术. 北京：电子工业出版社，2012.

[17] 杨振坤，陈国联. 电工电子. 西安：西安交通大学出版社，2010.

[18] 肖志红. 电工电子技术. 机械工业出版社，2010.

[19] 王建平. 电工电子. 北京：高等教育出版社，2009.

[20] 曾令琴，李伟. 电工电子技术（第二版）. 北京：人民邮电出版社，2006.

[21] 唐介. 电工学（第三版）. 北京：高等教育出版社，2009.

[22] 唐介. 电工学（第三版）学习辅导与习题解答. 北京：高等教育出版社，2009.

[23] 王萍，林孔元. 电工学实验教程. 北京：高等教育出版社，2006.

[24] 潘岚. 电路与电子技术实验教程. 北京：高等教育出版社,2005.

[25] 任维政，高英. 电工技术实践. 北京：科学出版社，2008.

[26] 姚海彬，贾贵玺. 电工技术（电工学 I）（第三版）. 北京：高等教育出版社，2008.

[27] 杨风. 电工技术. 北京：国防工业出版社，2008.

[28] 李春茂. 电工学 I（电工技术）. 北京：清华大学出版社，2009.

[29] 李树雄. 可编程控制器技术及应用教程. 北京：北京航空航天大学出版社出版，2003.

[30] 廖常初. 可编程控制器应用技术. 重庆：重庆大学出版社出版，2000.

[31] 林春方. 电气控制与 PLC 技术. 西安：西安电子科技大学出版社，2009.

[32] 李乃夫. 电气控制与 PLC 应用. 北京：高等教育出版社，2005.